新版广联达算量软件操作从入门到精通

李成金　毛银德　高俊丽　主编

中国建筑工业出版社

图书在版编目（CIP）数据

新版广联达算量软件操作从入门到精通 / 李成金，
毛银德，高俊丽主编. — 北京：中国建筑工业出版社，
2023.11（2025.5重印）
ISBN 978-7-112-29348-3

Ⅰ.①新… Ⅱ.①李… ②毛… ③高… Ⅲ.①建筑工
程-工程造价-应用软件 Ⅳ.①TU723.3-39

中国国家版本馆 CIP 数据核字（2023）第 221576 号

责任编辑：朱晓瑜　张智芊
文字编辑：李闻智
责任校对：刘梦然
校对整理：张辰双

新版广联达算量软件操作从入门到精通
李成金　毛银德　高俊丽　主编

*

中国建筑工业出版社出版、发行（北京海淀三里河路 9 号）
各地新华书店、建筑书店经销
北京科地亚盟排版公司制版
北京凌奇印刷有限责任公司印刷

*

开本：787 毫米×1092 毫米　1/16　印张：16¾　字数：375 千字
2024 年 1 月第一版　2025 年 5 月第四次印刷
定价：**65.00** 元
ISBN 978-7-112-29348-3
（42117）

前　言

广联达工程造价软件已在全国 30 多个省、直辖市、自治区，以及建设行业广泛应用，占有很大市场。各种结构形式的建筑，通过电子版图纸导入、识别、纠错、智能布置、自动生成、全程智能化操作等，就可以形成完整的工程造价、"人材机"分析文件，以及钢筋工的下料单等。一本书让您学会一门技术，使您终生受益。

作者在本书中增加了许多更新、更有用的章节和内容，如：第 2.3 节增加了测量距离、测量面积、查看长度、测量弧长、查看属性；第 3.6 节增加了计算装配式建筑预制柱的工程量；第 4.3 节增加了使用拾取构件功能纠错；第 5.3 节增加了计算装配式建筑预制剪力墙的工程量；第 5.4 节增加了计算装配式建筑预制剪力墙与后浇柱；第 6.7 节增加了绘制装配式建筑预制梁；第 6.8 节增加了智能布置主肋梁；第 6.9 节增加了梁加腋；第 9.10 节增加了计算装配式建筑预制叠合底板；第 9.11 节增加了绘制装配式建筑预制叠合板【整厚】；第 9.12 节增加了智能布置装配式建筑预制【板缝】；第 9.13 节增加了绘制装配式建筑的预制楼板和后浇叠合层；第 9.14 节增加了智能布置空心楼盖板；第 9.15 节增加了智能布置空心楼盖板柱帽；第 10.1 节增加了绘制弧形阳台、放射筋，绘制空调隔板；第 16.3 节增加了计算【自定义面】的工程量；第 18 章增加了设置施工段等更多内容，虽然有些目录与以前版本基本相同，但内容已有很大更新。广联达工程造价软件技术先进、功能强大，想要学会并熟练应用并非易事，需要比较长的时间，投入较多的精力。本书可手把手教您学会该软件的操作，省时省力、不走弯路。本书可作为高等院校专业教科书、自学教材。

今后，即便是软件升级、版本更新，也只是在原有基础上局部优化、增加部分功能，其基本操作方法和功能窗口、菜单的位置都是相同的，掌握了基本操作方法，再有新版本也会更容易掌握。

当前在软件使用、培训方面也有一些教材、操作手册，但大多停留在图形输入、建模的初级阶段，市场上还没有系统描述电子版图纸导入、识别、纠错、智能布置等前沿操作方法的书籍。本书是一本系统、全面描述运用广联达工程造价软件先进技术方法的实用操作教材。无论操作人员的基础如何、记忆力如何，只要能看懂图纸，都能按照本书的指引，一步步学会操作。功夫不负有心人，本书在广联达工程造价软件的实际使用中，对于每个有代表性的操作均有详细描述，可使其使用功能最大化。

即便是有教学视频，一是不全面，二是视频讲得速度很快，需反复看、做笔记；即便是有免费培训，还需要请假、脱产进而耽误工作。有些读者会由于工作需要在一段时间改做其它工作，过段时间后再做预算，如有生疏遗忘，拿出本书看，可以重操旧业。

如果不请假、在职，那么按本书指导通过自学，很容易就能学会预算软件操作，实现"1+1>2"的效果，从而提高能力和待遇，获得更多的机会，凡建筑技术人员都需要。

对于软件使用比较熟练、手算经验不足的读者，本书还设置了手算技巧用于对量的章节，使用者可以在识别或绘制构件图元后，使用软件的"工程量→汇总选中图元→查看工程量→查看构件图元工程量"功能，对照软件计算的工程量，进行手工计算对比，做到心中有数。

本书涵盖了广联达工程造价软件操作过程的先进使用功能。由于时间仓促，作者能力有限，有些地方可能存在不足或缺陷，欢迎读者批评指正，有好的建议，欢迎读者交流探讨（电子邮箱：2817348535@qq.com）。

目　　录

在键盘大写状态下可使用的常用快捷键总结如下：

【E】：隐藏或显示圈梁构件图元；

【F】：隐藏或显示板负筋构件图元；

【G】：隐藏或显示连梁的构件图元；

【L】：隐藏或显示梁构件图元（在识别或绘制梁的操作界面可用）；

【M】：可以让门的构件图元透明；

【N】：可以让楼板洞口的构件图元透明；

【Q】：隐藏或显示剪力墙、砌体墙构件图元；

【R】：隐藏或显示各型楼梯构件图元；

【S】：隐藏或显示板受力筋构件图元；

【W】：隐藏或显示尺寸标注；

【X】：隐藏或显示飘窗构件图元；

【Y】：隐藏或显示砌体加筋构件图元；

【Z】：隐藏或显示暗柱、框架柱、构造柱构件图元；

【F10】：查看构件图元工程量；

【F11】：查看计算式；

【Ctrl】＋【F10】：隐藏或显示 CAD 图纸；

双击鼠标滚轮：全屏显示。

1　识别构件前的准备工作

1.1　进入软件创建工程

插入加密锁，如果提示"没有检测到加密锁"，需要激活加密锁。

进入软件后，显示【登录】界面，如图 1-1 所示。

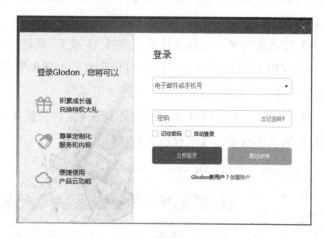

图 1-1　【登录】界面

在【登录】界面下方有两种使用方法：

（1）如果是网络版：输入电子邮件或手机号、密码→【立即登录】→可进入网络版操作。

（2）如果是单机版：单击【离线使用】，弹出画面如图 1-2 所示。

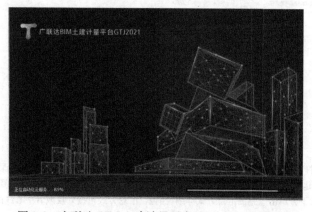

图 1-2　广联达 BIM 土建计量平台 GTJ 2021 初始画面

稍等，上述画面会自动消失。

如果是再次登录、继续做未完工程：在【最近文件】下方单击已有工程的窗口（因为本例使用的不是网络版），弹出"云规则窗体初始化失败""网络连接失败""请查看本地网络"的提示，上述情况可能会再次出现，单击【确定】即可进入已有工程，继续做未完工程。

如果是新建工程：在左上角单击【新建工程】①。在弹出的【新建工程】界面可按各行要求输入工程名称；单击【清单规则】行尾部的▼（以河南地区为例，其它地区也需要参照此方法操作）→选择"房屋建筑与装饰工程计量规范计算规则（2013-河南）"；单击【定额规则】行尾部的▼→选择"河南省房屋建筑与装饰工程预算定额计算规则（2016）"；在下方的【清单库】行选择"工程量清单项目计量规范（2013 河南）"；在【定额库】行选择"河南省房屋建筑与装饰工程预算定额（2016）"。在此选择的定额库只用于土建计量套取定额子目，凡钢筋统计计算的钢筋规格、数量，软件有自动套取定额子目功能。

在【钢筋规则】的下方：

单击【平法规则】行尾部的▼，根据设计要求选择 11 或 16 系列《混凝土结构施工图平面整体表示方法制图规则和构造详图》，简称"11 系列平法规则"或"16 系列平法规则"。在【汇总方式】栏选择"按照钢筋图示尺寸-外皮汇总"②。

单击【创建工程】（会提示上述出现的"网络连接失败"，只需单击【确定】等待即可）→在【工程设置】的下邻行单击【工程信息】，如图 1-3 所示。

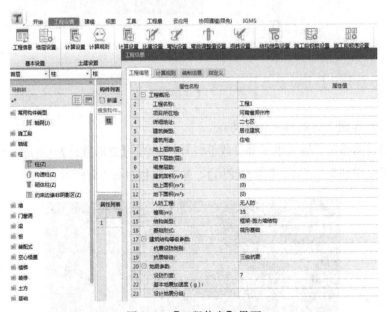

图 1-3 【工程信息】界面

---

① 如果是新手，对广联达工程造价软件不了解，可在左边【新建工程】的下方单击【课程学习】→单击【土建录播课堂】，在下方有【土建】【装饰】【市政】【钢结构】【安装】【计价】等模块，可以根据需要观看学习众多授课视频。

② 说明：在此界面下方单击【钢筋汇总方式详细说明】，汇总方式可按外皮或者中心线的计算说明和计算规则选择注意事项供查阅。

上述输入的信息已显示在【工程信息】界面。可从上向下逐行选择或输入参数：单击【项目所在地】→选择项目所在地区、城市；输入工程详细地址；选择【建筑类型】，有居住、办公等多种建筑可选择；输入地上、地下层数；输入【地上建筑面积】【地下建筑面积】→回车，程序可自动计算并显示地上和地下的总建筑面积，在最后汇总计算结果时，程序可以自动分析并显示按照每平方米建筑面积计算出的单方造价。比如：输入檐高→回车，程序可以根据工程所在地区自动计算并显示建筑的抗震等级。在【基础形式】栏可选择基础形式，还可以选择如"筏板基础＋独立基础"。与老版本不同之处在于：【工程信息】界面增加了地震参数，需要按照《建筑抗震设计规范》（2016 年版）GB 50011—2010中的第 3.2.2 条的规定输入，地震分组需按照此规范附录 A 的规定输入。此界面的蓝色字体为必填内容。

单击【抗震设防类别】行，显示▼→可以根据设计要求选择甲类、乙类、丙类、丁类建筑，这些参数的选择都会影响计算结果。

只要在此输入了建筑所在的地区、檐高等参数，程序可以自动计算出应有的抗震等级；也可以手动选择抗震等级。

还增加了【环境类别】【施工信息】，以及【地下水位线相对±0.00 标高】。单击【实施阶段】行，显示▼→选择【施工过程】【开工日期】【竣工日期】【竣工结算】等内容，一个界面各行信息输入完毕，直接从左向右选择下个功能窗口即可。还需要在【工程信息】界面单击上方的【计算规则】，进入【计算规则】选择界面→在【钢筋损耗】行单击，显示▼→选择是否计算损耗，因钢筋定额子目内已包括损耗量，故选择【不计算损耗】，如果是单纯统计钢筋用量，软件提供了全国各省、市、地区的钢筋损耗量模板→单击【钢筋报表】行，显示▼→（以河南为例，其它地区也需要参照本办法操作）选择"河南2016"，否则程序自动选择、套用的可能是其它地区或者本地区其它版本的定额子目→单击【编制信息】，可输入建设、设计、施工、编制单位等信息。

单击【楼层设置】→建立楼层表（如电子版图纸导入有【识别楼层表】功能，可不进行此操作，详见本书第 1.3 节）→单击【计算设置】→单击【计算规则】，进入【清单规则】【定额规则】的选择、设置界面→【计算设置】（有钢筋软件图标的），如图 1-4 所示。

单击【计算设置】→单击【搭接设置】有多种钢筋接头形式可选择；单击【节点设置】：有多种节点大样配筋图，一般需要根据结构设计总说明，以及设计者给出的节点大样详图，在此界面左侧根据需要分别选择主要构件类型→在右侧主栏按照所在行双击显示▼→选择节点大样详图，此处凡绿色字体、参数，可单击修改（程序是按规范、图集设置，无专门要求无须选择、修改）。

与 2018 版软件不同的是：单击主屏幕上方的【结构类型设置】，在弹出的【结构类型设置】界面可以逐行单击显示▼→按照图纸设计的应有工况选择，如果选择错误，界面左下角有【恢复】功能。

单击主屏幕上方的【施工段钢筋设置】，在弹出的【施工段钢筋甩筋设置】界面展开

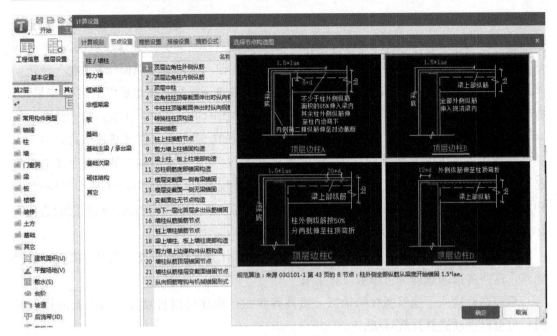

图 1-4　【计算设置】界面

【剪力墙】，可以分别单击【水平筋】【压墙筋】，可以选择、设置甩筋（又称预留搭接钢筋），在该界面可以选择设置比例、选择批次。展开【梁】：有【上部筋】【下部筋】【侧面筋】；展开【现浇板】：有【底筋】【面筋】【中间层筋】【温度筋】等。可在各自界面选择设置比例、批次（界面下方有使用说明），在此选择完毕→确定。

主屏幕上方的【施工段顺序设置】功能，需要最后在各楼层的构件识别、绘制完成时操作，详见本书第 18 章。

在此设置的内容均在整个工程中起主控作用，可显示在相应的构件属性中，可节省许多工作量，以后在单个构件属性中还可修改，设置完毕向右依次单击进入【楼层设置】，如果是电子版图纸导入，有识别楼层表功能，此界面可不操作。

1.2　电子版图纸导入

结构图纸、建筑图纸均可一次性导入。

在【建模】界面中的【图纸管理】界面→【添加图纸】（如果是再次导入，可单击【插入图纸】）：单击【我的电脑】或【计算机】或【桌面】，找到需要导入的电子版工程图纸文件所保存盘的盘名，并双击使此盘名称显示在上方第一行，下方显示的就是此盘全部文件内容，找到需要导入的电子版图纸工程文件名并单击，使此文件名显示在下方【文件名】行；如果没有显示，说明此文件有上级文件名称，此时可双击此文件名使其显示在上方第一行，再单击此工程文件的下级文件名，使其显示在下方【文件名】行；如果此单位工程分为结构、建筑两个文件，则需先单击结构图纸文件名使其显示在下方【文件名】行，再通过【Ctrl】＋左键选择建筑图纸文件名，使多个图纸文件名同时显示在下方【文件名】行中，如图 1-5 所示。

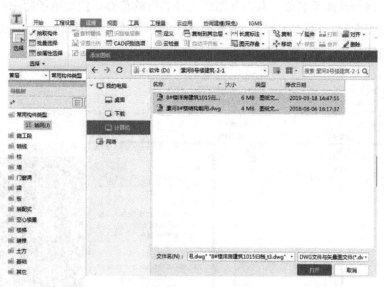

图 1-5　电子版图纸导入

单击【打开】即可导入运行。导入的结构、建筑数个工程图纸文件名已显示在【图纸管理】界面→双击此结构或建筑工程图纸总图纸文件名行的首部，此总工程文件图纸名下所属的全部电子版图纸已显示在主屏幕。

在【建模】功能界面：当主屏幕有多个电子版图纸时，任意选择主屏幕上的一张电子版图纸放大→（在主屏幕左上角【建模】窗口的下方隔一行）【设置比例】（作用是检查、核对电子版图纸的绘图比例）→单击轴线交点的首点，向右或者向下移动光标拉出线条→选择下一个轴线交点并单击→弹出【设置比例】对话框，显示所测量轴线两点间的距离（mm），需要与图纸标注的尺寸核对，有错误时修改为图纸标注的正确尺寸→确定→右键结束设置比例操作。

需要在主屏幕上显示多个结构或者建筑专业图纸时，可分别进行设置比例的操作。

单击【分割▼】→【自动分割】→运行，正在拆分图纸，提示"分割完成"，该提示可自动消失。自动分割后，每个自然电子版图纸用蓝色图框线围合，并且结构、建筑专业分割后的电子版图纸名称，可自动显示在【图纸管理】界面和各自所属的总图纸名称下方，识别时不会混淆。如果蓝色图框线内有两个图，常见的有墙（柱）平面图与柱大样详图，为避免识别时相互干扰，需要进一步【手动分割】，详细操作见本书第 1.5 节和第 1.6 节。

大部分图纸都能够实现【自动分割】，对于"墙（柱）平面图"与"柱大样详图"用外围边框线围合绘制在一张图内的情况，可用下述方法进行【解锁】：单击每个图纸外围边框线，变蓝色→右键→删除，再【自动分割】即可，也可以按照后面描述的方法进行【手动分割】。

修改电子版图纸的操作方法：添加、导入电子版图纸→单击主屏幕上方的"锁"图形→解锁后可修改全部电子版图纸。如果只需要修改单独一个电子版图纸的内容，在【图纸管理】栏下方，找到此图纸名称，双击其图纸文件名行的首部，使此电子版图纸显示在主屏幕→单击此图纸名称行尾部的"锁"图形使其为开启状态，如图 1-6 所示，即可修改主屏幕上的电子版图纸。

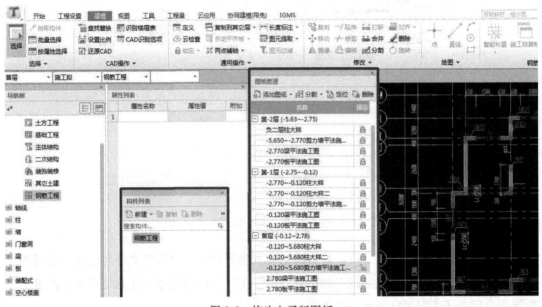

图 1-6　修改电子版图纸

电子版图纸导入后→【图纸管理】→【定位】，可自动定位图纸。自动定位后，已分割成功的结构、建筑图轴网左下角有"×"形定位标志。

由于图纸设计的梁较密，所以同一个楼层 X、Y 向梁的名称和标注分别标在两张电子版图纸上，可以把两张图纸拼接到一张图上。

方法 1：先导入其中一个方向的图纸，正确定位，然后插入另一方向的电子版图纸（插入的图纸不能再定位，要先用框选的方法选中此图）→右键→【移动】，把两张图纸拼接到一张图上。

方法 2：可先导入全部电子版图纸，选中其中一张图纸→右键→移动→把两张图纸拼接定位在一起→【手动分割】。

1.3　识别楼层表、设置错层

导入电子版施工图纸后，在主屏幕上有多个结构专业电子版图纸的情况下，找到有楼层表的图纸，识别楼层表。

在【建模】功能界面单击主屏幕上方的【识别楼层表】功能窗口→光标变为"十"字

形，左键单击图纸上的楼层表左上角→松开左键，框选结构图上的楼层表→单击左键，结构图上的楼层表已被黄色粗线条框住→单击右键，弹出【识别楼层表】界面，如图1-7所示。

图1-7　【识别楼层表】界面

框选的楼层表已经显示在此界面，新版本软件无须逐行单击表头上方的空格、对应竖列关系，可直接【识别】，如果楼层列的楼层数变为红色，是因为程序不能识别楼层编号中的中文汉字，需要把中文汉字修改为对应的阿拉伯数字。

检查识别效果→单击左上角的【工程设置】→可在【楼层设置】界面看到识别成功的楼层信息→如果需要增加楼层→单击需增加楼层【编码】栏，楼层数为当前楼层（如果单击行首部，此层会成为首层，其余楼层依顺序排列）→【插入楼层】→【下移】，在选择的当前楼层向下插入（增加）一个楼层→【上移】，可在当前层向上插入（增加）一个楼层。（提示：电子版楼层表中的中文汉字"地下室"层数可不改为阿拉伯数字，如"负一"层也可识别成功）

关于楼层表中基础层的层高（单位：m）：有地下室时，基础层的层高指基础垫层顶面至地下室室内地面标高的垂直距离；无地下室时，基础层层高指基础垫层顶面至±0.00的垂直距离。

对结构施工图纸中"层高表"的说明：结构施工图多数图纸都有层高表、楼层号，在层底标高中表示的是每层的结构底标高，不含建筑面层厚度，建筑面层厚度需要在房间装修地面铺装中设置。另外，在新老版本的主屏幕多数操作画面的左下角，显示有当前楼层的底标高（含建筑面层的底标高）、本楼层的层顶标高，供操作时观察使用（单位：m）。

原位复制整个楼层的构件图元：

（1）整个楼层的构件图元全部复制到其它层，此办法不能用于首层（因为只有首层不能作为标准层）。前提是需要把拟复制的楼层的全部构件图元绘制完成→【工程设置】→【楼层设置】→在【相同楼层】栏输入 N 个相同楼层数即可→【动态观察】→可看到已复制成功的三维立体图。

（2）如果需要把首层的全部构件图元原位置复制到其它层，可以使用主屏幕上方的【复制到其它层】或【从其它层复制】功能，操作方法见本书第 9.4 节的图 9-16。

（3）整个楼层全部或大部分构件图元有选择地复制到其它（目标）楼层：先进入目标楼层→【楼层】→【从其它楼层复制构件图元】→选择来源楼层、选择构件→选择想要复制的目标层，可选择 N 个层→确定。必须是在平面图中原位置复制构件图元。

（4）因为首层不能作为标准层，所以在【楼层设置】界面不能设置 N 个相同层数。【定义】→由【层间复制】代替旧版本的【复制选定图元到其它层】，一次只能原位置复制在"常用构件类型"下的一个类别构件。操作方法：【砌体墙】→主屏幕上方显示【复制到其它层】→框选全平面图→右键→在弹出的【复制选定图元到其它层】界面勾选需复制到的目标层→确定，此时会提示"图元复制成功"→确定。一次只能原位复制【常用构件类型】下方并且是在主构件展开状态下的一种主要构件，如另有需要，可再选择下一个常用主要构件类型，重复上述过程即可完成复制。

设置保护层厚度：

（1）设置混凝土强度等级：单击一个构件的混凝土强度等级（如 C20），在行尾部单击▼→可以根据需要选择→【复制到其它楼层】→选择目标楼层→确定，提示"已成功复制到所选择楼层"→确定。

（2）可针对整个楼层设置，在【工程设置】中的【楼层设置】界面的下方有【保护层】栏，（对于箍筋计量有影响）程序有默认值（可修改）可复制到选定楼层或全楼，如图 1-8 所示。

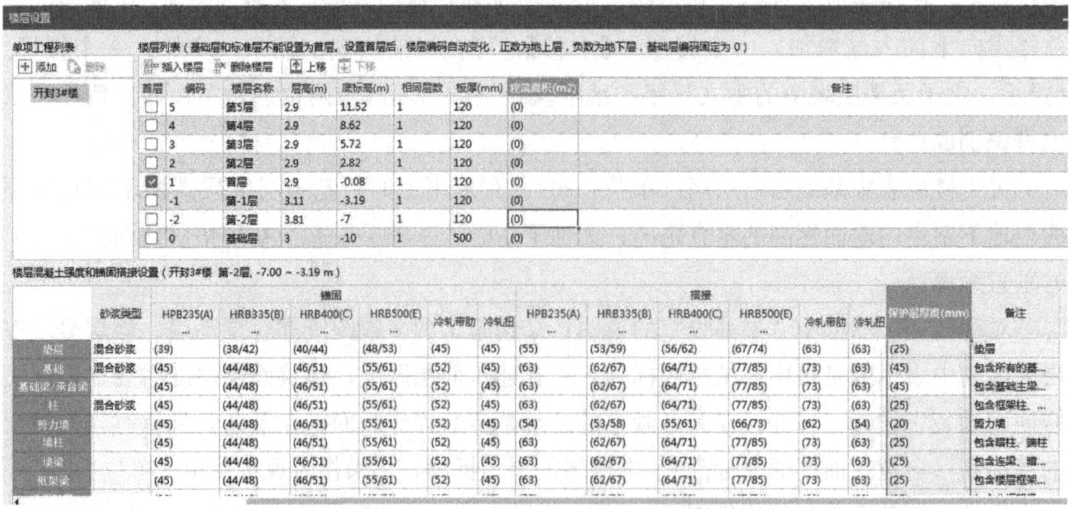

图 1-8 批量修改各种构件保护层厚度

（3）还可以在后续操作中单独修改某个构件或图元的属性参数，在构件的属性界面上方展开钢筋属性，有保护层厚度可修改。

（4）把已有工程或已完工程的构件属性信息应用到其它工程，前提条件是一个项目或其它项目有近似单位工程，并对已定义的构件执行（在【层间复制构件】菜单右侧）→【构件存档】。在新建下一个工程时执行【构件提取】，可把存档的构件属性信息复制到下一个工程中。

（5）不同层高或错层在工程中的绘制方法：先按一种标高【识别楼层表】，个别构件标高不同时，可以修改构件【属性列表】中的底、顶标高。如果图纸设计的是区域错层，在识别楼层表后单击【工程设置】→【楼层设置】，在主栏内选择已经识别生成楼层表的有错层的楼层，并单击使此楼层成为当前操作的楼层→【单项工程列表】→【添加】，已在当前正在操作的工程名称下产生一个"单项工程-1"（选择并单击此处的工程名称，可在右侧主栏内显示各自的楼层表）→单击产生的"单项工程-1"，在右侧主栏内的楼层表选择一个楼层→【插入】，可增加一个楼层，按照图纸设计修改层高（单位：m）→回车，其上邻层的底标高会自动按照计算出的应有数值改变。关闭【楼层设置】界面→在【常用构件类型】栏下展开【轴线】→【轴网（J）】，此时在主屏幕显示红色已有轴网→在主屏幕左上角单击【工程名称】窗口→选择新增加的"单项工程-1"→在主屏幕上方的一级功能窗口【建模】界面→在【常用构件类型】栏下→【柱（Z）】→在【构件列表】界面→【新建矩形柱】，可以按照图形输入的方法绘制【柱】【墙】【梁】等，绘制出的错层构件如图1-9所示。

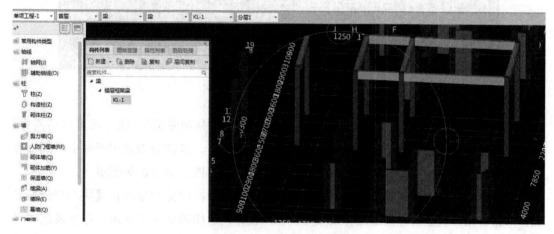

图1-9　绘制出的错层构件

1.4　手动分割

在【手动分割】时，需要把图纸对应到相应楼层，无须对应构件。

从基础层开始向上逐层逐图依次分割。已显示在主屏幕的电子版图纸→【自动分割】后，某张图纸双边框线全为蓝色，无红色边框线，在【图纸管理】界面下方找不到此图纸名称。凡内外侧双边框线无红色的都需要手动分割。

单击【分割▼】→先【自动分割】，后【手动分割】，分割后的图纸用黄色图框线围合，如果某张图纸双边框线内有两个图纸，需要分别手动分割为单独的两张图。

需要手动分割的示例如图 1-10 所示。

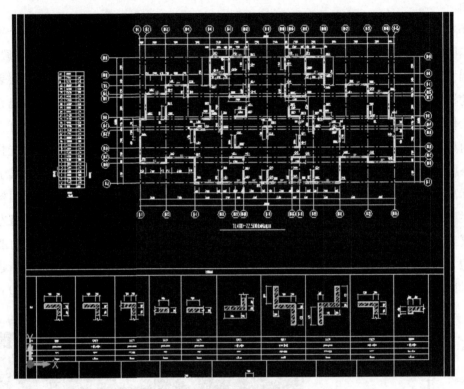

图 1-10　需要手动分割的示例

需要先【自动分割】→运行，提示"正在拆分图纸，分割完成"，该提示可自动消失，自动分割后的每个自然电子版图纸均有黄色粗图框线围合。自动分割适用于一个双图框线中只有一种平面图的工况，如墙（柱）平面图、柱大样详图、梁或板平面图。

分割成功的结构或建筑图纸文件名，按照分割的先后次序分别显示在【图纸管理】界面，即各自结构或建筑总图纸名称的上方。如果在结构总图纸名下方显示：连梁及暗柱平法施工图（不应该有的图纸名称）→双击此图纸名称行首部，此图已显示在主屏幕，经观察，有结构的墙（柱）平面图与柱大样详图绘制在一个自然图内，识别时会有干扰，需要【手动分割】为两张图→【删除】（在【图纸管理】界面右上角），可删除当前操作的多余图纸。

【手动分割】功能只能矩形框选，有时会遇到连梁表布置在柱大样详图的一角的情况，如图 1-11 所示。

如果柱大样详图与连梁表【手动分割】为一张图，识别柱大样时与连梁表会有干扰，需要把柱大样详图做两次【手动分割】，这样在【图纸管理】界面下的某层会有两个柱大

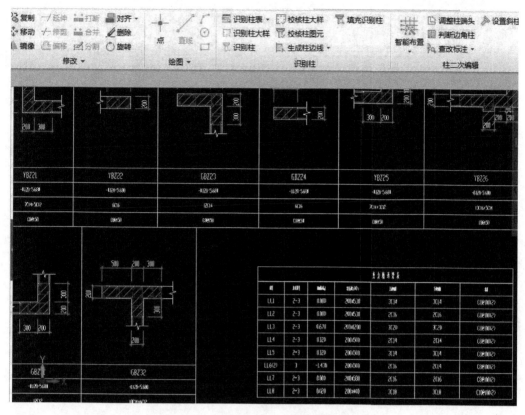

图 1-11　连梁表布置在柱大样详图的一角

样图纸文件名,可分别双击此柱大样图纸文件名行首部,使其分别显示在主屏幕,需要分别识别柱大样,分别识别成功的构件名称、构件属性均可显示在相同楼层的暗柱、框柱构件列表下。

手动分割特例如图 1-12 所示。

如图 1-12 所示:一张图纸双边框线内有墙(柱)平面图和杜大样详图两张图纸,分割一次不行,需要分别做两次分割柱大样详图,再一次性手动分割墙(柱)平面图。

手动分割方法:在【图纸管理】界面找到已经导入的某工程建筑或者结构总图纸文件名称,双击此图纸文件名称行首部,此建筑或结构的全部电子版图纸已显示在主屏幕(可使用【设置比例】功能检查绘图比例)→【分割▼】→【手动分割】,找到墙(柱)平面图与柱大样详图(或者其它两个电子版图纸),用图框线围合绘在一张图上的图纸,光标变为"十"字形,在左上角单击左键→松开左键→向右下角框选此图→单击左键,所选图纸已被黄色线条框住→单击右键,在弹出的【手动分割】界面的【图纸名称】行默认显示的是分割前的图纸名称→从已经手动分割的图纸中选择正确的图纸名称并单击(有读取功能),所选的图纸名称可自动显示在【手动分割】界面的【图纸名称】栏,在此还可以修改完善此图纸名称。与 2018 版软件不同的是需要在其下方的【对应楼层】行单击显示[....]→弹出【对应楼层】界面,如图 1-13 所示。

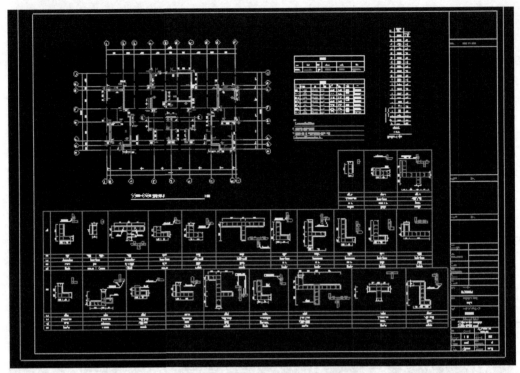

图 1-12　手动分割特例

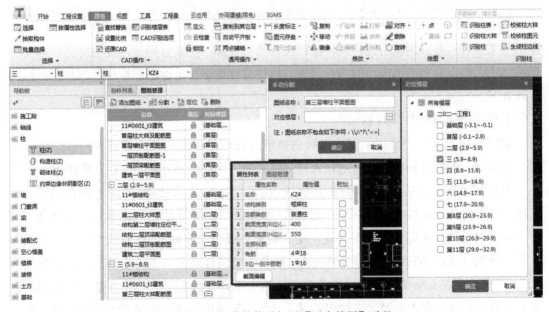

图 1-13　新版本软件增加了【对应楼层】功能

在弹出的【对应楼层】界面勾选应该属于的楼层数→确定→再在【手动分割】界面单击确定。按照分割的先后次序，此图纸名称已经显示在【图纸管理】界面应该属于的第 N 层下部，与 2018 版软件不同的是第 N 层的建筑图纸可与结构图纸通过分割、对应楼层的操作，对应到应该属于的同一个楼层，在选择图纸时不会选错，按照上述方法可继续分割下一个图纸。

在各层构件做法相同时还可以使用复制构件的功能复制到其它层。单击【复制到其它层】，如图1-14所示。

图1-14 【复制图元到其它楼层】界面

框选全平面图→单击右键→弹出【复制图元到其它楼层】界面→选择目标层→确定→弹出【同名构件处理方式】界面→只复制图元，保留目标层同名构件属性→确定→提示"图元复制成功"→确定（一次只能复制一类主要构件）。

1.5 手动分割方案

在手动分割前需考虑分割的先后顺序，包括各楼层图纸的组合，有时可能还需要在分割过程中对图纸名称进行修改、完善，并对楼层图纸进行组合（也称分割方案）。

需从头至尾认真看图，弄清楚各层都有哪些图纸（指结构、建筑施工图纸）。主要包括墙（柱）平面图、柱大样详图（柱截面列表）、梁平面图、楼板平面图等。

很多情况下，施工图的设计（也称图纸排列组合方式）不符合预算软件识别步骤的先后次序的要求，也就是说图纸设计有穿插错层，如结构图的柱大样配筋详图和柱的电子版图纸，其1~5层为相同的一张图纸；而梁的结构（配筋）平面图，其3~6层为相同的一张图纸；楼板结构图每层各不相同，并不是按预算软件的识别顺序排列，通常是按某一层或按1~N层为一个标准层竖向分段，在一层或几层的层底至层顶标高范围内，没有按柱大样配筋（详图）表、墙（柱）平面图、梁平面图、楼板平面图的顺序来排列、布置图纸。这就需要使用结构施工图的层高表（一般结构图都有），记住这个层、段的竖向层底至层顶标高范围，然后返回到最上方→单击【工程设置】→单击【楼层设置】，在【楼层设置】界面把识别产生的楼层表，用【删除】【插入】楼层的功能，把楼层数修改为与想要分割、对应的楼层数相同、一致。再用【手动分割】功能，框选某一柱大样详图或者墙（柱）平面图→松开左键，已框选的图纸变蓝→单击右键→弹出【请输入图纸名称】界面，如图 1-15 所示。

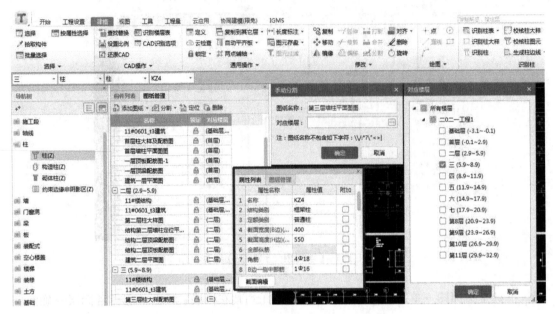

图 1-15　手动分割过程中修改完善图纸名称

如此界面覆盖手动分割的电子版图纸，光标单击此界面上方蓝色部分可拖动移开→放大此图纸→找到图纸名称并单击→可以修改、完善为应有的某层图纸名称→【对应楼层】→把此图纸对应到应该属于的楼层→确定。修改后的图纸文件名已显示在【图纸管理】界面。继续采用上述方法，把该层所需的墙柱、梁、楼板图进行手动分割，对应到应有楼层。

墙、柱等竖向构件在其构件的属性界面的起止标高（连梁除外），由楼层表中的层高起控制作用，对应到某层识别、生成构件后，其属性界面的标高值会按其应有标高随之变动，不需要修改。

1.6　转换（钢筋）符号

软件只能用 A、B、C，代表 HPB300 级、HRB335 级、HRB400 级钢筋。如果某电子版图纸中的钢筋符号显示为"?"，与设计不相符，则在识别此电子版图纸中带有钢筋的构件前需先单击【转换符号】→弹出【转换符号】界面，在【CAD原始符号】行输入待识别的电子版图纸上原有显示的"?"或错误的且需要更正的字符，并在此界面下方【钢筋软件符号】行单击其行尾的▼，可在下拉菜单中选择正确的钢筋符号→【转换】→在显示的【确认】界面单击【是】即可完成相应操作。

新版本软件在【建模】模块中有【查找替换】的功能，如图1-16所示。

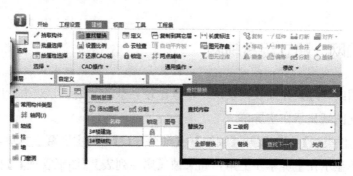

图1-16　【查找替换】界面

2 识别及绘制构件

2.1 识别轴网、建立组合轴网

需要在【图纸管理】界面找到轴网、轴号比较齐全的图纸，并双击此图纸文件名称的首部，可以使此图纸显示在主屏幕。

在【常用构件类型】栏，展开【轴线】→【轴网（J）】，在主屏幕上方单击【识别轴网】，其下属识别菜单显示在主屏幕左上角，如果被【属性列表】【图纸管理】【构件列表】界面覆盖，可拖动移开。

单击【提取轴线】（图 2-1），此时在主屏幕上默认显示为【按图层选择】，另有【单图元选择】【按颜色选择】等功能可以选用。

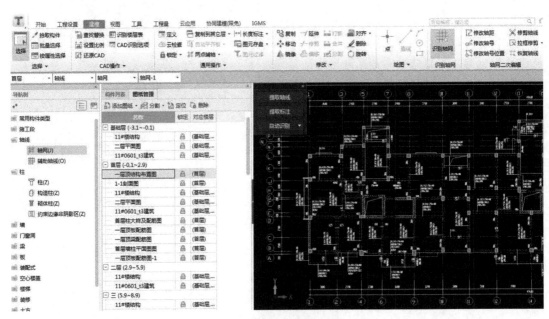

图 2-1 【提取轴线】功能

【提取轴线】→单击轴线（不能单击绿色轴线延长线），光标由箭头变为"回"字形为有效，左键单击轴线后全部变蓝→右键确认，变蓝的轴网图层全部消失。

【提取标注】→左键单击没有消失的绿色轴线延长线、轴号圈、轴线编号，轴线尺寸线为轴线标注，左键单击变蓝→右键确认，变蓝的图层消失。

【自动识别▼】→【自动识别】（其中另有【选择识别】和【识别辅轴】菜单，适用于由两个以上轴网拼接成一个交叉组合轴网的情形)→已消失的轴网、轴线标志恢复,再次双击【图纸管理】界面的此图纸名称首部,主屏幕的图纸已全部(刷新,也即更新)恢复。自动识别轴网后,轴网可由蓝色变为红色。【识别轴网▼】→(如果选择)【选择识别】功能适用于两个以上轴网拼接的组合轴网。

图形输入手动建立(组合)轴网:

在【常用构件类型】栏,展开【轴线】→【轴网(J)】。

【构件列表】→【新建▼】→【新建正交轴网】(适用于矩形轴网,上、下开间,左、右进深,两个方向轴线90°相交的工况)→在【构件列表】下产生"轴网-1"→【下开间】→在【常用值(mm)】栏选择软件提供的常用轴线间距(可以修改)→【添加】,在【下开间】产生一个所选择的轴线间距,如果与图纸设计的轴线间距不同,左键单击产生的轴线间距尺寸数字,可以任意修改→继续在【常用值(mm)】栏下方选择下一个轴线间距→【添加】。

【左进深】等操作方法同上。

在主屏幕产生"轴网-1"为红色→【轴号自动排序】(另有【轴网反向排序】),新建的红色轴网已显示下开间、左进深方向的轴线编号→关闭【定义】界面。在主屏幕显示的"请输入角度"对话框,输入逆时针方向的角度值为正值(向逆时针方向旋转),输入顺时针方向的角度值为负值(向顺时针方向旋转),按默认值0为不旋转正交轴网→确定,建立的轴网已按照设置的方向显示在主屏幕。如果绘制的轴网不符合要求→光标放在红色轴线上,呈"回"字形并单击左键,轴网变蓝→右键(下拉菜单)→【撤销】,可以撤销主屏幕上已绘制的轴网→关闭【定义】界面,在显示的"请输入角度"对话框中重新输入正确的角度,重新按照上述方法绘制轴网。

在【构件列表】下方→【新建▼】→【新建斜交轴网】,在【构件列表】下产生"轴网-2"(操作方法同"轴网-1")→关闭【定义】界面→单击【构件列表】下的"轴网-2",成为当前操作的构件→【点】(主屏幕上方)→移动光标,显示已建立的斜交轴网(图2-2)。

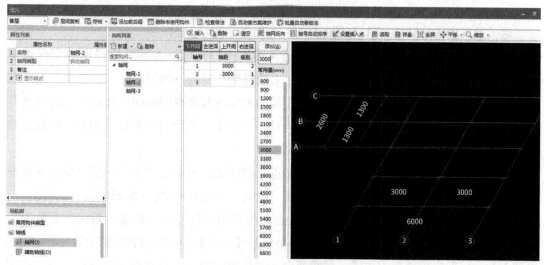

图2-2 建立斜交轴网

光标移动到"轴网-2"与"轴网-1"（需要布置的）相交的首个轴线交点时，光标由大的"十"字形变为小的"十"字形→单击左键→右键确认，"轴网-2"已成功布置→单击已布置的"轴网-2"，变蓝→右键→【旋转】→左键单击"轴网-2"与"轴网-1"的首个连接节点→移动光标并观察"轴网-2"旋转到应有角度→回车，"轴网-2"已按照与"轴网-1"结合的应有角度布置成功。

【构件列表】→【新建】▼→【新建圆弧轴网】，按照本书第2.2节的方法操作。

2.2 绘制轴网技巧

在【常用构件类型】栏单击【轴网（J）】→【辅助轴线】→【修改轴距】，不能选择并单击红色起始轴线和外侧边轴线，只能选择需要修改轴线间距的一条内侧红色基准轴线；光标放到基准轴线上，光标由"口"字形变为"回"字形为有效，单击，在弹出的"请输入"对话框中输入偏移距离（在此不能输入负值），如图2-3所示。

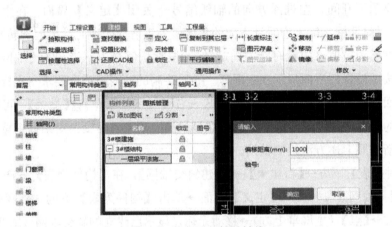

图2-3 绘制平行辅助轴线

输入偏移距离→确定，选择的轴线或者辅助轴线间距已经改变。

在主屏幕上方单击【两点辅轴▼】→选择轴线→【两点】→在轴网中根据需要任选首点→左键选择第二点→在弹出的"请输入"对话框输入轴号→确定。

【平行辅轴▼】→左键单击需要添加平行辅助轴线的基准参照轴线，此轴线变为蓝色并弹出"请输入"对话框（图2-3），在此输入的正值向上、负值向下偏移（如果选择垂直轴线，负值向左、正值向右）→输入轴号→确定。

【点角辅轴▼】→光标放到红色轴线交叉点，轴线交点显示为"十"字形并单击→在弹出的"请输入"对话框中输入轴线号、角度（逆时针为正）→确定→绘制成功。

【轴角辅轴▼】是以选定轴线上的基准点和指定角度创建辅助轴线，是在已有放射形轴网上新建放射形辅助轴线→【轴网】→【点角▼】→【轴角】→左键选择基准轴线→光标放在轴线上为"回"字形并单击左键，轴线变白→选择变白轴线的垂直轴线的节点，光标放到此节点并单击左键→在"请输入"对话框中输入轴线号、角度（逆时针为负）→确定。

【删除辅轴】→光标放到辅助轴线上呈"回"字形为有效，并单击辅助轴线变蓝，可多次单击辅助轴线→右键→提示"是否删除选中的辅助轴线"→删除辅助轴线。

在【常用构件类型】栏的【轴网（J）】界面单击【构件列表】→【新建▼】→新建【圆弧轴线】，在【构件列表】界面产生一个轴网构件，并在其相邻右侧，程序默认为下开间→选角度，添加或输入角度→左进深，添加或输入弧线之间的距离→在【构件列表】界面选择已经建立的轴网构件，在右边主栏可显示此轴网→用主屏幕上方的【点】或【旋转点】功能绘制；如果主屏幕上已有一个轴网，则用【点】绘制，需要选择连接插入点；如果用【旋转点】绘制则需选择首个结合插入点→观察并且移动光标到拟绘制轴网（弧形轴网）的下个任意网格节点并旋转到应有位置→单击左键，已绘制上此轴网→右键结束。

采用【转角偏移辅轴】，可以在弧形轴网中绘制一条与轴线成一定角度的辅助轴线。方法：【轴网】→【转角▼】→在弧形轴网中选择一条轴线为基准轴线，单击此轴线变白，同时弹出"请输入"对话框，输入轴线号，正角度值为逆时针，负角度值为顺时针→确定。

使用【恢复轴线】功能可以把延伸或修剪过的轴线恢复为原状→【轴网】→单击【恢复轴线】→光标左键单击需恢复原状的轴线（只能恢复一步）。

识别轴网纠错及特例：轴网识别后正常情况应为红色，如果显示为蓝色，可在【图纸管理】界面双击已识别轴网的图纸名称首部，使其显示在主屏幕，按正常方法再识别一次，轴网即可恢复为红色。

绘制轴线技巧：弧形轴线（如弧形阳台等）→【轴网】→需先画一个平行辅助轴线用以确定弧形轴线的弓形高度，再画弧形的垂直等分线→【三点辅轴▼】→【三点辅轴】→单击弧形轴线的起点，光标变为"米"字形→移动光标拉出线条→单击弧形中部垂直平分线顶点→单击弧线的终点，弧形轴线已成功绘制。

2.3 手动定位纠错、设置轴网定位原点

【图纸管理】→双击图纸文件名称行首部，在主屏幕只有一张电子版图纸状态，凡有轴网的图纸，此图（自动）定位后，在左下角应有白色（老版本为红色）"×"形定位标志；需要检查是否为全楼各图纸共有，并且是唯一的在左下角的轴线交点，如果不是，将会造成识别产生的构件图元整体偏移错位。需用【工具】界面下的【设置原点】功能手动定位，并且每张有轴网的电子版图纸都需要检查轴网左下角的"×"形定位标志的位置是否正确。

【设置原点】的操作方法：【工具】→【设置原点】→光标捕捉到应有轴线交点时，光标由箭头变为"米"字形→单击左键→右键结束→再找到此轴线交点已带有白色"×"形的定位标志。如果此图在主屏幕消失，找不到已经设置过原点的电子版图纸→【视图】→【全

屏】，主屏幕消失的电子版图纸可恢复显示，并且已有"×"形定位标志（图 2-4）。

图 2-4　手动定位纠错设置轴网定位原点

必须是在【手动分割】后，主屏幕上只有一张电子版图纸的状态才能手动定位成功。在主屏幕右上角另有【测量距离】，单击图中任意构件的首点至终点，可以显示此构件的长度尺寸；【测量面积】，按照绘制多线段形成封闭图形的方法，可显示封闭区域内的面积、周长；【测量弧长】，左键单击需要查看弧形的线条，单击弧形线条的起点和终点，可显示此弧形的弧长、角度、弦长、半径；【查看长度】，光标放到图中任意构件图元上，可显示此构件的长度尺寸；【查看属性】，光标放在图中任意构件图元上，可以显示此构件所在楼层，以及构件名称、材质、属性、尺寸、参数、钢筋等信息；还有【插入批注】【记事本】【自定义钢筋图形】【损耗维护】等更多功能。

3 识别柱大样生成柱构件

3.1 识别柱大样（含识别框架柱表）

说明1：如果框架结构只有框架柱平面图，没有柱截面配筋大样详图，则把柱大样配筋详图绘制成柱表形式，不需要识别柱大样。

可在【建模】界面的【常用构件类型】栏→展开【柱】→【柱（Z）】。在主屏幕上方单击【识别柱表▼】→【识别柱表】，在主屏幕有多个电子版图纸的情况下框选"柱配筋表格"→右键，框选的"柱配筋表格"已经显示在弹出的【识别柱表】界面，从左向右逐个单击表头上方的空格、竖列，对应竖列关系→【识别】，提示"构件识别完成"→确定。在【构件列表】界面，已经可以看到识别产生的许多框架柱构件名称。在主屏幕上方单击【校核柱大样】（校核运行），提示"校核完成，没有错误图元信息"→确定。如果有错误信息，可以按照本书第3.2节讲解的方法做纠错处理。

只要有柱截面配筋大样详图，就需要识别柱大样。

说明2：如果框架柱或框架剪力墙结构的墙柱平面图与柱截面详图绘制在一张平面图上，则需要把柱截面详图与墙柱平面图手动分割为两张图，避免识别时互相干扰。

软件中有【自动识别】【点选识别】【框选识别】三种识别功能。

在【图纸管理】界面双击某层暗柱或框架柱截面配筋柱大样的图纸名称行首部。主屏幕左上角的【楼层数】可以自动切换到当前平面图上柱大样详图所在的楼层数。【构件列表】【图纸管理】【属性列表】【图层管理】同在一个界面，如找不到【图纸管理】功能窗口，就不能双击【图纸管理】界面的图纸名称行首部使其显示在主屏幕，也就无法识别。相应的处理方法：【建模】→【视图】→【图纸管理】→在【构件列表】的右边已显示【图纸管理】界面，单击即可进入图纸管理界面，下方有导入的各图纸名称。

在【常用构件类型】栏下展开【柱】→【识别柱大样】（包括识别暗柱，框架柱截面大样图方法相同，可同时进行），如图3-1所示。

【提取边线】→放大柱大样图→左键单击柱截面边线（识别框架柱的方法相同）。对于剪力墙暗柱，因在绘图时剪力墙覆盖暗柱，需选择墙与暗柱连接的内侧短向横线（长向为纵），此线条不是暗柱与剪力墙构件的共用线，不要选择未完折断线及不应识别的图层线条。应该特别注意的是，如果暗柱边线与红色箍筋线重叠，应该放大此详图，选择与红色箍筋可区分的白色暗柱边线，此时光标由"十"字形变"回"字形，并单击柱

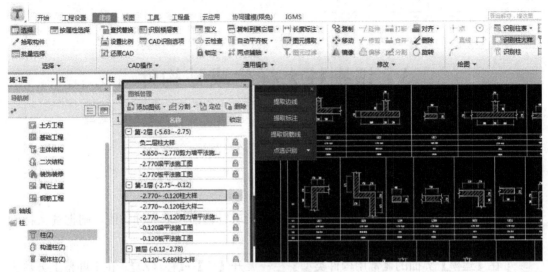

图 3-1　识别柱大样

大样截面边线，截面边线变蓝，需要检查柱截面边线是否全部变蓝→右键，已变蓝的图层消失。

【提取标注】（柱大样详图中的柱构件名称、全部配筋信息、标高尺寸、柱大样详图中绿色柱截面尺寸及尺寸标志界线为柱标识，点选后，上述信息应变为蓝色）→在【图纸管理】界面单击图纸文件名尾部的"锁"图形使其在开启状态→分别单击此表格线，变蓝，使用【删除】功能删除后可继续识别→如有没变为蓝色的，可再次单击柱名称标识，使此图层全部变蓝→右键→变蓝的图层消失。

凡识别、单击变蓝且右键消失的图层均保存在【图层管理】界面的【已提取的 CAD 图层】中，如识别不成功，单击此菜单可在主屏幕恢复显示已消失的图层，相当于【还原 CAD 图】，可继续识别。

【提取钢筋线】→单击柱截面内的红色箍筋线，变蓝→任意选点（红色点状）纵筋，变蓝→右键确认，变蓝的线条消失。

【点选识别▼】→（优先）【自动识别】（识别运行）→提示"识别完毕"→确定。弹出【校核柱大样】界面→移动【校核柱大样】界面，会在柱大样详图上各产生一个蓝色填充柱，如图 3-2 所示。

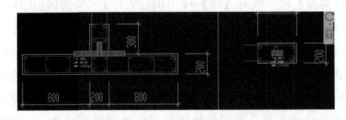

图 3-2　蓝色填充柱

凡无此蓝色填充柱的，表示没有识别成功，在【构件列表】界面无法找到此构件名称，可用【点选识别】，下文展开介绍。关闭【校核柱大样】界面，蓝色填充柱消失→【校核柱大样】（校核运行），再次弹出【校核柱大样】界面，蓝色填充柱恢复显示。检查识别效果→【构件列表】，此界面可显示识别产生的构件名称。个别识别不成功的可以再使用【点选识别】功能继续识别；识别成功的均在柱大样详图附近出现相同形状的蓝色填充柱。

【提取边线】→【提取标注】→【提取钢筋线】→【点选识别】，方法同前文所述，当使用此功能再次识别下一个柱大样时可直接从【点选识别】开始（一次只能识别一个柱大样，但准确率高，基本无须纠错）→放大柱大样详图→选择上柱截面边线，光标由"口"字形变为"回"字形为有效（光标放到非柱大样截面边线上不会变为"回"字形）→左键单击柱大样截面边线（运行），此柱大样上已添加了与柱大样同形状的蓝色填充柱，同时已识别成功的柱大样上的填充柱消失，并弹出【点选识别柱大样】界面（图3-3）。

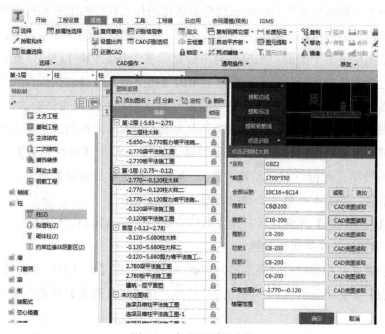

图3-3 点选识别柱大样

此法适用于矩形、"凸"字形等简单截面形状且内部无分割线条的柱大样，如果柱大样上产生的蓝色填充柱与柱大样形状不同，并且在弹出的【点选识别柱大样】界面的【截面】栏中的长度和宽度数据不同，则会识别失败，可按照本书第3.2节"编辑异形截面柱"的方法操作。此柱大样的构件名称、截面尺寸、配筋信息已经显示在此界面，可与柱大样详图中的信息核对、修改，如有某栏没有显示应有参数，可单击其尾部的【读取】，从此柱大样详图中选择应有参数。选择成功，光标变为"回"字形，并单击左键→返回【点选识别柱大样】界面，单击缺少的信息栏，可复制、填入此界面；单击"点选识别柱大样"界面【箍筋】尾部的【CAD底图读取】→单击柱大样详图下的箍筋配筋值，此信息可自动显示到【点选识别柱大样】界面的【箍筋】栏，【标高范围】栏缺失的信息操作方法同【箍筋】，在此也可手动输入→确定。此时在【构件列表】界面已经增加了此构件名称。如果【构件列表】界面没有增加此构件，是在识别楼层表时修改了此楼层的标高，此界面的"标高范围"与主屏幕左下角的"层底至层顶"标高数值不一致造成的。

重要提示： 如果在【点选识别柱大样】界面的【全部纵筋】栏输入了纵筋根数，其下方各行的【角筋】【B边一侧中部筋】【H边一侧中部筋】会自动显示为灰色不能用，删除【全部纵筋】信息，上述各栏灰色消失且变为白色则可以使用。

框选识别柱大样：如果柱大样详图上产生的蓝色填充柱与柱大样形状不同，属于识别失败→【点选识别▼】→【框选识别】→光标呈"十"字形（一次只能框选平面图上一个没有识别成功的柱大样全部详图，包括截面尺寸线、引出的箍筋示意图、构件名称、配筋值、标高等）→左键，所框选的柱大样信息（柱大样详图中的表格线除外）全部变为蓝色并被黄色线条框住→右键（识别运行），弹出【校核柱大样】界面，识别柱大样的错误信息已显示在校核表中→移动校核表，框选识别变为蓝色的柱大样详图上有相同形状的蓝色填充柱，并有已识别产生的白色参数数字→双击校核表中的错误信息（如果识别的柱大样顶部至底部标高范围穿过多个楼层，在校核表中会显示多个错误构件信息），此柱大样详图中的同形状蓝色填充柱变为黄色，主屏幕左上角的【楼层数】自动切换到与校核表错误构件相同的楼层数→【属性列表】，在【属性列表】界面已显示此错误构件的构件名称、属性、参数→以详图表中正在识别的柱大样构件名称为准，修改【属性列表】界面显示的错误构件名称→左键，校核界面的错误构件名称可随之改变→单击【属性列表】界面左下角的【截面编辑】（再单击此窗口有开、关功能），在弹出的【截面编辑】界面，对照平面图上柱大样详图信息，按照本书第3.2节中的图3-5进行纠错。

如果在【构件列表】界面显示有构件名称，属于个别信息识别错误的，也可以直接在【属性列表】界面修改构件属性参数。

检查识别效果：在导航栏的图形输入界面→【暗柱】或【框（架）柱】→【构件列表】→在【构件列表】界面可显示已识别的柱构件名称，在【属性列表】界面可显示此构件的属性参数。

重要提示： 如果是最下一层柱，需设置柱基础插筋→返回【常用构件类型】栏，按识别的【暗柱】或者【框架柱】→【构件列表】→柱名→在右侧此构件属性界面→展开【钢筋业务属性】，在【插筋信息】栏按纵筋信息的格式、配筋值直接输入即可。

如果找不到（不显示）【属性列表】界面→【视图】→【属性列表】→【建模】→【属性】，可显示【属性列表】界面。

在弹出的柱大样校核表中有以下两点应注意：

（1）识别柱大样时，生成的柱构件出现在其它楼层，需自行检查楼层标高、层高是否正确，柱构件属性界面的底、顶标高是否正确，柱构件是按标高匹配楼层的。

（2）识别出的柱构件是由柱大样详图表中的底、顶标高控制的，如果柱大样详图中的某个柱大样图的底、顶标高是 N 个楼层的底部、顶部竖向标高，识别出的柱构件名称、

【属性列表】会一次识别后在 N 个楼层同时自动产生，但在各层自动生成的柱构件名称，以及【属性列表】中的底部、顶部标高是受楼层表中的层底、层顶标高控制，无须修改分别显示在各层柱构件【属性列表】中的底、顶标高。这样，如有的楼层在【构件列表】界面，识别产生的构件种类多于平面图中的柱构件种类，无须删除多余构件，在识别平面图中的柱过程中软件会自动对号入座按实有构件种类生成构件图元，不影响平面图中的识别效果。

3.2 识别柱大样后纠错

无纸质图纸对照纠错柱大样：返回【建模】界面→【校核柱大样】，在弹出的【校核柱大样】界面（如有覆盖可拖动移开），分别勾选【尺寸标注有误】【纵筋信息有误】【箍筋信息有误】【未使用的标注】【柱名称缺失】，下方主栏可以分别显示对应的错误信息，如某个物件或某个层截面尺寸有误，或某一层没有识别到纵筋标注等→双击此错误提示信息→在【构件列表】界面可自动显示此错误构件名称，蓝色的为当前纠错构件；同时在【属性列表】界面显示此错误构件的属性信息。如果是截面形状、尺寸错误→左键单击【截面形状】栏的"L-d 形状"→单击[...]→进入【选择参数化图形】界面→单击【参数化截面类型】行尾的▼→可进入分类的各种截面类型界面→选择需要的截面类型→选择需要的截面形状，如图 3-4 所示。

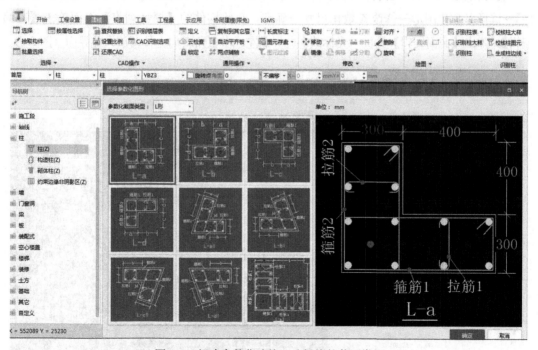

图 3-4 新建参数化暗柱、选择柱的截面类型

在此可以选择截面类型，输入、修改截面尺寸→确定。在【选择参数化图形】界面，

找不到的柱截面形状，可按"编辑异形截面柱"的方法操作。

【校核柱大样】界面错误提示如"某构件柱大样中纵筋点数与标注纵筋数不符"或"没有识别到箍筋标注"→双击校核表中的错误提示→在主屏幕柱大样详图中此错误构件名称可自动显示为蓝色，可按照校核界面下方的提示纠错，并且此详图上有与柱大样同形状的黄色填充，其余柱大样上是蓝色填充。凡柱大样上无蓝色填充图案的是没有识别上的，在【构件列表】界面也找不到此构件名称，可以用【点选识别】的方法补充识别。

在【构件列表】界面找到此构件名称并单击，变蓝。【属性列表】界面可显示此构件名称及属性、参数（需要以柱大样详图上的构件名称为准，如果不符，可在此修改构件名称后回车，修改后的构件名称可同时显示在【构件列表】界面），如果是暗柱，识别产生的构件名称会显示在【构件列表】界面的【框架柱】下方。单击此构件属性界面的【结构类型】行显示▼→▼，可选择为【暗柱】（另有【转换柱】【端柱】【框架柱】可选择），错误显示的构件名称可自动归位到【暗柱】类型下。

【校核柱大样】界面错误提示如"标高尺寸−0.12～5.68"→双击此错误提示信息；柱大样详图中此构件的标高尺寸数字自动放大变为蓝色→在【图纸管理】界面单击当前图纸文件名称尾部的"锁"图形使其成为开启状态→把图中蓝色标高尺寸数字删除。再双击校核界面的此错误提示信息，弹出提示"此构件已不存在，错误信息将被删除"→确定，校核界面的错误信息消失。

特殊情况：如果在【构件列表】界面找不到此构件，可以在此界面单击【新建参数化柱】→选择参数化图形→修改参数化尺寸→确定，在此构件的【属性列表】界面单击【截面编辑】，弹出【截面编辑】界面，光标放在此界面左或右上角斜向上拉可放大此界面（图3-5）。

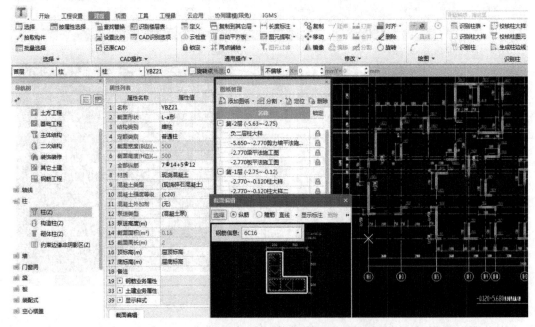

图3-5　在【截面编辑】界面修改柱的钢筋信息

在弹出的【截面编辑】界面，可按已选择显示柱大样截面图，分别单击有错误的角筋或全部纵筋，箍筋，B边、H边配筋值，凡蓝色配筋值，光标移动至此处将呈"回"字形并单击，可以在显示的白色框内，以柱大样详图中应有配筋信息为准→在显示的白色框内输入或修改，还需要在左上角的【钢筋信息】栏输入应有的配筋值→左键确认。如果在此界面右上角显示的是【角筋】，实际需要按【全部纵筋】功能修改，可先修改截面边筋后修改【角筋】，还可以使用手动方法在此界面绘制角筋、边筋。

按上述方法修改后，【属性列表】界面的柱大样信息可随之改变，如果截面尺寸有错误，可以直接在【属性列表】界面的【截面宽度】【截面高度】栏修改截面尺寸，如果截面尺寸只有少量偏差，可直接单击【截面编辑】界面的截面尺寸数字进行修改→左键，修改的信息已更正。修改后使【截面编辑】【属性列表】与柱大样详图中的构件名称、尺寸、配筋信息相同→【重新校核】→校核表中的错误提示消失。如果误识别了柱大样下方的中文说明文字，可在后续纠错时双击此错误提示→在【构件列表】界面此构件显示为蓝色→删除此构件，再手动建立此构件。并且在【截面编辑】界面设置的全部配筋等信息可同时显示在【属性列表】界面的各栏内。如果【校核柱大样】界面的错误构件显示的楼层数与平面图中柱大样的楼层数不同，是设计者在"柱大样详图"中把柱构件的顶部至底部标高值穿过了 N 个楼层的标高范围造成的，属于正常。有时也会出现程序错误、多识别的构件→双击【校核柱大样】界面的错误提示→单击【构件列表】，在【构件列表】界面显示此相同错误构件名称为蓝色→单击多识别的构件名→【删除】，错误信息同时消失，纠错成功。

如果不显示【属性列表】界面，单击平面图中产生的构件图元，变蓝→光标放到平面图上的任意处→右键→【属性（P)】，显示【属性列表】。

【校核柱大样】界面错误提示如"柱名称，第 N 层没有识别到纵筋标注"→双击此错误信息，在【构件列表】【属性列表】界面，可自动显示此构件的名称、属性信息→单击属性列表左下角的【截面编辑】，弹出【截面编辑】界面，光标放到此界面的右上角对角线位置，光标变为对角线方向斜向上、下箭头，斜向上拉即可放大此界面。

错误提示原因是截面大样图中无点状纵筋或纵筋信息不全，也就是全部纵筋有根数但无钢筋级别、直径尺寸不明（或者是其它错误)→单击绿色【全部纵筋】信息，按图纸设计应有配筋信息输入或者修改为正确数值，还需要在此界面左上角的【钢筋信息】栏检查、修改此配筋值，使【钢筋信息】栏与此界面截面图中的钢筋信息一致。如果【全部纵筋】由两种强度等级、规格的钢筋组成，可用"加号"组合，格式如：10C20+6C16。左键确认，截面大样图中修改的正确配筋信息已恢复显示，如箍筋信息，B边、H边纵筋信息有错误也可按上述方法修改。

重要提示：如果设计者在柱大样详图中把角筋与 B 边、H 边纵筋综合为一个配筋数值，而在【截面编辑】界面显示的是角筋、B边、H边，两处表示的格式不同，需要先在【截面编辑】界面分别单击 B 边、H 边的配筋值，在显示的白色框内修改后，再单击【角筋】，修改角筋信息，否则会在修改【角筋】时提示格式错误，不能修改。

所有此类错误信息修正后，【校核柱大样】界面右下角→【重新校核】，界面上方的错误提示信息已消失，纠错成功。

【校核柱大样】界面错误提示如"柱名称，第 N 层没有识别到箍筋标注或四边形箍筋不规则"→双击此错误信息，在【构件列表】自动显示此错误构件名称为蓝色，成为当前纠错构件，在【属性列表】同时显示此构件的属性信息→单击【属性列表】左下角的【截面编辑】，弹出此构件的【截面编辑】界面，原因是箍筋信息不完整或错误→单击绿色箍筋信息→输入正确箍筋信息。还需要在此界面上方→【箍筋▼】→【矩形】，光标放到错误箍筋线上呈"回"字形并单击左键，箍筋变蓝色→右键→删除，在此界面左上角【钢筋信息】栏输入正确的箍筋信息→【箍筋▼】→选择【矩形】绘制矩形箍筋→左键，截面大样图中红色箍筋图形已显示，并且此界面的箍筋数值已更正。在【属性列表】界面左下角弹出的【截面编辑】界面绘制纵筋→单击左上角的【纵筋】→在【钢筋信息】栏输入纵筋配筋值的各项参数→单击【箍筋▼】(圆圈内应该是空白)，有【点】【直线】【三点画弧】【三点画圆】，选择【点】→移动光标带出黄色点状→单击网格节点，已绘上点状纵筋→【重新校核】错误提示已消失，纠错成功。

【校核柱大样】界面提示如"无名柱，第 N 层没有识别到纵筋标注"(因为此错误提示信息没有构件名称)→双击此错误提示信息，在【构件列表】界面，"无名柱"构件自动显示为蓝色，成为当前纠错的构件，此构件的属性信息同时显示在【属性列表】界面→单击【属性列表】界面左下角的【截面编辑】，显示此错误提示构件的截面形状、尺寸、配筋信息，可以放大此界面，并拖动与柱大样详图相互对照，找到【截面编辑】界面与柱大样详图中形状和尺寸相同的构件（图 3-6）。

图 3-6　纠正识别产生的"无名柱"构件

记住柱大样详图中对应的构件名称，按照下述方法操作：以平面图上柱大样详图中的构件信息为正确→在此构件的【属性列表】界面，把错误的构件名称"无名柱"修改为正确的构件名称→回车→把【截面编辑】界面此构件的配筋信息修改为正确数值。在【校核柱图元】界面下方→【重新校核】，错误提示信息已经消失，纠错成功。

（**特殊情况**）如果双击校核表中错误提示信息，平面图中错误构件信息没有自动放大显示，可以按照下述方法，快速纠错识别产生的柱大样构件：

在【构件列表】界面逐个单击柱大样构件名称，变蓝色，成为当前操作的构件→【属性列表】，在【属性列表】界面同时显示此构件的属性信息→【截面编辑】→将【截面编辑】界面显示的柱大样信息与平面图上的柱大样信息对照，以大样图上的柱大样信息为准。

可以按照以下描述的方法编辑柱大样截面信息。

在【截面编辑】界面绘制角筋、边筋、箍筋：在【截面编辑】界面上方单击【纵筋】→【布角筋】（箍筋角点内侧黄色部分是角部纵筋）→在【钢筋信息】栏输入全部角部总配筋值→右键确认，全部角部纵筋已布置完成。如果某个角筋布置与图纸要求不相符→光标放到此角筋上，呈"回"字形并单击，变蓝色→右键→【删除】。在【钢筋信息】栏输入纵筋信息→（在【箍筋】右侧）单击【直线▼】，选择【点】→在已经删除的角筋位置上单击，完成原位布置。

【布边筋】（两个黄色角筋之间的是边筋）→【纵筋】，在【钢筋信息】栏输入单侧的"边筋"配筋值→直接单击需要布置边筋的一侧网格线，此侧两个角筋之间的边筋已等间距布置，还可以继续单击对边的网格线，布置另一边的边筋。也可以在【钢筋信息】栏输入单侧边筋配筋值→【箍筋▼】→【直线】→勾选"是否含起点、终点"→单击需要布置一侧的起点至终点，边筋已经布置上。【角筋】【边筋】布置的同时，此界面的配筋信息已同步改变。

角筋、边筋布置后，布置箍筋：单击【箍筋】→在【钢筋信息】栏输入箍筋配筋值→【矩形】→单击应绘制箍筋左上角的黄色点状角筋→移动光标单击对角方向的下一个角筋，红色箍筋已绘制成功，同样方法绘制下一个箍筋→单击【矩形▼】→【直线】，可绘制 S 形直线拉筋。

特殊情况的柱大样纠错：在【校核柱大样】界面上方勾选【未使用的标注】（下方主栏显示如某一层提取后未被使用的柱大样信息）→双击错误提示信息→"剪力墙柱表"的表头中文文件名自动放大呈蓝色显示，经检查，程序把表头的中文文件名误识别为柱大样构件→在【图纸管理】界面单击"锁"图形使其成为开启状态→双击柱大样表头上误识别的表头中文文件名，变蓝→【删除】此类误识别的信息→【重新校核】，错误提示信息消失。

对于装配式建筑，在预制剪力墙转角处大多设置有后浇构造边缘柱。构造边缘暗柱，按照国家建筑标准设计图集《装配式混凝土结构连接节点构造（剪力墙结构）》15G310-2中的规定，用红色线条表示的是重要附加钢筋、补强连接钢筋、矩形箍筋。需要在此暗柱的【属性列表】界面展开【钢筋业务属性】→单击【其它箍筋】栏→⬚，在弹出的【其它箍筋】界面→【新建】，在此界面增加了一行，显示【箍筋图号】，并且显示箍筋【图形】（如果显示的箍筋图形不是需要的图形→双击【箍筋图号】→⬚，可以在弹出的【选择钢筋图形】界面进行调整)→双击【箍筋信息】栏，输入箍筋配筋值→双击箍筋图形栏的截面宽度，使其显示在白色框内，输入箍筋图形截面宽度的尺寸数字→回车，箍筋的截面高度显示在白色框内，输入截面高度尺寸数字→左键，完成。可以使用同样的方法设置此转角暗柱的另一边附加连接箍筋（图3-7）。

图 3-7　设置装配式建筑转角暗柱的附加连接箍筋

增加的箍筋已显示在此构件【属性列表】界面下方的【其它箍筋】栏，在此显示的只有箍筋的图号。

在【截面编辑】界面→【编辑弯钩】→光标放到箍筋弯钩上，箍筋变蓝色，光标变手指，单击弯钩，弯钩变白→右键→显示当前弯钩长度→单击【默认值】后的▼→按规范要求修改即可。修改弯钩角度或长度后，弯钩不再超出截面边线。

柱大样识别、纠错完毕，由于暗柱是剪力墙的一部分，所以不需要添加清单、定额；如果是框架柱构件，还需要在【定义】界面→【构件做法】→【添加清单】【添加定额】，具体方法见本书第3.5节。

3.3　箍筋纠错特例、编辑异形截面柱

箍筋纠错特例：在【属性列表】界面左下角弹出的【截面编辑】界面，显示的柱大样详图中，有时在柱截面复合箍筋配置的情况下，设计者为了优化箍筋配置成本，将柱大样详图中的柱构件名称下方标注的箍筋信息进行整体标注。如果局部或者个别箍筋与整体或者全部箍筋的钢筋级别、直径、间距不同，在箍筋做法示意图中，单独用引出线标注这根箍筋的配筋值，与构件名称下方标注的整体或全部箍筋级别、直径不同。可按照上述方法把整体标注的箍筋进行纠错→单击这根不同配筋值的箍筋，然后箍筋图形变蓝色→右键→【删除】。在【编辑箍筋】的下邻行单击选择【箍筋】→在【钢筋信息】栏修改、输入应有箍筋的配筋值等参数→在【箍筋】右侧，按此箍筋的形状，单击▼→选

择【矩形】或者【直线】，用绘制矩形或直线的方法绘制这根箍筋→【Esc】，退出【编辑箍筋】界面。分别单击已有箍筋图元，可在【钢筋信息】栏分别显示不同的箍筋配筋值。如果连续单击不同配筋值的箍筋，两种以上不同配筋值的箍筋同时变蓝，在【钢筋信息】栏显示"?"。

不同配筋值的箍筋修改成功后，在【截面编辑】界面，绿色【角筋】或者【全部纵筋】下方箍筋信息显示为"按截面"三个字。

编辑异形截面柱方法1：

柱大样识别后，在产生的构件【属性列表】界面单击【截面形状】行的"L-d"→[...]，进入【选择参数化图形】界面，如图3-8所示。

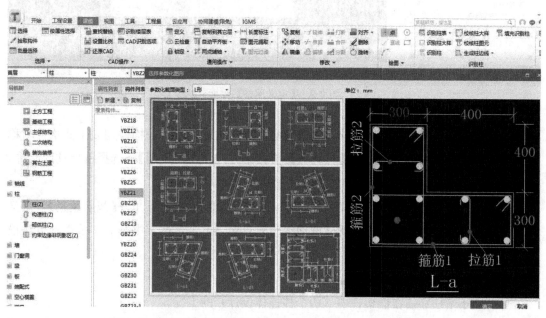

图3-8　在【选择参数化图形】界面编辑柱截面尺寸、配筋信息

如果在此界面找不到相应的截面类型，按编辑异形截面柱设置。操作方法如下：【构件列表】→【新建▼】→【新建异形柱】→进入【异形截面编辑器】界面→【设置网格】，弹出"定义网格"对话框，如图3-9所示。

按异形柱的截面尺寸、重要节点、间距、转角点，定义水平、垂直网格，可根据需要输入相关尺寸数字，水平方向从左向右，垂直方向从下向上排列（为了绘制多线段方便，避免定义的网格间距太小、太密容易出错，可以根据需要尽量把网格间距设置得大一些）→确定。用直线功能按绘制多线段的方法，在网格节点或转角节点单击左键，如果某线段画错→【撤销】→右键→【绘图】→【直线】（有圆、弧等多种功能），继续绘制多线段形成封闭图形→右键结束→【设置插入点】（用以定位），在设置的插入点产生一个红色"×"形定位标志→确定，【异形编辑器】界面消失。

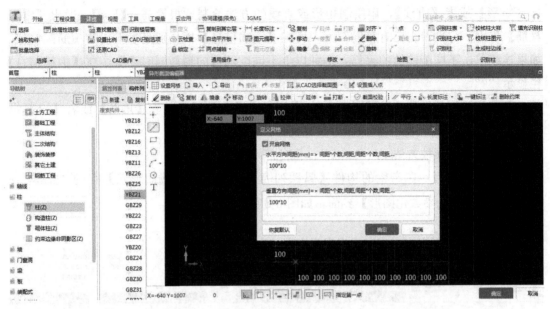

图 3-9 【定义网格】界面

在产生的构件【属性列表】修改为应建立的构件名称，左键，构件列表下此构件名称随之改变为同名称构件→单击【属性列表】界面下方的【结构类别】→选择框架柱或暗柱，此柱的构件名称可自动归类到【构件列表】框架柱或暗柱名称下。

按【属性列表】各行参数定义完毕，在【属性列表】界面左下角→【截面编辑】，定义的异形柱截面图形已显示在弹出的【截面编辑】界面，下一步按本书第 3.2 节中的方法设置截面配筋。

编辑异形截面柱方法 2（优选）：

可以用于暗柱穿插在框架柱内（两个柱连体设计）的工况。

重要提示：上述情况也可以分别建立一个暗柱、一个框架柱，不选择清单、定额，只用来计算钢筋量；再按照编辑异形截面柱的方法选择清单、定额，计算土建定额。

在主屏幕左上角，把【楼层数】选择到异形柱大样应在的楼层→在【图纸管理】界面找到已识别过柱大样的图纸名称，单击此图纸名称后的"锁"图形，使其成为开启状态→双击"锁"图形后边的空格，此单独一张柱大样电子版图纸显示在主屏幕。

在【建模】界面主屏幕左上角→【设置比例】，光标选择主屏幕电子版图纸上的异形柱截面尺寸标注线节点的首点，选择成功光标呈"十"字形并单击左键→移动光标拉出线条→单击下一个尺寸标注线交点，弹出"设置比例"对话框，对图纸的显示大小进行调整。

重要提示：按照上述方法处理操作完成后，还需要用同样方法再次在此平面图上使用【设置比例】功能，恢复原来的绘图比例，否则可能会影响在此图上的后续操作、计量。另外，还可以使用【手动分割】功能把柱大样截面详图分割为单独的一张图，这样做不会影响后续的操作、计量。

【构件列表】→【新建▼】→【新建异形柱】，在弹出的【异形截面编辑器】界面→【从CAD选择截面图▼】→【在CAD中绘制截面图】（此时【异形截面编辑器】界面消失）→用【直线】功能按绘制多线段的方法绘制已用【设置比例】功能复核、修改过图纸比例的异形柱截面边线（如果画错，可用【Ctrl】＋左键退回一步，可以连续使用），最后画回原点形成封闭图形→右键结束。描绘的异形柱截面图已显示在【异形截面编辑器】界面，并且形状、尺寸不需要修改→【设置插入点】（起定位作用）→单击柱截面内的定位点，在设置的定位点上显示红色"×"定位标志→确定。

使用【点】功能并移动光标，显示产生的异形柱构件图元→重合放到主屏幕此柱大样图上并单击左键，异形截面柱绘制成功，形状、大小、比例匹配一致→右键结束绘制。由于还没有设置配筋信息，所以还要删除，此处只是验证截面形状是否匹配。

在【构件列表】和【属性列表】自动产生建立的构件。下一步在【属性列表】输入构件名称，设置各行属性参数，在【截面形状】栏自动显示为【异形】，其【截面宽度】、【截面高度】数字与柱大样详图中的尺寸相同。单击【属性列表】左下角的【截面编辑】，在弹出的【截面编辑】界面，按照本书第3.2节中手工绘制【角筋】【边筋】【箍筋】的方法编辑截面配筋。

3.4 增设约束边缘暗柱非阴影区箍筋

方法1：该操作需要在柱大样识别成功之后，在平面图上识别柱之前进行。

【定义】→【构件列表】，单击构件名称首部带"Y"字的构件→【属性列表】→展开【钢筋业务属性】→【其它箍筋】→单击后面的空格，显示 → 点击 →进入【其它箍筋】设置界面（图3-10）。

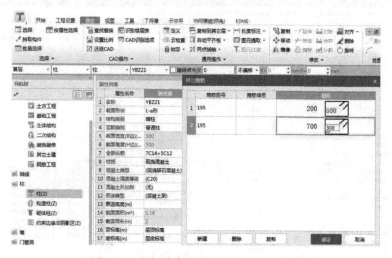

图3-10 增加约束边缘暗柱非阴影区箍筋

【新建▼】（可以对照【截面编辑】下方显示的截面尺寸信息）→单击【箍筋图号】，显示 ⋯ →进入【选择箍筋图形】界面，选择箍筋图形形状→确定→输入箍筋信息→回车→在图形栏分别输入箍筋宽度、截面高度，在此界面可增加或复制多种箍筋→确定→增设的箍筋图号已显示在【属性列表】界面的【其它箍筋】栏→识别墙柱平面图中的柱，此箍筋已含在柱图元内。

方法2：该操作需要在平面图上识别柱，生成柱构件图元后进行。

此为老版本中的方法：在墙柱某层平面图上→【图元柱图】→左键光标指向需补画箍筋的暗柱，并单击此柱图元→显示【图元柱表】界面，可显示此柱各层的起止标高、纵筋配筋值→单击需增设箍筋对应层的【其它箍筋】栏→显示 ⋯ 并单击→显示【其它箍筋类型设置】界面→【新建▼】→单击【图号】→单点 ⋯ 选择钢筋图形→确定→输入箍筋信息→输入尺寸→确定。

【旋转点】功能：单点【点】→勾选【旋转点】→输入角度。

柱属性界面全部纵筋显示为灰色不可用，是因为角筋、边筋已有配筋信息，删除已有角筋、边筋信息后才能输入全部纵筋信息。

3.5 框架柱等构件属性定义选做法

最新版软件把钢筋计量、土建算量两个软件的【属性列表】界面合并为一个界面：上方是钢筋计量软件的属性参数，下方是土建算量软件的属性参数；并且多是蓝色字体，具有公有属性。只要修改构件的属性、参数含义，不选择已经布置的构件图元，其构件图元的属性、参数也会随之改变（图3-11）。

图3-11 框架柱构件的【属性列表】界面

可将不同的属性、参数复制到不同楼层，操作方法为：在软件的【工程设置】界面，在"建立楼层"的下方可以定义、复制到需要的楼层，还可以同时显示在此【属性列表】界面，减少工作量。在单一的构件【属性列表】界面设置的各行属性、参数只对本构件有效。

现在以框架结构的框架柱为例，讲解在【属性列表】界面，定义其参数的方法。

在【常用构件类型】栏展开【柱】→【柱（Z）】，在【构件列表】界面→【新建▼】→【新建矩形柱】。在已经建立的框架柱的【属性列表】界面，单击【结构类别】栏→单击显示▼→选择框架柱（另有【暗柱】【角柱】【中柱】等），如果选错，柱根部、柱顶部的钢筋锚固长度、锚固方法是不一样的，计算出的钢筋数量也不一样，选择后可在【构件列表】界面同步显示。

在构件【属性列表】界面，各行参数输入完毕→在【构件列表】界面选择一个框架柱构件→【定义】→【构件做法】，进入选择【构件做法】界面。

【添加清单】→显示【查询匹配清单】（如果找不到所需清单可使用【查询清单库】）→找到并双击所选清单，所选清单已进入上方主栏内，并且在其【工程量表达式】栏已自动带有"工程量代码"。

【添加定额】→【查询定额库】，需要检查定额版本、年份、专业是否正确，如果与需要选择的定额专业不符，可在此选择对应的定额专业→找到相对应的分部和定额子目。以河南地区为例（其它地区也需要参照本方法操作）：双击定额"5-11：现浇混凝土矩形柱"，使其显示在上方主栏内，在此定额子目行的【工程量表达式】栏，双击显示▼→选择【柱体积】，所选择工程量代码已显示在该定额子目的【工程量表达式】栏。如果层高超过3.6m→【添加定额】→可以在显示的空白【定额子目编号】栏直接再次输入"5-11"→回车，在显示的定额子目【工程量表达式】栏，双击显示▼→选择【柱超高体积】，以后汇总计算时，相同定额子目的工程量会自动合并为一个数值。

添加柱模板的定额子目、工程量代码方法同上。

如果此框架柱需要计算独立柱装修用的脚手架→展开【措施项目】，展开【单项脚手架】→【里脚手架】→在右边主栏双击"17-56：单项里脚手架"，使其显示在上方主栏内→在此定额子目行的【工程量表达式】栏双击→选择【脚手架面积】→在【查询匹配清单】的上邻行，向右拖动滚动条，在此定额子目行尾部单击【措施项目】栏的"空白小方格"，在弹出的【查询措施】界面→展开【脚手架工程】→找到序号31，并单击此行首部，全行变为蓝色→确定。在已经选择的脚手架定额子目行上方自动多出一行，其【工程量表达式】栏显示为"1"，并且已自动勾选其下邻脚手架定额子目行的【措施项目】栏的小方格。后续把此工程导入计价软件时，勾选了【措施项目】的定额子目，可以自动显示在计价软件的【措施项目】界面。

框架柱构件的清单、定额子目、工程量代码选择后→关闭【定义】界面。

如果平面图上框架柱截面边线内有填充图案，按照主屏幕上方的【填充识别柱】功能→识别平面图上的柱构件，可参照本书第 4.1 节中的方法。

对于已新建的构件、绘制的构件图元，利用【构件列表】界面上方的【层间复制】功能，可在本工程中重复使用，还有【存档】及【提取】功能可以对选择的构件属性、截面信息和【构件做法】清单、定额等【存档】为一个文件，实现在同一工程或不同工程之间的重复使用。【图元存盘】和【图元提取】可以实现构件属性及图元同时【存档】为一个文件，实现同一工程或不同工程的重复使用，提高工作效率。

在此需要注意：按照预算定额分部说明及计算规则规定，暗柱不是柱，当暗柱由剪力墙覆盖时，暗柱包括突出剪力墙的部分，应合并到墙体积，只需在计算剪力墙模板时追加暗柱突出墙部分的模板侧面积即可。剪力墙没有覆盖的暗柱，需要按框架柱选择清单、定额子目。

使用【做法刷】把全部框架柱构件都添加上清单、定额子目，按照本书第 20.6 节中的方法操作。

3.6 计算装配式建筑预制柱的工程量

在【常用构件类型】栏下方→展开【装配式】→【预制柱（Z）】→在【构件列表】界面→【新建▼】→【新建矩形预制柱】，在【构件列表】界面的【框架柱】下方产生预制框架柱构件（用 PCZ 表示）→在构件的【属性列表】界面，同时产生相同名称的预制框架柱构件，在此可把字母修改为中文名称→回车→【构件列表】界面中的构件名称可同步改变为中文构件名。

在此构件的【属性列表】界面，按照图纸设计要求→设置各行的属性、参数→输入【截面宽度】【截面高度】→输入【坐浆高度】【预制高度】，在【预制混凝土强度等级】栏单击显示▼→选择混凝土的强度等级，预制柱的混凝土后浇高度程序按照规范默认，在此栏显示为灰色，不能修改→在【全部纵筋】下方→输入【角筋】的总根数，格式如"4C22"→输入【B 边一侧中部筋】→输入【H 边一侧中部筋】→在【箍筋】栏双击显示 ⬚⬚⬚→弹出【钢筋输入小助手】界面，如图 3-12 所示。

在【钢筋信息】栏输入箍筋信息〔如：C10-100/200（4×4），表示：加密/非加密，括号内表示的是箍筋肢数〕→确定，设置的箍筋信息已经显示在属性界面的【箍筋】栏内→设置【节点区箍筋】【肢数】等→选择【后浇混凝土材质】【类型】【强度等级】；属性界面的【截面周长】【截面积】，程序可以自动计算显示；柱的【预制部分体积】【重量】，请记住混凝土的每立方米重量约为 24.5kN，需要手动计算输入。在此还需要在【预制钢筋】栏输入预制柱的钢筋信息；在【套筒及预埋件】栏单击显示 ⬚⬚⬚→⬚⬚⬚，弹出【编辑套筒及预埋件】界面，如图 3-13 所示。

在【埋件分类】栏，双击显示▼→▼，可以选择【灌浆套筒】或者【预埋件】，并可以使用【复制】【粘贴】的功能把所选择的构件名称粘贴到同一行的【名称】栏，如果选

图 3-12 【钢筋输入小助手】界面

图 3-13 编辑套筒及预埋件

择的是套筒，需要在此行的【纵筋直径】栏输入钢筋的强度等级、直径→确定。属性界面的【套筒及预埋件】，只能显示所选择的套筒及预埋件的种类数。

在【属性列表】界面，还需要手动输入预制柱上部、下部加密范围区的尺寸数字。按照图纸设计，把【属性列表】界面的各行参数设置完毕→【定义】→【截面编辑】，可以看到已设置装配式建筑预制柱的截面配筋图（图 3-14）。

在【截面编辑】功能窗口右邻→【构件做法】，参照本书第 3.5 节描述的方法进行【添加清单】【添加定额】的操作。

清单、定额子目、工程量代码选择完毕→使用主屏幕上方的【点】功能菜单在平面图中绘制柱，不同的是在装配式建筑预制柱界面没有识别功能，只能手动建立构件、设置属性参数，并按照电子版平面图上柱的位置手动绘制。

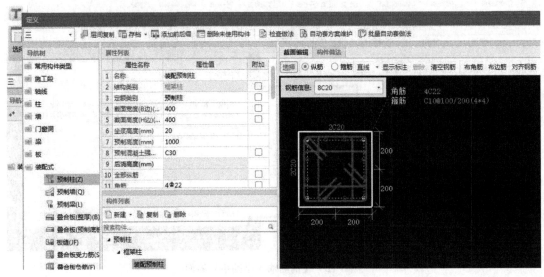

图 3-14　装配式建筑预制柱的截面配筋图

4 平面图上识别柱，生成柱构件图元

4.1 平面图上按填充识别柱（含框架柱）

如有时【构件列表】界面的构件种类多于电子版平面图上的构件名称，无须删除多余构件，在识别中，程序可按平面图上实有构件名称自动对号入座，不影响识别效果。

在【常用构件类型】栏展开【柱】→【柱（Z）】→【识别柱】，【识别柱】的三个下拉菜单显示在主屏幕左上角，有时会被【图纸管理】等界面盖住，可拖动移开，如果平面图上的柱截面边线内有填充图案，应先单击主屏幕右上角的【填充识别柱】，如图 4-1 所示。

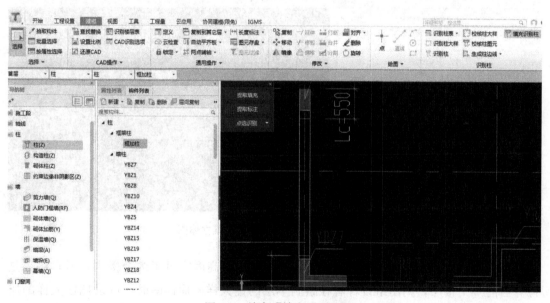

图 4-1 单击【填充识别柱】

重要提示：凡有轴网的平面图，识别前均应检查轴网左下角"×"形定位标志是否正确，如果不正确，可用主屏幕上方【工具】界面下的【设置原点】纠正，本书第 2.3 节有详细描述。

单击【提取填充】→放大平面图上的图纸，不要选择到轴线等不应识别的图层，光标放到柱填充上，光标由"十"字形变为"回"字形为有效，并单击柱填充，全部柱填充变为蓝色→右键。

单击【提取标注】→单击柱名称、柱截面边线与墙连接的内侧截面线条、平面图上暗柱的绿色截面尺寸标志线、尺寸数字，全部柱名称、截面边线、尺寸数字变为蓝色→右键确认，蓝色消失。

单击【点选识别】尾部的▼→【自动识别】→提示"识别完成"→确定。平面图上的柱填充、柱名称已恢复。

【点选识别】功能说明：单击【点选识别】尾部的▼→选择【点选识别】，主要是针对图纸信息不详细、无法自动识别的，一次只能识别平面图上的一个暗柱，在弹出的"点选识别柱大样"对话框中输入、核对柱大样信息，效率比较低，但识别准确，基本不需要纠错。

弹出【校核柱图元】界面，暂时关闭此界面→【动态观察】，平面图上识别产生的柱构件图元变为蓝色，可查看已产生柱构件的三维动态立体图形（图4-2）。

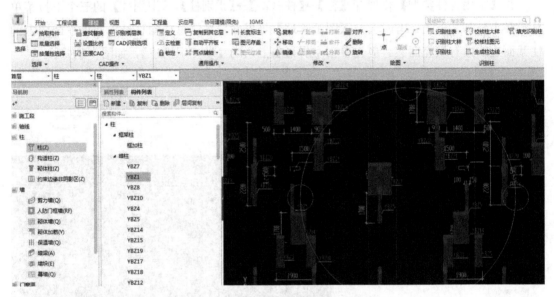

图4-2　识别产生的柱构件三维立体图

重要经验：如果识别产生的柱构件图元三维图形高度穿过了多个楼层，但本次只是计算当前一个楼层，则图纸设计者在绘制本层的柱大样截面详图时，可以把柱大样的层底至层顶标高值设计为多个楼层的标高值，可在【常用构件类型】栏的【柱（Z）】界面→框选全平面图，识别产生的柱图元变为蓝色→右键→【属性】，在显示的各柱构件图元共有【属性列表】界面，只需要在【底标高】或【顶标高】栏（黑色字体，私有属性）修改为当前楼层的标高值→回车，再次【动态观察】，各柱的三维图形已经恢复为正常，如图4-2所示。

在主屏幕最上方【工程量】→【汇总计算】→如果弹出"有错误信息"的提示时→双击错误提示的信息，错误构件图元自动放大呈蓝色显示在主屏幕→删除此错误构件图元后，错误信息即可消失，可继续计算→计算完成→【查看工程量】→框选平面图上识别产生的柱构件图元→在弹出的【查看构件图元工程量】界面，显示的是已选择的全部构件图元构件名称、工程量。

单击【查看钢筋量】→单击或者框选主屏幕平面图上的构件图元，可显示构件的钢筋工程量（图4-3）。

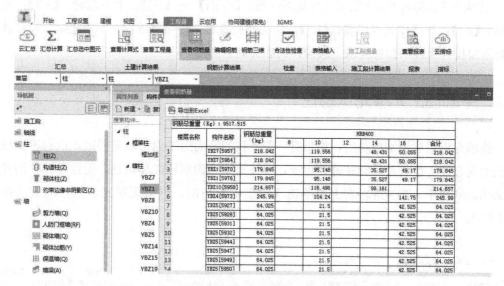

图4-3　平面图上识别产生暗柱各种规格的钢筋数量

（1）汇总计算时提示"柱纵筋长度小于0"，是柱太短造成的，因为柱纵筋计算时考虑错开距离，当柱太短时露出长度是固定的，此时柱的高度减去纵筋露出长度会小于0，多出现在基础层。如果出现这种情况，可以在【属性列表】界面→展开【钢筋业务属性】→单击【设置插筋】栏，显示▼→▼，把【设置插筋】选择为【纵筋锚固】即可。

（2）增加斜柱功能：新建柱构件（方法同普通柱）名称、属性，并用【点】功能菜单画上柱图元→【设置斜柱】→单点已绘制上的柱图元，如图4-4所示。

图4-4　【设置斜柱】界面

在弹出的【设置斜柱】界面选择【设置方式】，有按倾斜角度、按倾斜尺寸、正交偏移、极轴偏移四种倾斜方式供选择，需按图纸要求进行选择，选择后按此界面下方图示，输入对应角度→确定。可使用【动态观察】功能查看是否正确。

【Shift】＋【Z】：绘制柱快捷键，平面图上显示已识别产生的构件图元信息，方便核对已识别的柱名称与CAD原图柱名是否一致；【Shift】＋【F3】：上下翻转；【F3】：左右翻转；【F4】：切换插入点位置；【F5】：合法性检查时，提示墙或柱上下不连续，需修改此位置下层构件属性的顶标高或上层构件的底标高。

4.2 平面图上无填充识别柱

按填充识别柱识别成功后，如果有一部分柱的截面边线内无填充图案，没有识别成功且仍为空心柱，也就是只有柱截面边线，可按无填充识别柱继续识别，前提是此柱的柱大样必须识别完毕。在主屏幕右上角单击【识别柱】功能，可按无填充识别柱的方法操作（图4-5）。

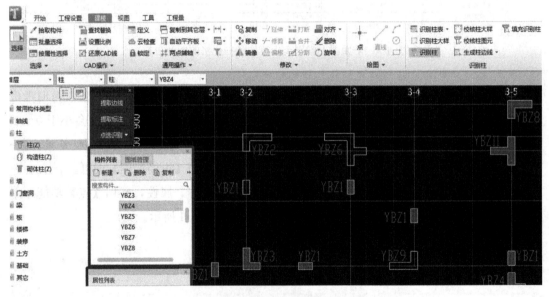

图4-5 平面图上无填充识别柱图示

【提取边线】→因绘图时剪力墙覆盖（暗）柱，需选择暗柱与剪力墙相连的内侧、短向横线并单击（此线不是墙与柱共用线，可区分、识别时不会相互干扰，如果是框架柱，可以单击任意边线）→柱边线变为蓝色→右键确认，变蓝的柱边线全部消失。

【提取标注】→光标左键任意单击平面图上某个需识别的柱名称，变蓝→单击柱的截面尺寸标志界线→尺寸数字（包括以前已识别的柱标识也会变蓝，不影响识别效果）全部变蓝→右键确认，变蓝或变虚线的全部消失。

【点选识别】▼→【自动识别柱】→确定，这部分无填充的柱已识别成功。

4.3　墙柱平面图上识别柱后纠错（含补画 CAD 线）

在【常用构件类型】栏展开【柱】→【柱（Z）】，在主屏幕上只有一张结构专业的墙柱平面图时→【动态观察】，可以显示已识别产生的蓝色柱构件图元，不要转动光标提出三维立体图，目的是便于观察识别产生的构件图元→左键（【动态观察】的圆圈标志线消失），已识别产生的柱图元呈蓝色，灰色柱填充图案是没有识别成功、没有产生柱图元的→在【构件列表】界面找到此构件名称并单击，用主屏幕上方的【点】功能进行原位绘制，方向、位置不对时，可使用【镜像】【旋转】【移动】功能纠正，可以减少纠错的工作量。

平面图上识别柱纠错特例：（结构专业的）墙柱平面图上如果识别产生的柱构件图元整体错位，是轴网左下角的"×"形定位标志错位造成的。需要整体删除后重新识别，可按以下方法操作：【动态观察】提出已产生的蓝色柱构件图元→左键，动态观察圆圈标志线消失，但蓝色构件图元还在，目的是便于观察→框选平面图上产生的全部蓝色柱构件图元→右键→【删除】→【还原 CAD】→框选全部平面图→左键→右键确认，此时平面图上只剩下红色轴网。在【图纸管理】界面删除当前的图纸文件名→双击总结构图纸文件名称首部，使全部多个结构图纸显示在主屏幕→找到需要重新识别的墙柱平面图纸→【手动分割】，并对应到应有的楼层，使此图纸文件名显示在【图纸管理】界面→双击此图纸文件名称行首部，使此单独一页电子版图纸显示在主屏幕→【工具】，用【设置原点】功能在轴网左下角设置正确的"×"形定位标志→右键确认。

主屏幕上方有【校核柱图元】功能窗口，作用是检查识别出的柱图元是否存在错误信息。单击【校核柱图元】窗口，弹出【校核柱图元】界面，如有错误信息，在表头行分别单击各菜单，可区分、检查，找出错误原因，方便针对存在的错误原因进行纠错处理。

1. 纠错方法 1

【校核柱图元】界面错误提示如"CAD 尺寸与柱图元不符"（或图元与边线尺寸不符）→双击此错误信息，平面图中此错误构件图元与构件名称自动放大呈蓝色显示在平面图中，并且在【构件列表】界面，此构件名称自动显示为蓝色，成为当前纠错构件，可配合观察，以平面图中原有的构件名称为正确，也可以直接删除后再在原位置绘制→【动态观察】，不要转动光标，不提出三维立体图，有利于看清识别产生的蓝色构件图元。经观察，出现错误的原因是识别产生的蓝色柱图元与平面图中原有的构件截面边线大小不匹配，大于或者小于原有构件的截面边线，因识别柱大样纠错时已检查、校正了构件截面尺寸与属性参数，应以识别产生的蓝色柱图元截面尺寸为正确，所以平面图上原有的构件截面边线小于或大于识别产生的蓝色柱图元，是设计者在绘制图纸时，由于比例尺寸设置错误造成的。识别产生的蓝色柱图元如错位可以用【镜像】【旋转】【移动】功能纠正。在【图纸管理】界面单击当前图纸名称行尾部的"锁"图形，使其成为开启状态→单击平面图中原有柱构件截面向外扩大或者向内缩小的边线，截面边线变为蓝色，不要选择上柱填充的斜线→【删除】。如果平面图上原有柱构件截面边线向内收缩，小于识别产生的构件图元，不易删除，可以先删除识别产生的蓝色柱图元，再删除原有柱构件向外扩大或者向内收缩的截面边线。构件截面边线内，与识别产生的蓝色柱图元不匹配的填充图案也可按此方法纠错处理，注意需要保留作为定位标志用的部分原柱截面边线，易于删除后再在原位置绘制。再次双击校核表中此错误信息，提示"该问题已不存在，所选的信息将被删除"→确定，此界面下方的错误提示信息已消失→【动态观察】，更容易观察原有构件与识别产生的构件图元大小匹配问题，此方法同样可用于删除与识别产生的柱图元不匹配的柱填充图案。

重要提示：

（1）识别或者绘制的构件图元与原有的构件方向不符，可单击识别产生的构件图元，变蓝→右键→用【镜像】或者【旋转】功能纠正，如果位置偏移、错位，可用【移动】功能处理→在校核界面下方单击【刷新】→错误可消失。

【旋转】功能的操作方法：单击构件图元，变蓝→右键→【旋转】→左键单击构件图元的插入点，转动光标→观察构件图元旋转到应有位置→左键，构件图元已旋转绘制成功。

（2）如果左键单击构件图元变蓝→右键菜单中没有【旋转】【镜像】【移动】等功能→【Esc】，再单击构件图元→右键，可有【旋转】【镜像】等功能选项。

2. 纠错方法 2

【校核柱图元】界面错误提示如"未识别 L 形（或'一'字形）"→双击校核界面的错误提示，此错误构件图元自动呈蓝色显示在平面图中，与其它柱图元有明显色差，并且在【构件列表】界面，此错误构件名称变蓝，成为当前纠错构件→光标放到平面图中识别产生的此构件图元上，光标由"十"字形变为"回"字形，显示的构件名称与【构件列表】及【校核柱图元】界面的当前纠错的构件名称相同，但与平面图上原有的构件名称不同，可直接使用主屏幕上方的【删除】功能删除，平面图上此处只剩构件截面边线→从【构件列表】中选择与平面图上相同的构件名称→原位绘制正确的构件图元，如果位置、方向不对→右键→用【镜像】【旋转】【移动】功能纠正后，再双击校核表上的错误提示信息→确定，校核界面的错误信息已消失，纠错成功。

优选此法：如果产生有构件图元，只是光标放到图中此构件图元上，光标呈"回"字形，显示的构件名称与【校核柱图元】界面的错误构件名称相同，但是与平面图中原有构件名称不同，也可以不删除产生的构件图元，光标放到此构件图元上并单击，变为蓝色→右键→【修改图元名称】，在弹出的【修改图元名称】界面，按图 4-6 中的方法进行调整。

3. 纠错方法 3

【校核柱图元】界面存在错误提示如"某一层未使用的柱填充"→双击此错误提示信息，此错误构件自动放大呈蓝色显示在平面图中，与其它构件有明显的色差→【动态观察】并转动光标，只有此蓝色错误构件填充上且没有产生三维立体图形→如有三维立体图形，可按"纠错方法1"纠正→【俯视】，恢复二维平面→在【构件列表】界面找到应有的构件

图 4-6 平面图中纠错、修改柱构件图元名称

名称并单击→【点】→在平面图中原位置绘制，如果提示"不能与构件重叠布置"，可在此构件的属性界面把底标高修改为【层底标高】，即可完成布置。如果方向、位置不对，可以使用【镜像】【移动】【旋转】功能纠正。在校核界面下方【刷新】，错误提示信息消失，纠错成功。

4. 纠错方法 4

【校核柱图元】界面错误提示如"未使用的柱名称（或未使用的柱标识）""请检查并在对应位置绘制柱图元"→双击校核错误提示→在平面图中，此构件名称自动显示为蓝色，此处只有柱构件截面边线，或者只有柱内填充线无截面边线，缺少构件图元→在【图层管理】界面勾选【CAD原始图层】，平面图上此错误构件缺少的截面边线可以恢复显示→在【构件列表】中找到此构件名称并单击使其成为当前操作的构件，用【点】功能在原位置绘制。只要绘制的构件图元与平面图上的构件截面边线吻合，且大小匹配一致，则构件名称相同。如果校核表上错误提示不消失→在【图纸管理】界面→双击其它图纸名称行首部→再双击此前纠错的图纸名称行首部，使此电子版图纸再次显示在主屏幕上→刷新→【校核柱图元】→纠错成功。

5. 纠错方法 5

在【校核柱图元】界面错误提示如"未使用的标注"，就是没有使用此构件的标注信息生成构件属性，有两种方法可以处理：①按照【点选识别】的功能处理；②直接在构件【属性列表】中修改构件标注的属性信息。"纵筋信息有误"是指构件截面中的纵筋数量与标注数量不符，程序是按照柱大样图中的纵筋数量识别的，可以通过【属性列表】界面左下角的【截面编辑】功能直接修改，有关章节已有讲解，不再重复。

6. 纠错方法 6

在【校核柱图元】界面勾选【未使用的标识】，下方主栏提示"未使用的柱标识"→双击此错误信息，识别产生的此错误构件图元的构件名称自动放大呈蓝色显示在平面图中（有时其中有一条截面边线也会变为蓝色）→以平面图中放大显示的原有构件名称为正确→在【构件列表】界面找到此构件名称并单击，变蓝，成为当前纠错的构件→把平面图中放大显示的此构件图元删除，只留下原有构件截面边线，还要删除变蓝的截面边线→使用主屏幕上方的【点】功能原位置绘制，如果方向不对可以用【旋转】【镜像】【移动】功能纠正。有时是识别产生的柱图元与平面图中原有构件截面大小不一致，属于设计者绘图时，绘图比例不一致造成的错误，可以在【图纸管理】界面，使当前图纸文件名称尾部的"锁"图形处于开启状态，删除图中此构件某一侧的截面边线→再次双击校核错误提示信息，提示"该问题已不存在，所选的信息将被删除"→确定，纠错成功。

如果此位置没有产生应有的构件图元→在【构件列表】界面找到应有的构件名称并单击，变蓝色，使其成为当前操作的构件→使用主屏幕上方的【点】功能菜单原位置绘制即可→【刷新】，错误信息消失。

如果光标放到识别产生的构件图元上，显示的图元名称与图中原有构件名称相同，且位置、大小一致，但校核界面的错误提示信息没有消失，经检查，是此类柱构件名称与其截面边线相距较远造成的。

可以按照本节或本书第 20.2 节讲解的方法进行处理。使用【还原 CAD】功能还原 CAD 图纸后，在【图纸管理】界面，从"未对应图纸"界面找到此电子版图纸→【手动分割】并使此图纸重新显示在主屏幕。

在主屏幕左上角→【CAD 操作▼】→【补画 CAD 线】，补画 CAD 线的功能菜单显示在主屏幕左上角，如【构件列表】【图纸管理】等（图 4-7）。

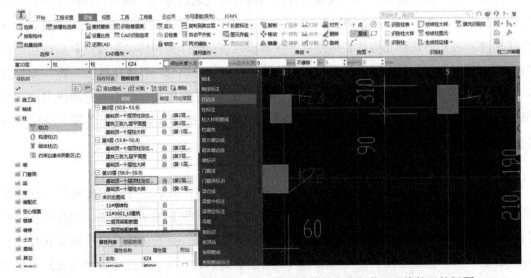

图 4-7　使用【补画 CAD 线】功能处理平面图中构件名称与截面边线较远的问题

单击左上角的【柱边线】菜单→光标放到图中柱截面边线的角点上，可显示黄色交叉点并单击→移动光标拉出白色线条→单击左上角的【柱标注】菜单→光标放到图中原有柱构件名称的"Z"字上，可显示黄色交点并单击左键→右键确认，柱截面边线与构件名称已经用绿色线条连接，可使用同样方法使其它柱截面边线与构件名称用绿色线条连接后，重新识别。在【校核柱图元】界面再次勾选【未使用的标识】，可大量减少此类错误信息。

7. 纠错方法 7

在【校核柱图元】界面的表头勾选【名称缺失】，下方主栏错误提示如"未识别 L 形（或 Z 形）""无名柱图元""已反建，请检查属性并替换名称"→双击此错误信息→在【构件列表】界面，自动显示与校核界面相同的错误构件名称为蓝色，成为当前纠错构件→并且在【属性列表】同步显示此构件的属性、参数，如果在平面图上分不清楚哪个是当前纠错的构件，在主屏幕上部单击【点】功能菜单→移动光标带出的构件图元就是当前纠错的构件，以平面图上原有的构件名称为准→把【属性列表】界面的错误构件名称修改为与平面图上应该有的、正确的构件名称→回车，如果提示"应在当前层构件名中唯一"（意思是不能重名），可在此构件名后加"-1"（或 N）→回车，提示"构件已经存在"→【是】→【刷新】，纠错成功。

8. 纠错方法 8

在【校核柱图元】界面的表头勾选【名称缺失】→下方主栏错误提示如"未标识 L 形"等→双击此错误信息→识别产生的此错误构件图元呈蓝色自动放大显示在平面图中，经检查，平面图上识别产生的蓝色柱构件图元大小与原有构件不匹配→光标放到此构件图元上，光标由"十"字形变为"回"字形，显示的错误构件名称与校核界面、【构件列表】界面的错误构件名称相同，经观察是因为设计者粗心，在平面图上只有柱构件截面边线、漏标注、缺少构件名称造成（如果此处有构件名称，可以用【修改图元名称】的方法解决）→首先删除误产生的构件图元，因为不知道此构件名称为何构件→单击主屏幕上方的【点】功能→在【构件列表】界面分别单击选择构件名称→在平面图中与此构件截面边线对比，绘制大小相同、匹配的构件图元，如果方向、位置不对，可以用【镜像】【移动】功能纠正。再次双击【校核柱图元】界面的此错误信息，提示"该问题已不存在，所选的信息将被删除"→确定，纠错成功。

9. 纠错方法 9

在主屏幕左上角→【拾取构件】，光标放到识别产生的柱图元上，光标由"口"字形变为"回"字形，可显示此柱的构件名称，如果是错误的，与图中原有构件名称不同，单击此构件图元，在【构件列表】界面，此错误构件同步变为蓝色，成为与图中相同、需要纠错的构件→删除此构件图元→再在【构件列表】界面找到正确的构件并单击，在原位置绘制，如方向、位置不对，可用【镜像】【旋转】【移动】功能纠正→再次双击校核界面此错误信息，提示"该问题已不存在，所选的信息将被删除"→确定，纠错成功。再次单击主屏幕上方的【校核柱图元】窗口，提示"校核通过，纠错成功"。

图 4-8 使用【删除未使用构件】
功能删除多余无用的构件

在【构件列表】界面删除未使用、错误、多识别的构件名称：单击【构件列表】→【删除未使用构件】，如图 4-8 所示。

在弹出的【删除未使用构件】界面选择楼层→展开构件类型→选择构件→确定，提示"删除未使用构件成功"。

重要提示： 在【构件列表】界面手动删除某个识别产生的错误构件时，如果提示"构件在绘图区已有图元"，需先删除图元再删除构件。如果有些构件图元在图中不好找，可在屏幕左上角单击【拾取构件】→光标在平面图上呈"口"字形→移动光标放到识别产生的柱图元上，可以显示此柱图元的构件名称。如果需要寻找又称"拾取"的构件图元→单击此构件图元，在【构件列表】界面的此构件同时变为蓝色，成为当前需要删除的构件，可删除；还可以使用此功能在平面图中快速复制此构件图元。

5 识别剪力墙

5.1 识别剪力墙、复制构件图元到其它层

识别剪力墙应先识别剪力墙表，生成剪力墙构件后，才能在平面图上识别剪力墙。如果剪力墙表与墙柱平面图不在同一个图纸上→需要在【图纸管理】界面→双击结构总图纸文件名称行首部→找到绘制有剪力墙表的图纸，直接框选识别剪力墙表。

在【常用构件类型】栏下方展开【墙】→【剪力墙（Q）】→在主屏幕上方单击【识别剪力墙表】→框选剪力墙表→左键→右键，已经框选的剪力墙表已显示在弹出的【识别剪力墙表】界面，删除表头下的空白行，删除重复的表头，如图 5-1 所示。

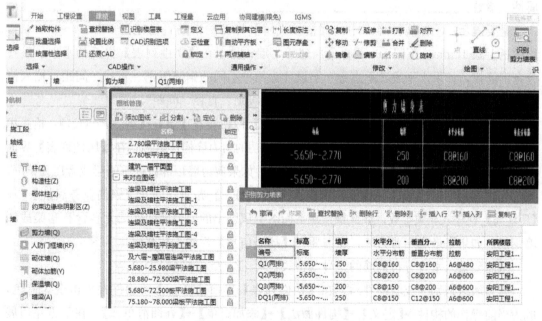

图 5-1 【识别剪力墙表】界面

左键分别单击表头上方的空格，全列变黑，对应竖列关系，最后对应到尾部的【所属楼层】列，分别双击每行的【所属楼层】栏显示 ┄┄ → ┄┄ ，在弹出的【所属楼层】界面勾选应该属于的楼层数→确定，如图 5-2 所示。

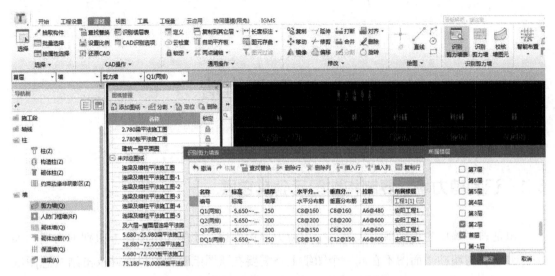

图 5-2　把识别的剪力墙构件选择到所属楼层

已对应到应有的楼层→【识别】，提示"表格识别完毕"→确定。

识别剪力墙表特例：单击识别剪力墙表格上方空格、对应列后→【识别】，如果某行某栏的参数显示为红色→删除此墙构件，识别后在【构件列表】界面→新建此构件的名称、属性、参数。

重要提示：①在属性界面中的【搭接设置】界面的钢筋直径范围（如 12～16mm），均包括上限 12mm，下限 16mm；②新建剪力墙构件，在【属性列表】界面的水平、垂直分布钢筋栏，如果水平或者垂直分布筋设计为两种不同的钢筋级别、直径、间距，输入格式为"外侧的钢筋级别、直径、间距/内侧钢筋级别、直径、间距"。

剪力墙表识别完毕，可回到【常用构件类型】栏，展开【墙】→【剪力墙（Q）】，检查识别效果。在【构件列表】界面，可显示已识别成功的剪力墙构件名称；在【属性列表】界面的【内/外墙标志】栏，可以选择内墙或者外墙。如果剪力墙顶部设计有暗梁或者压顶钢筋，大部分在剪力墙的剖面图中表示，可以在【属性列表】界面→展开【钢筋业务属性】→在【压墙筋】栏输入相关参数，如此操作在平面图上识别出的剪力墙构件图元会含有暗梁或压墙钢筋。如果是最底层剪力墙，还需要在【插筋信息】栏输入插筋信息（图 5-3）。

只需要输入垂直分布钢筋的型号（格式：A、B、C）和直径即可。

剪力墙表识别生成墙构件后，在【构件列表】界面选择一个墙构件并单击变为蓝色，成为当前操作的构件→【定义】→【构件做法】→【添加清单】→【查询清单库】，在下方左边展开【混凝土及钢筋混凝土工程】→【现浇混凝土墙】，需要根据识别产生的墙构件类别（以河南地区定额为例，其它地区也需要参照本办法操作）→在右边主栏找到墙构件的清单编号"010504001"，并双击使其显示在上方主栏，此清单在其【工程量表达式】栏可自带工程量代码→【添加定额】→【查询定额库】→【混凝土及钢筋混凝土工程】→【混凝土】→【现浇混凝土】→【墙】，在右边主栏找到"5-24：现浇混凝土直形墙"，并双击使此定额子目显示

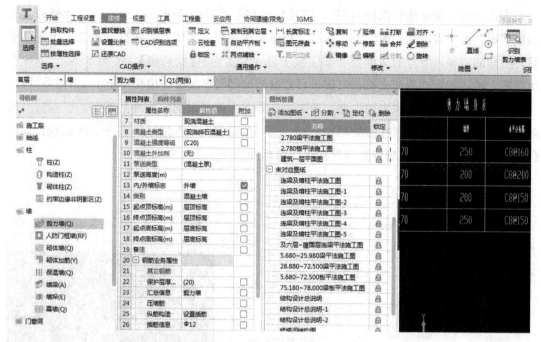

图 5-3　在【属性列表】界面设置底层剪力墙的基础插筋

在上方主栏，在此定额子目的【工程量表达式】栏单击显示▼→▼→选择【墙体积】，还需要在已经展开的【现浇混凝土】下方→【模板】→【现浇混凝土模板】→【墙】，在右边主栏找到"5-244：现浇混凝土模板、直形墙、复合模板"，并双击使其显示在上方主栏，在此定额子目的【工程量表达式】栏单击显示▼→【更多】，在弹出的【工程量表达式】界面→【显示中间量】→找到"82：墙加墙垛模板面积"，并双击使其显示在此界面上方，如图 5-4所示。

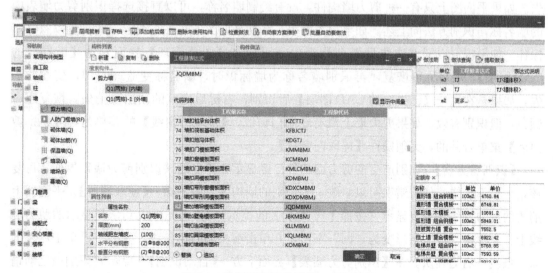

图 5-4　选择剪力墙的清单、定额子目

双击"82：墙加墙垛模板面积"，使其显示在上述界面的上方→确定。所选择的"工程量代码"已经显示在此定额子目的【工程量表达式】栏。单击所选择清单及数个定额子目左上角的空格，下方的清单及全部定额子目变为蓝色→【做法刷】，按照本书第20.6节讲解的方法，把所选择的清单、定额子目复制到相同类型的剪力墙构件上。

在主屏幕平面图上识别剪力墙，单击主屏幕上方的【识别剪力墙】功能，识别剪力墙的下属数个菜单合并显示在主屏幕左上角，需要按照本页下方描述的顺序依次识别，如被【构件列表】或者【图纸管理】等界面覆盖可拖动移开（图5-5）。

图5-5　单击【识别剪力墙】功能

【提取剪力墙边线】→单击剪力墙双线的单根线，剪力墙的双线全部变蓝或变虚线，如果有没变蓝的可再次单击，变蓝→右键确认，变蓝或变虚线的图层消失。

【提取墙标识】→选择并单击平面图上剪力墙名称，墙名称变蓝色→右键，变蓝色的消失。如果平面图上只有一种剪力墙构件，没有绘制墙名称，可以直接选择识别剪力墙表中的墙名称，识别方法同上述。如果剪力墙表与墙柱平面图不在一张图上，此步可以忽略不操作。如果提取识别墙边线后墙名称消失→可以在【图层管理】界面勾选【已提取的CAD图层】，墙名称可恢复，再识别墙名称为墙标识时，墙名称变蓝→右键，变蓝的消失，如果是在勾选【已提取的CAD图层】后识别，右键后变蓝的图层不消失，恢复原有颜色，但识别有效。如果剪力墙上没有绘制门窗线，【提取门窗线】的菜单是与【识别剪力墙】菜单合并的，无须操作【提取门窗线】。

【识别剪力墙】→识别产生的剪力墙构件已经显示在弹出的【识别剪力墙】界面，可复核，一般不会错，如有错误可以修改，多识别的墙构件可以删除→【读取墙厚】，平面图上消失的剪力墙线可恢复显示（按照下方提示区的提示）→移动光标放到恢复显示的剪力墙线上，光标由"口"字形变为"回"字形，并单击剪力墙的单条线，变蓝→再单击此墙的另一条线→右键确认。在【识别剪力墙表】界面下方→【自动识别】→提示"识别墙之前请先绘好柱，这样识别的墙端会自动延伸到柱内，是否继续识别"→是，提示"无错误墙图元信息"。如果弹出错误信息，可按照本书第5.2节的方法纠错。平面图上剪力墙双线已填充成为实体，生成墙构件图元，光标放到识别产生的剪力墙图元上呈"回"字形，可显示墙名称，如个别与平面图上原有的墙构件名称不同，单击此墙图元，变蓝色→右键→【属性】，在显示的【属性列表】界面单击【名称】栏，在行尾部显示▼→▼，可显示在平面图上已识别产生的各个墙名称→选择与平面图上应该是的墙名称，弹出"提示"对话框（图5-6）。

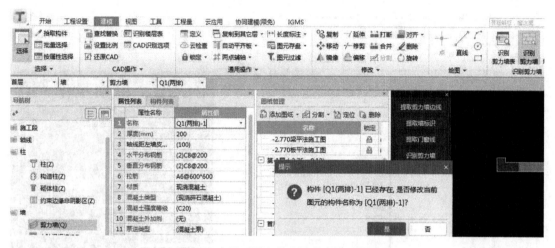

图5-6 在平面图上修改墙的名称、属性

在构件【属性列表】界面，【内/外墙标志】行单击显示▼→▼，可以选择内或外墙，并勾选其尾部的空格，可在其【构件列表】界面的构件名称尾部同步显示为内墙或外墙，但光标放到平面图产生的此构件图元上，其构件名称尾部不能显示内或外墙标志，不利于检查、区分平面图上内、外墙是否画混，如果内、外墙画混，会影响后续计算内、外墙装修面积。

纠正内、外墙画混的操作方法：在构件【属性列表】界面的构件名称栏→在构件名称尾部输入"内墙"或"外墙"→回车→光标放到平面图中识别产生的构件图元上，光标呈"回"字形，可在显示的构件名称尾部显示内墙或外墙标志，用于区分内、外墙是否画混、画错。

如果内墙画错显示为外墙，可以左键单击平面图中的内墙图元，整条内墙图元变蓝，可多次单击选择不同厚度的内墙构件图元，变为蓝色（注意不要移动、改变墙图元的位置）→右键→【属性】（有显示、隐藏【属性列表】功能，如果没有显示【属性列表】界面，可以再次右键单击【属性】）→在显示的【属性列表】界面，【内/外墙标志】栏显示"?"，把"?"选择为【内墙】；如果在属性界面的构件名称栏显示的是【外墙】，在此单击显示▼→选择为【内墙】→回车，提示"某构件已存在，是否修改当前图元的构件名称为内墙"→是→（还可以在此构件的名称尾部加上"内墙"标志并回车）→【Esc】退出，蓝色墙图元恢复为原有颜色。光标再放到此类墙图元上，光标显示为"回"字形，构件名称已更正为内墙。此方法还可以应用于纠正砌体墙内外画混的情况。

在主屏幕右上角有【墙体拉通】功能窗口，可以把直形墙或者斜形墙拉通平齐→分别选择并单击平面图中已有两个不同的墙图元即可以拉通，成为一条整体墙图元。此功能还可以适用于剪力墙、砌体墙、保温墙、幕墙。

在主屏幕右上角的【判断内外墙】功能窗口，在弹出的【判断内外墙】界面有【当前楼层】和【选择楼层】两种功能→【选择楼层】，如图 5-7 所示。

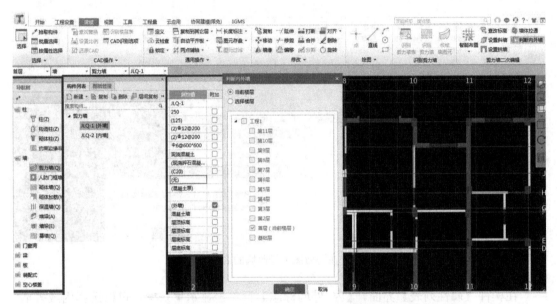

图 5-7　使用【判断内外墙】功能检查各个楼层的内、外墙是否画错

在上述界面可以选择多个楼层→确定，弹出提示"判断内外墙完成"，此提示可以自动消失。此功能同样可适用于剪力墙、砌体墙、保温墙、幕墙。

单击【动态观察】→转动光标，识别生成的剪力墙三维立体图如图 5-8 所示。

图 5-8　识别生成的剪力墙三维立体图

剪力墙识别完毕，可以把识别产生的全部构件图元原位复制到其它楼层，此功能可以用于首层，操作方法如下：在主屏幕左上角的选择楼层窗口，先选择并进入需要复制到的其它楼层（又称目标楼层）→【复制到其它层】▼→【从其它层复制】，在弹出的【从其它层复制图元】界面，选择需要复制的来源楼层数→选择需要复制的构件，可以选择轴网、墙、柱等全部构件→在右边【目标楼层选择】栏→选择需要复制的目标楼层→确定，在弹出的【复制图元冲突处理方式】界面选择处理方式→确定，提示"图元复制成功"→确定。

检查复制效果，在主屏幕最右边单击 ，在弹出的【显示设置】界面→【图元显示】，可勾选【所有构件】，也可根据需要选择→在【楼层显示】栏可以选择需要显示的楼层→【×】，关闭此界面→ →转动光标可查看所选楼层和已经复制的全部构件图元，如图 5-9 所示。

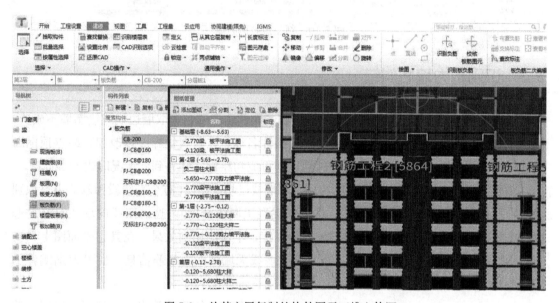

图 5-9　从其它层复制的构件图元三维立体图

可用于检查绘制构件图元的效果和完整程度，如有缺陷可修改完善。

在构件的【属性列表】界面，【搭接设置】行尾单击显示 →有接头形式、钢筋长度定尺功能。

自动判断小墙肢、短肢剪力墙：【工程设置】→【计算设置】→【剪力墙与砌体墙】→找到"16：砼墙是否判断短肢剪力墙"→双击此行的设置栏，单点选项行尾显示▼→选择【判断（2013清单）】，可选择判断或不判断→在上方选择【定额】界面，操作方法相同。并且新老版本的软件操作基本相同（图 5-10）。

图 5-10　判断短肢剪力墙

5.2　识别剪力墙后纠错

重要提示 1：剪力墙表识别后或墙构件名、属性建立后，提取墙边线或绘制墙不成功，提示不能与某某重叠，需记住此位置的下层构件名称，在其属性界面修改起、终点顶标高或修改当前层所画墙的起、终点底标高后，即可成功绘制。柱遇到此情况时也参考此法。

重要提示 2：有时剪力墙识别成功后（双墙线已填充），还有个别墙段为双线没有识别成功，可按初次识别方法重新识别（从提取混凝土墙线开始）。这些双线的墙段，左键选择单击这部分墙线，全部平面图上的墙线会变蓝，不影响识别效果。在其它平面图上只要有剪力墙线（如框筒的混凝土墙），有混凝土墙线无墙名、无配筋信息，也可识别或者手工绘制这部分剪力墙图元。

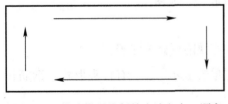

图 5-11　特殊情况绘制剪力墙方向、顺序

当剪力墙内外侧配筋直径、间距不同时，剪力墙的绘制方法为：单击属性编辑界面的水平或垂直分布筋栏，在弹出的【钢筋输入小助手】界面，按照"（1）C10@200＋（1）C12@150"的格式输入相关参数（左侧及外侧在前，右侧及内侧在后）然后按顺时针方向画出剪力墙，如图 5-11 所示。

绘制时，可以直接单击键盘左上角的【～】（无须按【Shift】键），可在墙体中间显示绘制方向小箭头，如果没有按照顺时针方向绘制，可以选中此墙体→右键→【调整方向】进行纠正，墙体上显示的绘制方向箭头已改变。内外侧钢筋画错会影响钢筋计量结果。有暗柱时，对于"一"字形暗柱，墙画到暗柱外边缘覆盖暗柱；遇"┓"形暗柱，剪力墙应满画全覆盖；遇"十"字形或 T 形暗柱，需按轴线交点画到暗柱外边缘覆盖暗柱。暗柱不是柱，暗梁、连梁不是梁，剪力墙遇暗柱、暗梁、连梁，应覆盖满画到轴线交点。校核表提示"未使用的墙线"，双击此错误提示，如果在平面图上显示的蓝色墙线上已有识别产生的墙图元，只要墙构件名称、墙图元位置长度、属性各参数不错，有三维立体图，则无须纠错。

在大写状态，【Q】是隐藏、显示剪力墙、砌体墙的快捷键；【Z】是隐藏、显暗柱、框架柱、构造柱的快捷键。

在【常用构件类型】栏下的剪力墙、砌体墙、梁、圈梁等线性构件界面，需要新建一个构件，在主屏幕上方→【直线】→【点加长度】，可以绘制超出节点以外任意长度的墙、梁等线性构件。还有设置偏心的功能，绘制方法：【建模】→【直线】→【点加长度】→画墙或梁的起点→移动光标指引方向到下一轴线节点，单点左键→输入超出此第二个节点的尺寸→右键结束。

批量修改构件名称、属性，用于纠正内外墙画混的情况，如在第一层内、外墙画混无法布置散水，在其它层内、外墙画混影响房间的内、外墙面装修。有以下两种方法：①【批量选择】（其右侧还有【按属性选择】）→弹出【批量选择】界面，选择楼层，勾选构件→确定。如选择的是当前楼层，在当前层平面图上所选择的构件图元变为蓝色→切换到【属性列表】界面，因此时属性界面显示的构件名称、属性各参数是所选择多个构件的共有属性，所以有多个属性参数，显示为"?"，根据需要修改或不改，在【内/外墙标志】栏单击，可选择内墙、外墙，在此选择的内或外墙是批量修改，其它行的"?"不修改，表示保留各构件的原有属性，下方还有钢筋、土建业务属性，修改完毕→(返回【建模】界面)【定义】→在【定义】界面的"构件列表"下，批量选择的构件名称尾部已带有内墙或者外墙标志。②在主屏幕显示的墙柱平面图上，并在已生成墙柱构件图元的情况下，光标放到墙图元上光标由箭头变为"回"字形，单击变蓝，可根据需要多次单击→右键→【属性】，在显示的【属性列表】界面的【内/外墙标志】栏单点选择内墙或外墙，操作同方法上述。

剪力墙识别纠错后，下一步需要选择清单、定额做法（图5-12）。

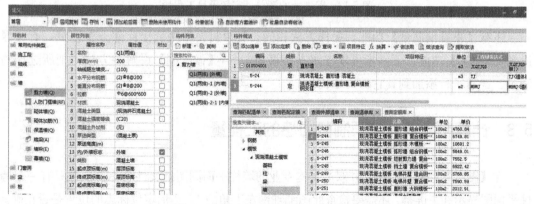

图5-12 剪力墙选择清单、定额做法

在【常用构件类型】栏下方展开【墙】→【剪力墙（Q）】→【定义】→在【构件列表】界面，显示已建立或识别的剪力墙构件→选择一个已建立的墙构件→在其右邻【构件做法】界面→【添加清单】→【查询匹配清单】→默认【按构件类型过滤】→【查询清单库】，在下方显示的清单中找到对应的清单，并双击此清单进入上方主栏内，并且其【工程量表达式】栏自动带有工程量代码，还可以在【查询清单库】界面，按分部分项查找、选择需要的清单。（还有【查询外部清单】【导入 EXCEL 文件】功能）

【添加定额】→【查询定额库】，可按下方显示的分部分项找到并双击所需定额子目，此定额子目已进入上方主栏内（还可选择剪力墙模板子目），分别双击已选择定额子目的【工程量表达式】栏，显示▼→单击▼，选择对应的体积，选择【更多】进入工程量代码选择界面，已选代码已显示在此界面上方，再选择一个代码→【追加】与前面所选代码用"＋"组合，在此可编辑简单的计算式→【确定】，所选代码已进入已选择定额子目行的【工程量表达式】栏。

清单、定额和定额子目的工程量代码选择完毕→【工程量】→【汇总选中图元】→单击平面图上需要计算工程量的构件图元→右键（计算运行），提示"计算成功"→确定。

【查看工程量】→左键单击已选择了清单、定额子目的并且已经计算过的构件图元或框选全平面图的构件图元，弹出【查看构件图元工程量】界面→【做法工程量】，如图 5-13 所示。

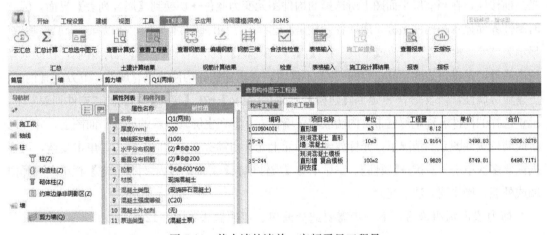

图 5-13　剪力墙的清单、定额子目工程量

还有【查看钢筋量】功能，操作方法相同，如果需要单独列出此部分工程量，有【导出到 EXCEL】功能。下一步可以按照本书第 20.6 节【做法刷】讲解的方法，把所选择的清单、定额子目添加到其它剪力墙构件。

5.3　计算装配式建筑预制剪力墙的工程量

在【图纸管理】界面找到并双击结构专业的墙柱平面图图纸文件名称首部→只有一个墙柱平面图显示在主屏幕，还需要检查此图纸轴网左下角的"×"形定位标志的位置是否正确。

左上角的楼层数可自动切换到主屏幕上图纸应对应的楼层数。

在【常用构件类型】栏下方→展开【装配式】→【预制墙（Q）】→在【构件列表】界面→【新建▼】→【新建参数化预制墙】（另有【新建矩形预制墙】功能）→在弹出的【选择参数化图形】界面→单击【参数化截面类型▼】→▼，程序提供有【普通墙板】【夹心保温墙

【PCF 板】三种墙板供选择，如果按照设计需要选择【夹心保温墙】，如图 5-14 所示。

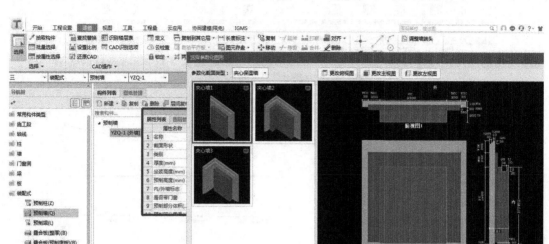

图 5-14　建立装配式预制夹心保温墙

根据设计需要在左上角单击、选择一种墙板，所选择的图形已经被蓝色粗线条框住，在右边主栏上方显示的是此墙板的平面布置图，下方对应的是此墙板的立面正视图，右边是剖面图，并且还有"外墙"或"内墙"文字标志，可以根据需要修改。单击图中的绿色尺寸、数字，可在显示的白色对话框内进行修改。

在【构件列表】界面产生预制夹心墙构件（YZQ）→并在此构件的【属性列表】界面同步显示相同名称。

在【属性列表】界面的【截面形状】已经显示设置的【夹心保温墙】，如果需要修改→双击此栏显示 ⋯⋯ → ⋯⋯，可以返回【选择参数化图形】界面，如图 5-14 所示。

在此可显示已设置的【夹心保温墙】，【厚度】为灰色、不能修改；可以按照设计要求输入【坐浆高度】；在【选择参数化图形】界面，已经设置的【预制高度】显示为灰色，不能修改；在【内/外墙标志】栏可以选择内墙或外墙，也可以选择【是否带门窗】；需要手动计算，分别在【预制部分体积】【预制部分重量】栏输入应该有的数值（可以参照《建筑结构荷载规范》GB 50009—2012 附录 A）；在【预制钢筋】栏单击显示 ⋯⋯，在弹出的【编辑预制钢筋】界面输入【筋号】；在【规格】栏输入钢筋的规格，在【选择钢筋图形】界面，有多种钢筋图形供选择（图 5-15）。

在上述界面按照图纸设计要求选择一种钢筋图形→所选择的钢筋图形可自动显示在【编辑预制钢筋】界面的【钢筋图形】栏，在此双击红色的长度尺寸数字 0，输入应该有的尺寸数字→单击【计算表达式】栏，需要手动计算并输入【根数】。如果需要增加钢筋：【插入】，在增加的一行内按照上述方法输入下一种钢筋→确定。选择的钢筋品种数已经显示在【属性列表】界面的【预制钢筋】栏→单击【套筒及预埋件】栏，显示 ⋯⋯ → ⋯⋯，

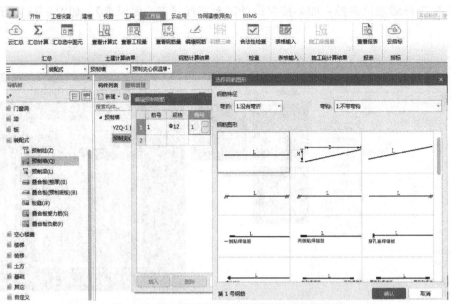

图 5-15　选择钢筋图形及编辑预制剪力墙钢筋

在弹出的【编辑套筒及预埋件信息】界面→双击行尾部的【埋件分类】栏，显示▼→▼，可选择【灌浆套筒】或者【普通埋件】，还可以用【复制】【粘贴】功能把在此选择的构件名称复制到同一行的【名称】栏内。在【数量】栏输入根数→在【规格】栏输入根数、钢筋型号、直径；在【纵筋直径】栏只需要输入钢筋型号、直径→确定。还需要在属性界面选择【预制混凝土强度等级】→选择【后浇混凝土材质】【后浇混凝土类型】【后浇混凝土强度】【外加剂】【泵送类型】，输入【泵送高度】（在此设置的参数在后续导入计价软件时都有用）；双击【计算设置】栏可进入【计算参数设置】界面→选择、设置计算参数→单击属性界面的【节点设置】栏，显示 [···]→[···]，弹出【节点设置】界面（图 5-16）。

图 5-16　选择、修改预制墙根部预埋钢筋的节点形式

在上述界面显示的预留钢筋根部节点大样图中，凡绿色尺寸、参数，单击，均可在显示的白色对话框内修改，如果无特别要求可以按照程序默认值，无须修改→确定。下一步还需要在属性界面单击【搭接设置】，显示 ▯▯▯ →▯▯▯ ，在弹出的【搭接设置】界面，根据图纸设计的钢筋品种、直径范围，分别单击【墙水平筋】【墙垂直筋】栏，显示▼→▼，可以根据设计需要选择绑扎、单面焊、双面焊、电渣压力焊、锥螺纹连接、直螺纹连接、对焊、套管挤压、锥螺纹（可调型）、气压焊共 10 种钢筋接头形式，还需要选择【墙柱垂直筋定尺】尺寸、【其余钢筋定尺】尺寸，在此选择完毕→确定，在属性界面的【搭接设置】栏显示"按设定搭接设置"。

还需要在属性界面展开【土建业务属性】，单击【计算设置】→单击【计算规则】，显示 ▯▯▯ →▯▯▯ ，在弹出的【计算规则】选择界面→选择【清单规则】【定额规则】【扣减关系】，在此选择并设置完毕后→确定。在自动返回属性界面选择【支撑类型】【模板类型】，如果某些属性、参数在打开软件建立工程时已经设置，程序会按照已经设置的参数显示，某些属性参数如果无特殊要求，可以按照默认值，无须设置。在【属性列表】界面把各行显示的属性、参数设置完毕→【定义】→【构件做法】→【添加清单】，如果在主栏下方的【查询匹配清单】界面无匹配清单→【查询清单库】，在主栏下方左侧下拉滚动条（以河南省定额为例）→展开"豫建科〔2019〕135 号"→光标放到清单编号的序号前，也就是分部分项与清单编号之间的双分界线位置，光标变为水平双分箭头→向右拖动可以显示左边完整的文件内容→选择"装配式混凝土工程预制构件（Y010515）"→在右边找到"4：预制混凝土夹芯保温剪力墙外墙板"并双击，使其显示在上方主栏内→双击此清单的【工程量表达式】栏，显示▼→▼，选择【总体积】→【添加定额】→【查询定额库】→展开【混凝土及钢筋混凝土工程】→展开【混凝土构件运输及安装】→【装配式建筑构件安装】→光标放到右侧各定额子目的【单位】与定额【名称】内容的竖向分界线上，光标变为水平双分箭头并向右拖动可以展开，显示定额子目的完整内容→双击"5-364"，使其显示在上方主栏（图 5-17）。

在此定额子目的【工程量表达式】栏双击显示▼→▼，选择【预制部分混凝土体积】→展开【保温、隔热、防腐工程】→【墙柱面】→在右边主栏找到定额编号"10-89"，并双击使其显示在上方主栏内→在此定额子目的"工程量表达式"栏，双击显示▼→▼，选择【垂直投影面积】（图 5-18）。

在最下方的定额【专业】栏把当前的建筑专业选择为【装饰工程】→在左边展开【墙柱面装饰与隔断、幕墙】→展开【一般抹灰】→在右边主栏找到"12-7：墙面抹灰，轻质墙"并双击使其显示在上方主栏内→在此定额的【工程量表达式】栏，双击显示▼→选择【垂直投影面积】等，装配式建筑预制夹心保温墙的全部清单、定额子目、工程量代码选择完毕→关闭【定义】界面。

因为在上述的操作过程中已经设置了此墙的长度、高度，所以只能使用主屏幕上方的【点】功能→在电子版平面图纸中按照设计的应有位置绘制夹心保温剪力墙，如果方向不对，可以用【镜像】【旋转】【移动】功能纠正。

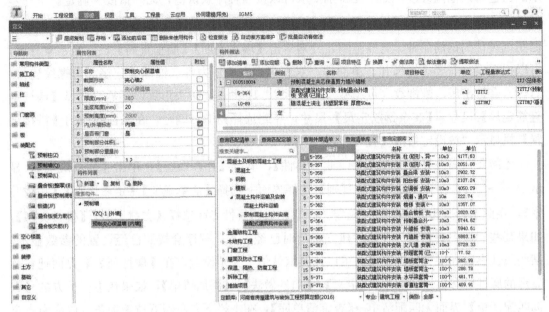

图 5-17　选择装配式建筑预制夹心保温墙定额子目的工程量代码

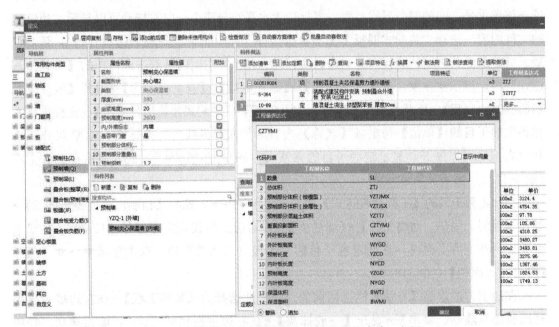

图 5-18　添加装配式建筑预制夹心保温墙的清单、定额

在主屏幕最上方→【工程量】→【汇总选中图元】→单击平面图中已经绘制的墙图元→右键确认（计算运行）→确定→【查看钢筋量】→单击平面图中已经计算过的墙构件图元，在弹出的【查看钢筋量】界面，可显示计算出的预制保温夹心剪力墙的各种规格钢筋用量，如图 5-19 所示。

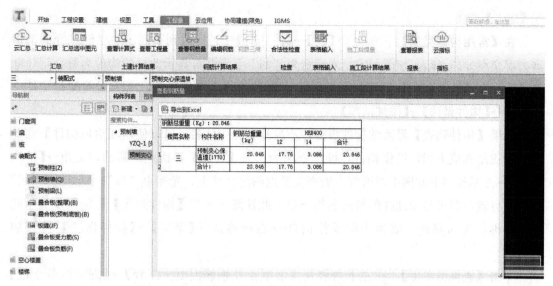

图 5-19　装配式建筑预制夹心保温剪力墙各种规格钢筋用量

使用同样方法还可以查看在此预制夹心保温墙上已经添加的清单、定额的工程量。

5.4　计算装配式建筑预制剪力墙与后浇柱

对于装配式建筑，需要在主屏幕上只有一个结构墙柱平面图时，并且是在（暗）柱、剪力墙构件图元已经布置完成后进行。

在【常用构件类型】栏下展开【墙】→【剪力墙（Q）】。以两道剪力墙相交的阳角或者阴角处布置的 L 形暗柱为例：光标放到此转角处的一道剪力墙图元上，光标呈"回"字形可显示其墙构件名称→在【构件列表】界面，找到此剪力墙名称并单击，变黑色，使其成为当前操作构件。

设置此预制墙端伸入后浇暗柱的（图纸显示为红色）附加补强钢筋：

在此墙构件的【属性列表】界面下方→展开【钢筋业务属性】→单击【其它钢筋】栏，显示□□□→□□□，在弹出的【编辑其它钢筋】界面，按照国家建筑标准设计图集《装配式混凝土结构连接节点构造》15G310-2，设置预制剪力墙端部伸入后浇暗柱的红色附加补强钢筋（操作方法参见本书图 3-7）→【定义】→【构件做法】→【添加清单】（此墙在平面图中的布置形态为直形）→找到【直形墙】清单编号并双击，使其显示在上方主栏内，在此清单的【工程量表达式】栏内可自动显示其【工程量代码】→【添加定额】→【查询定额库】→展开【混凝土及钢筋混凝土工程】→展开【混凝土构件运输安装】→【装配式建筑构件安装】，在右边主栏（以河南省定额为例）找到"5-365：装配式建筑外墙板安装"并双击，使其显示在上方主栏内→双击此定额子目的【工程量表达式】栏，显示▼→▼，选择【墙体积】。转角处另一边的预制墙也按照上述方法操作。此定额子目、工程量代码选择完毕，关闭【定义】界面。

在【常用构件类型】下方展开【柱】→【柱（Z）】→光标放到平面图中已经选择的两道剪力墙交点处的（暗）柱图元上，光标变为"回"字形并可显示此柱的构件名称，记住此柱名称→在【构件列表】界面找到并单击此构件名称，变为黑色，成为当前操作构件→【定义】→【构件做法】→【添加清单】。

如果【构件列表】界面的构件很多，不易找到此构件名，可以使用【拾取构件】功能快速查找使其成为当前操作构件，操作方法为：在【建模】界面主屏幕的左上角→【拾取构件】→光标放到平面图中两道剪力墙相交节点的后浇柱上，光标由"口"字形变为"回"字形为有效，并可显示此柱的构件名称→单击此柱图元→在【构件列表】界面同步显示此构件名称，变为黑色，成为当前操作构件→右键确认→【定义】→【构件做法】→【添加清单】。

单击【查询清单库】，在左下角展开【混凝土及钢筋混凝土工程】→【现浇混凝土柱】（按照预算定额计算规则，"L""T""十"字形截面柱为异形柱）→找到【异形柱】清单并双击，使其显示在上方主栏内，此清单可自动显示其工程量代码→【添加定额】→【查询定额库】→在左下角展开【混凝土及钢筋混凝土工程】→展开【混凝土】→展开【现浇混凝土】→【柱】，在右边主栏找到"5-13：现浇混凝土异形柱"并双击使其显示在上方主栏内→双击"5-13"定额子目的【工程量表达式】栏，显示▼→▼，选择【柱体积】→在下方主栏左下角展开【模板】→展开【现浇混凝土模板】→【柱】→在右边主栏找到"5-224：现浇混凝土异形柱复合模板"定额子目并双击，使其显示在上方主栏内，下一步需要计算柱的模板面积，如果记不清楚柱的截面尺寸，可以使用【截面编辑】功能查看此柱的截面大样详图及尺寸（图5-20）。

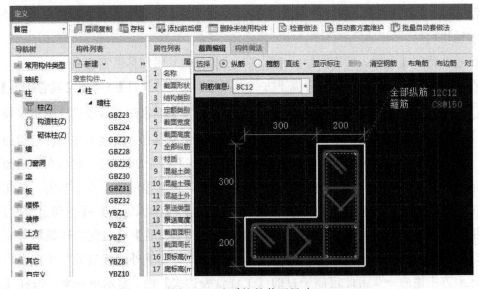

图5-20　查看柱的截面尺寸

在此只需要记住暗柱两端的截面厚度尺寸即可，软件有柱截面周长代码，可以提供周长尺寸→关闭此界面。双击"5-224"定额的【工程量表达式】栏，显示▼→▼→【更多】，在弹出的【工程量表达式】选择界面双击【柱周长】，使其显示在此界面上方（图5-21）→确定。

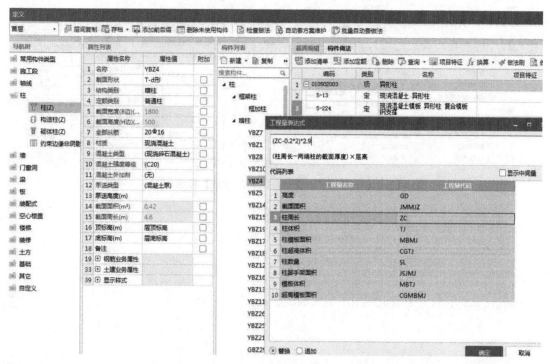

图5-21 在【工程量表达式】界面编辑后浇柱模板的工程量代码

在此编辑的工程量代码已经显示在上方主栏内，后浇柱的模板定额、工程量代码选择完毕→在【查询定额库】的上邻行向右拖动滚动条→单击其【措施项目】栏的小方格，在弹出的【查询措施】界面双击序号"1.8"，在上方主栏定额子目"5-224"的【措施项目】栏的小方格内已打勾，作用是在后续导入计价软件时，此定额子目可以自动导入计价软件的【措施项目】界面，凡属于措施项目的定额均应如此操作。所需要的定额子目全部选齐后→关闭【定义】界面。

单击平面图上此构件图元，变蓝色→右键→【汇总选中图元】（计算运行）→【工程量】→【查看工程量】，在弹出的【查看构件图元工程量】界面的【构件工程量】界面，显示构件名称、周长等参数（图5-22）。

在此界面的右侧单击【做法工程量】，还可以显示两道预制剪力墙交点处暗柱的清单、定额子目的工程量，经手动验算，其模板面积软件计算与手动计算的数量相同。

图 5-22 【查看构件图元工程量】界面

6 识别梁

6.1 识别连梁

在【常用构件类型】栏下展开【梁】→【连梁（G）】→显示【识别连梁表】功能窗口，如图 6-1 所示。

图 6-1 【识别连梁表】界面

（混凝土）柱、剪力墙识别后→识别连梁表（无须先画剪力墙上的洞口）。

如果连梁表不与剪力墙柱平面图在同一张图上，需要切换到【图纸管理】界面：双击总结构图纸文件名首部，可在主屏幕上显示多页电子版图纸的状态，找到对应的剪力墙"连梁表"，直接框选识别连梁表即可。

单击主屏幕上方的【识别连梁表】→在平面图上左键单击，框选连梁表→连梁表变为蓝色→右键→弹出【识别连梁表】界面，如果此表头下有空白行→左键单击左边行首，全行变黑→【删除行】→提示"是否删除所选行"→是→此行已删除（在新版本软件中无须删

67

除表头下的空白行，也不需要删除重复的表头），需要删除【侧面纵筋】竖列。按此连梁表下方提示，从左向右逐个单击表头上方的每个空格，整列变黑用来对应竖列关系。因连梁腰部的构造筋又称"侧面纵筋"，其是剪力墙的水平分布筋，在剪力墙识别时已计入此筋，如再次识别则为重复计算，所以在单击表头上方空格对应到【连梁腰筋】时→【删除列】→是→此列已删除，对应到【所属楼层】列时，需要分别双击各连梁的【所属楼层】栏，显示 ⸱⸱⸱ → ⸱⸱⸱ ，在弹出的【所属楼层】界面勾选此连梁所属的楼层→确定。分别把连梁表的连梁构件对应、选择到应该属于的楼层→确定→【识别】，提示"构件识别完成"→确定。连梁表识别成功后返回上方图形输入部分，检查识别效果，在"常用构件类型"下方展开【梁】→【连梁（G）】→在【构件列表】界面，已识别的连梁构件名称已显示，逐个单击选择连梁构件名→在其【属性列表】界面展开【钢筋业务属性】，选择是、否顶层，各连梁属性参数检查、修改、更正后→【连梁】→用主屏幕上方的【直线】功能在剪力墙洞上绘制，连梁钢筋量是按照门窗洞口宽度计算的，只要洞口宽度相同，从门窗洞口两边画连梁与在洞口两侧延伸到轴线十字交点画连梁，所计算出的钢筋工程量相同。

生成连梁构件后，还要在【定义】界面的【构件做法】下方添加清单、定额，因连梁无专门定额，可以选择过梁的定额子目→选择连梁体积、模板的工程量代码，再用本书第20.6节【做法刷】的方法复制到全部连梁上。

有时在识别连梁时，会弹出提示"代号为 LL 的梁侧面纵筋含有 G 或 N，是否继续识别?"→点击【是】，识别为连梁，过滤掉 G 和 N→点击【否】，识别为框架梁→点击【取消】，退出命令。可以在【CAD 识别选项】中设置梁的代号。解决方法：因为连梁集中标注时，侧面钢筋信息中含有 G 或 N，软件中连梁侧面钢筋是不区分抗扭钢筋和构造钢筋的，可以点击【是】，识别为连梁（反之点击【否】识别为框架梁），但是连梁侧面纵筋中没有 G 或 N，可以在汇总计算后→在【编辑钢筋】中，按照有关图集修改连梁侧面纵筋信息（锚固长度或搭接长度）即可。

6.2　识别梁

有的梁平面图上梁构件很多、布置很密，设计者为了使图面清晰，一张梁图分成 X 向、Y 向两张图绘制，如果分开识别，主次梁的支座关系就会错乱，需要把两张图拼接为一张图。操作方法：在 X 向梁的平面图中【添加图纸▼】→【插入图纸】→框选 Y 向梁平面图→右键→移动→选择 Y 向梁平面图的定位点，拖动到 X 向梁平面图的同一个定位点，使其完全重合→【定位】，才能进行识别梁的操作。

操作经验：框架结构如有砌体墙，宜先识别框架梁后再识别砌体墙，避免砌体墙图元生成后，影响识别梁，必须在识别柱、混凝土墙后才能识别梁。也可以在大写状态下使用键盘的【Q】【L】快捷键隐藏或显示墙、梁构件图元。

在【图纸管理】界面双击某层"梁平面图"的图纸文件名称行首部，只有这一个梁平面图显示在主屏幕。

主屏幕左上角的【楼层数】可自动切换到主屏幕图纸应该对应的【楼层数】（凡有轴网的都要检查轴网左下角的"×"形定位标志是否正确）→单击主屏幕上方的【识别梁】功能窗口，如图6-2所示。

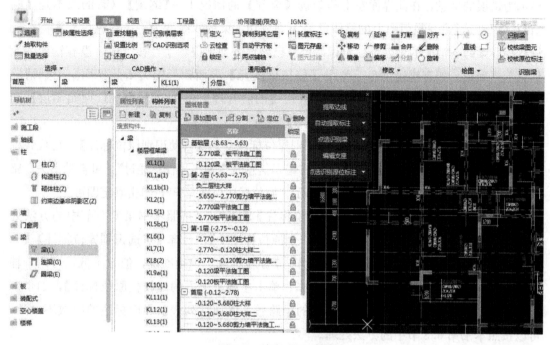

图6-2 单击【识别梁】

【提取边线】→单击边梁外侧边线为细实线，单击内侧梁线为虚线，全部梁线变蓝→右键，变蓝的线条消失。

单击【自动提取标注▼】（有【自动提取标注】【提取集中标注】【提取原位标注】数个菜单）→选择【提取集中标注】→单击梁名称、梁名称引出线、梁名称下的集中标注，上述图层全部变蓝。如果梁的原位标注（含括号内梁的高差值）同时变为蓝色，说明梁的集中标注与原位标注在同一图层，继续识别会失败→【Esc】，取消识别。出现此种情况需要选择【自动提取标注▼】（适用于梁集中标注与原位标注在同一图层的情形），分别单击梁的集中标注，再单击原位标注，梁的集中标注、原位标注全部变为蓝色→右键，变蓝色的图层消失，提示"标注提取完成"。

如果按照上述方法选择【提取集中标注】，只有全部梁名称、梁的集中标注变为蓝色→右键，变蓝的图层消失；下一步还需要单击【自动提取标注▼】→【提取原位标注】→单击梁的原位标注，图上梁的原位标注全部变为蓝色→右键，变蓝的图层消失。

单击【点选识别梁】▼→（优先选择）【自动识别梁】（运行）→在弹出的【识别梁选项】界面，可依次单击表头上的【全部】，在下方主栏显示已识别的全部梁信息，一般不会出错，如有错误可修改；单击表头上的【缺少箍筋信息】，在下方主栏显示缺少箍筋信息的梁名称→移动【识别梁选项】界面，找到并按照平面图上此梁的箍筋信息手动补充输入缺少的箍筋信息，同时还可以修改显示的错误信息，如果主栏为空白，说明无错误信息；单击【缺少截面】，在下方主栏显示缺少梁截面尺寸的梁名称。可以拖住移开【识别梁选项】界面，在平面图上找到所需的梁构件，分别补充输入各自缺少的信息，或者修改显示为错误的信息，在此界面左上角勾选【全部】的情况下→【继续】（有的版本是【刷新】）（识别运行）→平面图上的梁线已经识别成功，梁的双线变为一条红色填充实体，还没有提取梁跨→消失的梁名称、梁标注信息已恢复→弹出提示"校核完成，没有错误图元信息"→确定。如有错误信息，弹出【校核梁图元】界面，可先关闭此界面。个别情况下，如果识别失败且上述图层消失，可以在【图层管理】界面勾选【CAD 原始图层】和【已提取的 CAD 图层】，消失的图层即可恢复显示。

无论有无梁原位标注→单击【点选识别原位标注▼】→【自动识别原位标注】（可代替批量【重提梁夸】功能）→识别运行。当没有错误信息时会弹出"校核通过"，可自动消失。梁图元由红色变为绿色代表已提取梁跨，提示"原位标注识别完毕"，单击确定即可。

如有错误信息，在弹出的【校核原位标注】界面，可按照本书第 6.5 节中的方法处理。自动识别不成功的可以单击【自动识别原位标注▼】，另有【点选识别原位标注】【单构件识别原位标注】功能，一次只能识别一个原位标注，识别准确，但效率低，可用于辅助识别。无原位标注时此步可忽略不操作。单击主屏幕上方的【校核原位标注】，如个别梁图元又变为红色，则是因为识别产生的梁跨数与【属性列表】界面标注的跨数不一致，可以按照本书第 6.3 节中的方法处理。

另外，如果个别梁图元没有变为绿色（仍然是红色），经检查这些梁长度较短，有一端没有搭接到梁支座上→（放大此梁图元）光标放到红色梁图元上，光标由"十"字形变为"回"字形并单击，梁图元变为蓝色→右键→【延伸】→左键单击需要延伸的红色梁图元，不要点到轴线上→右键确认→移动光标放到可以作为梁支座的构件图元上，显示梁的黄色延伸边界线，光标变为"回"字形并单击左键→左键单击需要延伸的红色梁图元，此梁已经延长搭接到所选择的梁支座上→可以再次、连续单击下一个没有搭接到支座上的红色梁图元，梁图元已经自动延伸、搭接到作为支座的构件上。

分别单击红色的梁图元，此梁图元变为蓝色→右键→【重提梁跨】→右键确认，梁图元已由红色变为绿色，已提取梁跨。

识别原位标注后→【校核梁图元】，如有错误信息，按后文描述的方法进入纠错操作。

说明：【单构件识别原位标注】一次只能识别一道梁，识别后梁构件显示集中标注与原位标注，可以与平面图上的 CAD 原图进行对比检查，如识别错误，可以直接在下方的【梁平法表格】中修改，比【点选识别原位标注】效率高，识别前梁图元为红色，识别后变成绿色，比【自动识别原位标注】更容易检查。

手工重提梁跨的操作：在主屏幕上方单击【重提梁跨▼】→【重提梁跨】→可连续单击红色梁图元，变蓝，右键→红色梁图元可全部变蓝，即重提梁跨→【动态观察】，有三维立体图生成。

特殊情况：如果平面图上梁构件识别错误或者识别失败→【还原CAD】→框选梁全部平面图，全部梁名称、集中标注、原位标注变为蓝色→右键，上述变蓝色的信息消失，只剩下已识别的墙、柱构件图元→在【图纸管理】界面双击结构总图纸名称首部，使结构的多个图纸显示在主屏幕→找到当前识别失败的梁平面图→再次【手动分割】后，在【图纸管理】界面找到并双击此梁图纸文件名称行首部，使此梁平面图显示在主屏幕→在【构件列表】界面找到并单击【删除未使用构件】，在弹出的【删除未使用构件】界面，在需要删除构件的楼层下选择需要删除的构件→确定。可按照上述方法重新【识别梁】。

梁识别成功→【构件做法】→【添加清单】→【添加定额】→【工程量】→【汇总计算】→【工程量】→【查看报表】→进入报表预览界面，可以查看各种形式的报表。

不同截面相交的框架梁：框架梁支座设置，在主屏幕左上角→【工程设置】（有两个【计算设置】），选择第二个带钢筋软件图标的【计算设置】中的【框架梁】，修改为截面小的梁并以截面大的梁为支座，重新识别即可。

6.3　梁跨纠错

梁跨纠错前需要把作为梁支座的混凝土墙、柱、梁绘制齐全。

单击主屏幕上方的【校核梁图元】功能→勾选【梁跨不匹配】，从下方显示的错误提示中纠错梁跨，按【编辑支座】的方法纠错→【编辑支座】（图6-3）。

图6-3　梁跨纠错

在【校核梁图元】界面的错误提示有"提取跨数与属性跨数不一致"等→双击校核表中的错误提示→此错误梁构件图元自动呈蓝色，并放大显示在主屏幕平面图中，此梁图元的支座，也就是梁与柱、剪力墙、框架梁相交的节点上有黄色三角显示，但不齐全或有错位→【编辑支座】→左键单击（梁与非框架梁相交不属于梁支座），不应单击梁支座上的黄色三角标志的可删除三角图形，应单击梁支座上无黄色三角标志的可添加三角图形（梁的支座个数—1＝梁的跨数）→右键确认，如果弹出"图元与当前梁未相交或相交角度太小，不能设为支座，请重新选择支座图元"→右键→【延伸】（按提示），左键单击需要延伸的梁图元→单击可作为梁支座的构件图元，显示黄色边界线→再次单击需要延伸的梁图元，此梁已经与选择的支座连接，可再次按上述方法【编辑支座】。

如提取（识别）的跨数正确，但属于设计、制图者粗心把梁跨数在【属性列表】界面标错→在【属性列表】界面，修改为正确的梁跨→【刷新】→此错误已从校核表中消失，纠错成功。如果提示"未使用的梁标注"，可按本书第6.4节中的方法纠正。

【编辑支座】功能窗口位置如图6-4所示。

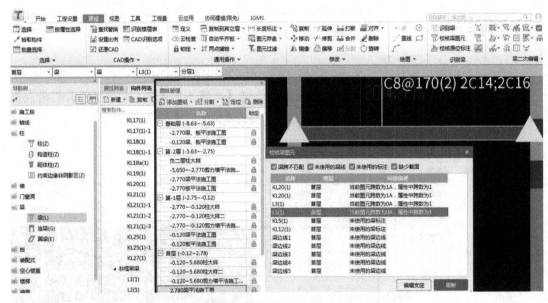

图6-4 【编辑支座】功能窗口位置

在【编辑支座】的操作过程中，如果出现梁图元某端支座缺少黄色三角标志，左键单击此梁支座添加一个黄色三角，若提示"角度太小不能成为支座"→退出【编辑支座】操作（关闭校核表）→动态观察并放大此节点，梁图元有些短没搭接在柱、剪力墙、框架梁图元支座上→左键单击此梁图元变蓝→右键→【延伸】→按提示，左键单击需延伸的梁图元→右键确认，左键选择并单击需延伸到的、应该作为梁支座的构件图元（无论此处是否有线条，只要有作为支座的柱、梁、剪力墙图元即可），已显示边界线→左键单击需延伸的梁图元→梁已延伸搭接上作为支座的柱、墙、梁上→再用校核表上【编辑支座】的功能纠错梁跨→左键单击此支座已添加了黄色三角的梁支座标志→【刷新】→校核表上的错误已消失。

梁跨纠错前提示剪力墙、柱已识别成功，本楼层梁平面图中的梁也识别成功，但作为梁支座的剪力墙（在进入梁平面图时）在梁平面图中立体观察时只有墙、柱截面线，没有生成立体墙、柱图元，无法把墙、柱作为梁的支座纠错梁跨，处理方法：主屏幕保留梁平面图，双击【图纸管理】界面下的此图纸名称行首部→可再次（提取）识别墙（或柱）图元→【提取混凝土墙边线】→点墙边线变蓝或虚线有没变蓝的可再单击变蓝→右键确认→剪力墙由墙双线已填充为实体墙，有立体图，因梁平面图无墙名标识，无须提取墙标识。柱图元也按此方法识别、提取。

梁跨纠错特例：

在【校核梁图元】界面勾选【梁跨不匹配】，在下方主栏显示错误提示→双击此错误提示→识别生成的此错误梁图元自动放大，呈蓝色显示在主屏幕的平面图中，放大观察梁支座上的黄色三角标志，发现梁的一端超出了三角标志，有少量向外延伸，无法使用【编辑支座】功能，可采取增加、删除支座的方法进行纠错。

第一步：先把【属性列表】界面中错误的跨数修改为正确，如果识别产生的梁构件名称有错，同时还可以修改构件名称。

第二步：删除平面图中误识别、产生的（此时梁图元仍然为蓝色）梁图元。

第三步：使用主屏幕上方的【直线】功能→在平面图中原位置把梁画上，注意绘制梁时两端一定不要超出支座的轴线交点。

第四步：单击此红色的梁图元，变为蓝色→右键→【重提梁跨】→在显示的【梁平法表格】以外→右键，【梁平法表格】界面消失，此梁已变为绿色→在【校核梁图元】界面，再次双击此错误提示，弹出提示"此问题已不存在，所选的信息将被删除"→确定。【校核梁图元】界面的错误提示信息消失，纠错成功。

【校核梁图元】界面出现错误提示→双击错误提示，呈蓝色显示在主屏幕的平面图中，找到平面图上的错误梁名称，与校核表上相同的截面尺寸数字为白色→在【属性列表】界面，把【截面宽度】【截面高度】栏的尺寸数字修改为正确数值（在此为蓝色字体，共有属性，只要修改属性参数，平面图上的构件图元属性含义会同步改变）→【刷新】，错误消失，平面图上呈蓝色的梁图元截面尺寸已更正为与【属性列表】界面相同的截面尺寸。

在【校核梁图元】界面，勾选【未使用的梁线】，出现错误提示→双击此错误提示，错误梁构件双线条自动放大呈蓝色显示在平面图中，如果缺少梁构件名称和集中标注信息→在【图层管理】界面，勾选【CAD原始图层】，缺少的梁构件名称、集中标注信息可恢复显示，可以按照本书第 6.2 节讲解的方法从【提取梁线】开始，重新识别梁。也可以在【构件列表】界面找到并单击此构件名称，用【直线】功能绘制后→【重提梁跨】，使此梁图元变为绿色→【刷新】，校核梁图元界面的错误提示消失。显示的蓝色线条位置就不应该有梁构件，此种情况无须纠错，否则可按照本书第 6.4 节补画梁线。

（1）设置拱梁，如在梁端点开始起拱，设置输入拱高后，只需把起拱点选择在梁的中间位置即可。

（2）梁跨内变截面：光标单击已有的梁图元，变蓝→右键→打断梁图元→在原位标注中修改梁截面尺寸数字→合并梁图元。

6.4　未使用的梁集中标注（含补画梁边线）纠错

在主屏幕上方单击【校核梁图元】功能，弹出【校核梁图元】界面，【梁跨不匹配】【未使用的梁线】【未使用的标注】【缺少截面】菜单同在一个界面，可选择、分别纠错。校核表中错误提示"缺少截面尺寸"，可按照本书第 6.3 节讲解的方法处理。

识别梁后弹出【校核梁图元】界面，如果提示"未使用的梁名称"或"未使用的梁标注"或"某一层未使用的梁集中标注"→双击错误提示→此错误构件梁名称呈蓝色，并自动放大显示在平面图中，在主屏幕左上方单击【CAD 操作▼】→【补画 CAD 线】（图 6-5），单击【梁集中标注】→移动光标到图中此梁名称后的截面尺寸数字上，可显示十字交点并单击→移动光标拉出白色线条到此梁的边线上可显示十字交点并单击→右键确认→单击校核界面下方的【刷新】，错误提示信息消失。

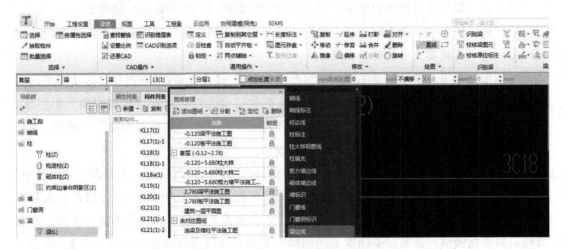

图 6-5　使用【补画 CAD 线】功能补画梁线

如有个别梁没有识别成功，单击主屏幕上方的【识别梁】功能→【点选识别梁】（图 6-6）。

在弹出的【点选识别梁】界面，梁集中标注信息为空白→左键单击平面图上此梁集中标注的梁名称，有读取功能→此梁名称含集中标注信息已显示在此界面（如集中标注信息不全，可手动补充输入）→确定。单击梁首跨的边线、梁末跨的梁边线，梁双边线已填充为一条实线→右键→【刷新】，错误提示消失。

【识别梁】→【点选识别梁】→点选梁名或集中标注，进入梁集中标注信息空白界面→确

图 6-6　单击【点选识别梁】

定→如遇有梁线无梁图元→选择单击梁边线梁图元即可绘制成功→右键，光标单击此梁图元，变"回"字形，梁图元变蓝（如缺梁边线点轴线则不行）→提示"没有找到与此梁图元匹配的梁线"→确定，关闭校核表，退出纠错。用【补画 CAD 线】功能补画梁线后再用上述方法纠错（图 6-5）。

　　单击主屏幕左上角的【CAD 操作▼】→【补画 CAD 线】→选择【梁边线】，（按提示区的提示）左键单击需补画梁边线的首点→单击梁边线的终点（需全梁各跨补画梁边线），只需补画一侧梁边线即可→补画梁线完毕，再用上述方法纠错。

　　若 CAD 电子版图纸上梁线缺失，绘制梁图元后无法与 CAD 电子版图纸上的梁线对齐，先在 CAD 图上补画缺少的梁线→【对齐】，选择补画 CAD 目标线，才能选择要对齐的梁边线，右键确认。

　　如果梁集中标注无引出线或引出线与集中标注较远无法纠错，也需用该方法：【补画 CAD 线】→梁集中标注线→按提示补画梁集中标注引出线后纠错→【刷新】，错误提示消失。

　　如此梁引出两个集中标注（又称重名），也会出现纠错不成功的情况。解决方法如下：①【Esc】，退出纠错→单击梁图元→单击多余的名称→右键→【删除】（重名）→再重新识别梁→点选识别梁（按上述方法可纠错成功）。②如梁跨校核表、原位标注校核表均无错误提示，光标左键放到梁上由箭头变为"回"字形，点击出现两个引出梁名、集中标注→【动态观察】，只有一个梁名称、梁集中标注，属于正常，一个是电子版图纸上的梁名，另一个是识别成功的梁名→【查看钢筋量】，只有一个钢筋数量为正常。

　　纠错总结：在弹出的【校核梁图元】界面，提示"梁跨不匹配"，按梁跨纠错的方法处理；"未使用的梁线"，按【补画 CAD 线】的方法处理；"未使用的标志"，按本章梁集中标志、原位标注纠错的方法处理。"类型不匹配"和"连梁钢筋信息"，双击此错误提示→单击主屏幕左上角的【梁名称】栏→在下拉显示的多个梁名称中找到并单击需要纠错的梁构件名称，【属性列表】同时自动显示此梁的构件名称、属性，对照平面图上此梁集中标注的参数纠错。"梁名称，标高匹配错误"→双击此错误提示→单击主屏幕左上角的【梁构件名称▼】→找到并单击需要纠错的梁构件名称→在自动显示的此梁构件【属性列表】界面，对照主屏幕上此梁集中标注中的标高信息，在【属性列表】界面下方修改起点、终点顶标高后→【刷新】，错误消失。

梁一端支座加腋，另一端支座不加腋：在平法表格内应有的【腋长】栏内输入长度尺寸→在【腋高】栏输入腋高尺寸，表示一侧加腋，另一侧无加腋，加腋数值全部输入0。

6.5　梁原位标注纠错

前提条件： 图纸上的梁已识别或者绘制完毕，梁跨已经纠错成功，梁的集中标注也已经纠错完成。

在【图纸管理】界面，双击结构专业梁图纸文件名称的首部，只有这一张电子版图纸显示在主屏幕，左上角的楼层数可自动切换到此图纸应该对应的楼层数；还需要检查此图纸轴网左下角的"×"形定位标志位置是否正确。

在【常用构件类型】栏，展开【梁】→【梁（L）】→在主屏幕上方单击【校核原位标注】（校核运行，提示"校核通过"，提示可自动消失），如有错误信息会弹出【校核原位标注】界面。

在【校核原位标注】界面，错误提示如"未使用的原位标注"→双击此梁原位标注的错误提示（如果已关闭【识别梁】的下级菜单，可再次单击主屏幕上的【识别梁】）→【点选识别原位标注▼】→【框选识别原位标注】（如无原位标注错误，此操作可代替批量提取梁跨），框选全部梁平面图→右键确认，如在弹出的【识别梁选项】界面显示已识别的全部梁各项信息，则在此界面右下角单击【继续】→识别运行，提示"校核通过"，可以自动消失。梁图元可以全部由红色（没有提取梁跨）变为绿色（已全部提取梁跨，并且梁原位标注校核表中错误提示已消失）。

如果原位标注校核表中仍有少量错误，包括平面图中写在括号内梁的高差值→双击校核表中的原位标注错误（如高差数值)→该错误将自动显示在主屏幕平面图中，且为蓝色→（在校核表【刷新】的下邻行）单击【手动识别】，在主屏幕下方显示梁的平法表格→（按提示）左键单击梁图元→梁图元变蓝并在待纠错处显示原位标注对话框→左键单击需纠错的原位标注，变红→右键确认→【刷新】→此错误在校核表中已消失，纠错成功。

如果某个梁图元显示为红色，是因为此梁长度较短且没有连接到梁支座上，单击此梁图元，变蓝→右键→【延伸】（按照提示区提示），单击需要延伸的红色梁图元，右键→单击可以作为支座的构件图元，显示黄色边界线→再次单击此红色梁图元，此梁已经延伸、连接到支座上，按照【重提梁跨】的方法使其变为绿色后，再次按照上述方法【手动识别】原位标注。校核表中错误全部纠错完成→【刷新】，提示"校核通过"。

未提取梁跨等于没有识别梁支座，不提取梁跨与提取梁跨前后计算出的钢筋数量完全不同。将多余的梁图元（如不应有的外伸悬挑段）打断删除的方法如下：

在【常用构件类型】栏展开【梁（L）】→光标左键单击需打断的梁图元，不要选择梁轴线，整条梁变蓝→右键→【打断】→移动光标左键单击打断点→选上打断点时光标由箭头变为"米"字形→单击打断点→此打断点显示"×"形标记→右键确认→提示"是否在指定位置打断"→是→单击多余梁图元→只有多余段梁图元变蓝→右键→【删除】→多余段梁图元已删除。

绘制弧形梁：在主屏幕绘制【圆】功能窗口的上方→【三点弧】→单击弧形的起点→单击弧形的垂直平分线的顶点→单击弧线的终点，弧形梁已绘制成功且为红色，没有提取梁跨→单击红色梁图元，变蓝色→右键→【重提梁跨】→右键，梁图元变为绿色，已提取梁跨。

6.6 提取主次梁相交处增加的箍筋、吊筋

在【图纸管理】界面→双击某层已识别、纠错成功的梁平面图的图纸文件名称首部，使此单独一张梁平面图显示在主屏幕。需要在主次梁已提取梁跨，且梁图元为绿色时进行。

在【常用构件类型】栏下方→【梁】→【生成吊筋】。

单击【生成吊筋】功能菜单，在弹出的【生成吊筋】界面的吊筋栏输入吊筋信息，无吊筋的，此栏不需要输入。在【次梁加（箍）筋】栏输入主次梁相交处每个相交节点增加箍筋的总根数→勾选主梁与次梁相交（当主次梁相交的位置下方有柱时，不需要设置吊筋，也不需要增加箍筋）→左键单击两个相交的梁图元，也可框选全部梁平面图→框选到的全部梁图元变蓝→右键确认→提示"生成吊筋（含主次梁节点增加的箍筋）完成"→确定。（说明：选择图元→框选平面图，本次操作只对当前楼层有效）

备注：上述的【选择图元】，也可以单击主梁图元→单击与之相交的次梁图元→右键，提示"生成吊筋（包括增加的箍筋）完成"→关闭提示。如果没有生成吊筋、箍筋，是因为不符合生成条件，可查看【生成吊筋】界面下方的说明。没有生成箍筋、吊筋的主次梁节点，如果是施工单位，应该按图施工、计算，可用"手动表格"的方法补充输入主次梁相交增加的箍筋、吊筋。

方法 1：如图 6-7 所示。

单击【原位标注▼】→【平法表格】，在主屏幕下方显示此梁各跨的平法表格→左键单击图中梁图元的某跨，变蓝，下方表格中显示此跨梁的各种配筋参数（表格的第 N 行为梁的 N 跨）→在表格此行中找到【跨数】并单击，主屏幕平面图上此跨梁图元变为黄色→在表格下方向右拖动滚动条，找到并单击此表格行的【次梁加（箍）筋】栏（此栏内 0 的个数等于此跨梁主次梁相交的节点个数）→ ⋯ →在弹出的【钢筋输入助手】界面输入增加箍筋的个数→确定，在此输入的箍筋个数已经显示在【梁平法表格】界面的【次梁加筋】栏→在

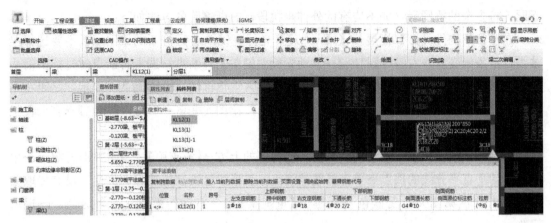

图 6-7　方法 1

【吊筋】栏，单点显示 ⋯ → ⋯ ，在弹出的【钢筋输入助手】界面输入吊筋的个数、级别、直径，用"/"隔开。软件可根据自动识别的次梁宽度，标准构造做法及所输入的吊筋钢筋型号、直径计出吊筋的重量，根据输入增加箍筋的个数，按主梁相同的箍筋计出钢筋重量。

方法 2：如图 6-8 所示。

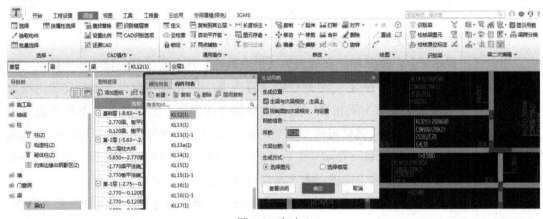

图 6-8　方法 2

单击【生成吊筋】→在【生成吊筋】界面按设计要求输入吊筋或箍筋→确定→左键单击绿色主梁，变蓝→单击与主梁相交的绿色次梁（可多次单击）→右键→提示"自动生成吊筋（箍筋）成功"→确定，主次梁相交的主梁上已经生成吊筋或箍筋为红色，增加的箍筋、吊筋可在主次梁相交的同一个节点生成。

特殊情况：已识别的梁为双线无梁填充图形→展开【梁】→【梁（L）】（梁双线已填充，可变为梁图元），在主屏幕右上角单击【生成吊筋】功能，弹出【生成吊筋】界面（图 6-9）。

勾选增加箍筋生成位置，输入主次梁相交节点共增加的箍筋个数，输入吊筋信息（个数、级别、直径）→选择楼层→确定→提示"生成完成"→关闭此界面，平面图上方次梁相交节点位置已按照要求生成箍筋、吊筋。

图 6-9　增加主次梁交点处箍筋、吊筋

主次梁加筋方法：

（1）在平法表格对应的梁跨数【次梁加筋】栏只需输入总根数→回车。

（2）在图形输入梁界面→【生成吊筋】→在显示的生成吊筋界面选择生成条件，输入吊筋信息或增加箍筋总个数→确定。

（3）如果吊筋、次梁增加箍筋绘制错误，可一次性批量删除一层楼的全部吊筋或次梁增加的箍筋。在图形输入梁界面→使用【梁二次编辑】【显示吊筋】【删除吊筋】功能，可一次性删除一层楼的吊筋或次梁增加的箍筋。

（4）统一修改、设置梁的拉筋间距：【工程设置】→【计算设置】→【计算规则】→【框架梁】→展开【箍筋/拉筋】→【拉筋配置】（默认按规范计算）→在拉筋信息栏设置。设置单根梁拉筋间距：单点梁图元变蓝→右键→构件属性编辑器→在属性编辑界面修改[①]。

6.7　绘制装配式建筑预制梁

在【图纸管理】界面找到某层结构专业梁平面图的图纸名称，并双击图纸文件名称行首部，使此单独一张电子版图纸显示在主屏幕→检查图纸轴网左下角的"×"形定位标志的位置是否正确，如果位置有误，可以按照本书第 2.3 节描述的方法进行纠正。

左上角的楼层数可以自动切换到主屏幕图纸对应的楼层数。

在【常用构件类型】栏展开【装配式】→【预制梁（L）】。在【构件列表】界面→【新建▼】→【新建矩形预制梁】→在【构件列表】界面的【楼层框架梁】中产生预制楼层框架梁构件（PCL），同时在【属性列表】界面同步产生一个 PCL 构件名称→把 PCL 修改为用中文表示的预制框架梁→左键→连同【构件列表】界面的此构件名称自动显示为同名。

在此构件的【属性列表】界面，按照各行显示的内容设置、修改属性和参数。在【结构类型】栏，单击显示▼→可选择【楼层框架梁】或【非框架梁】，在【构件列表】界面

---

① CM：生成梁侧面钢筋快捷键；GD：查改吊筋快捷键；DJ：生成吊筋快捷键。

的构件名称可同时改变。

可在平面图中找到并参照所建立梁的构件名称、标注信息→分别输入【截面宽度】【截面高度】【轴线距梁左边线距离】→选择【预制混凝土强度等级】→（手动计算）分别输入【预制部分体积】【预制部分重量】（根据《建筑结构荷载规范》GB 50009—2012，钢筋混凝土的重量是$24\sim25\text{kN/m}^3$）→在【预制钢筋】栏单击显示 ┅ → ┅ ，弹出【编辑预制钢筋】界面（图6-10）。

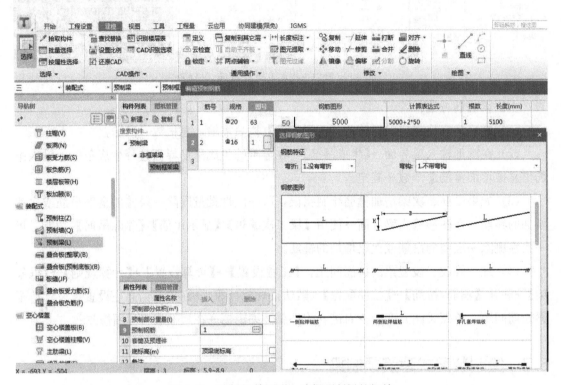

图6-10 选择钢筋图形，编辑预制梁的钢筋

上述界面如果覆盖平面图中梁构件图形可拖动移开→找到并参照平面图中梁构件图形→输入【筋号】→输入预制梁的钢筋【规格】→在此行的【图号】栏，双击显示 ┅ → ┅ ，在弹出的【选择钢筋图形】界面上方→【钢筋特征】，软件有没有弯折、圆与圆弧、箍筋、一个弯折、两个弯折等10种钢筋图形供选择，还可以在此界面的右上方配合选择【弯钩】，根据图纸设计要求选择所需钢筋图形即可→确定→在【钢筋图形】栏输入钢筋各部位尺寸→单击此行的【计算表达式】栏，可自动显示此钢筋各部位尺寸组成的计算式→计算出单根钢筋的总长度→需要手动计算输入【根数】。可按照上述方法编辑此梁的下一种钢筋。

如果需要设置梁的套筒与预埋件，可在【属性列表】界面单击【套筒及预埋件】，可在弹出的【编辑套筒及预埋件信息】界面编辑预制梁的套筒和预埋件，操作方法同本书第5.3节。

在【属性列表】界面的【底标高】栏选择梁的底标高。在【属性列表】界面展开【钢筋业务属性】→单击【计算设置】栏，显示 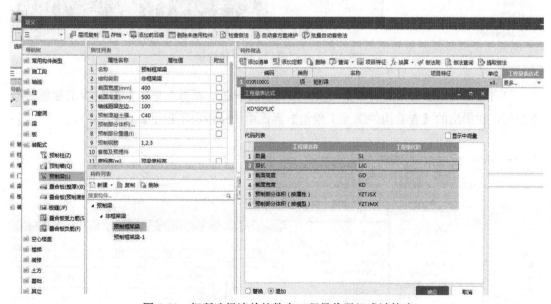→，在弹出的【计算参数设置】界面，可以根据梁所处的位置选择扣减关系；按照设计要求选择是否存在"开口""闭口"形式的箍筋。属性界面的各行属性、参数多是蓝色字体，为共有属性，只要修改属性、参数含义，平面图上已经绘制的构件图元属性、参数会同步改变。【属性列表】界面各行的属性、参数设置完毕→在【构件列表】界面，产生的构件名称为当前构件时，显示为蓝色→【复制】，产生同名称构件→在同步产生的此构件【属性列表】界面，只需要修改与源构件不同的属性、参数即可。

在【属性列表】界面，把梁的属性、参数设置完毕，在【构件列表】界面选择一个构件为当前构件，显示为蓝色→【定义】→【构件做法】→【添加清单】（以河南地区定额为例）→【查询匹配清单】，如果没有匹配清单→【查询清单库】→展开【混凝土及钢筋混凝土工程】→【预制混凝土梁】→在右侧主栏找到"矩形梁"清单并双击使其显示在上方主栏内→双击此清单的【工程量表达式】栏，显示▼→【更多】，在弹出的【工程量表达式】界面→双击【截面宽度】，使其显示在此界面上方→单击【截面高度】→【追加】→双击【截面高度】，使其显示在此界面上方→单击【梁长】→【追加】→双击【梁长】使其显示在此界面上方（图6-11）。

图6-11 把所选择清单的数个工程量代码组成计算式

单击确定，工程量代码组成的计算式已经显示在清单编号行的【工程量表达式】栏，并在其后边的【表达式说明】栏注有中文文字说明，方便理解。

单击【添加定额】→【查询定额库】→展开【混凝土及钢筋混凝土工程】→展开【混凝土构件运输及安装】→【装配式建筑构件安装】→在右边主栏内找到"5-357：装配式建筑构件安装梁（矩形、异形）安装"，并双击使其显示在上方主栏内→双击此定额子目的【工程量表达式】栏，显示▼→【更多】，在弹出的【工程量表达式】界面，可以选择与之有关的数个工程量代码，并根据实际需要修改，使其组成计算式。

清单、定额子目、工程量代码选择完毕→关闭【定义】界面，使用主屏幕上方的【直线】功能在平面图中描绘梁构件图元→【动态观察】，绘制的梁三维立体图形如图 6-12 所示。

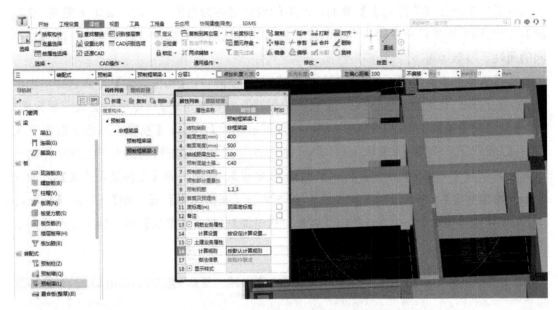

图 6-12　绘制的梁三维立体图形

单击【工程量】→【汇总计算】→【查看工程量】→在平面图上单击需要查看工程量的构件图元，在弹出的【查看构件图元工程量】界面单击【做法工程量】（图 6-13）。

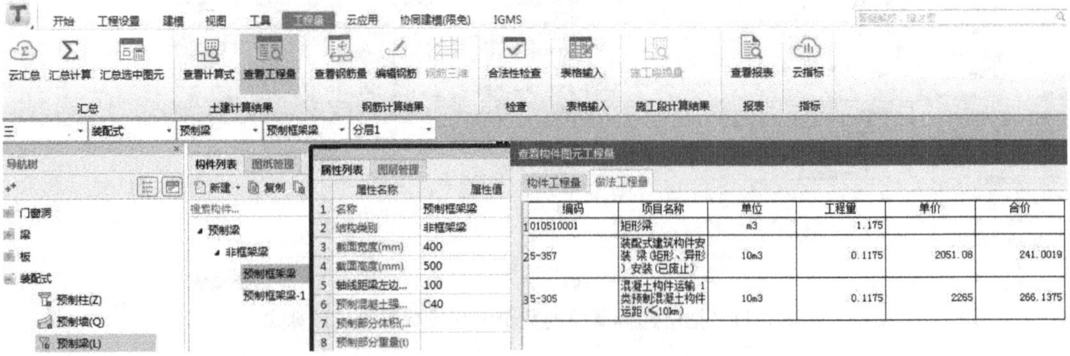

图 6-13　装配式建筑预制梁的清单、定额子目工程量

【工程量】→【汇总选中图元】→分别单击需要计算的梁构件图元→右键→确定→【查看钢筋量】→分别单击需要查看钢筋量的梁构件图元（图 6-14）。

图 6-14　装配式建筑预制梁的各种规格钢筋用量

6.8　智能布置主肋梁

在【常用构件类型】栏下方，展开【空心楼盖】→【主肋梁（L）】。

在【构件列表】界面→【新建▼】→（有【新建矩形主肋梁】【新建异形主肋梁】等功能）→【新建参数化主肋梁】，在弹出的【选择参数化图形】界面，有 8 种截面形状的主肋梁图形供选择（图 6-15）。

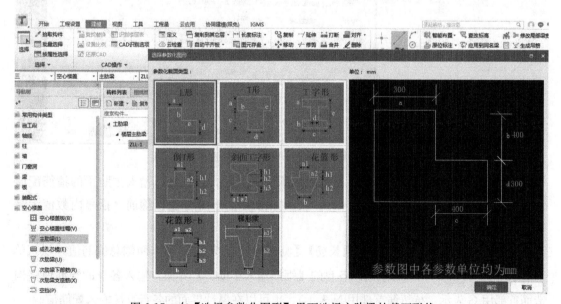

图 6-15　在【选择参数化图形】界面选择主肋梁的截面形状

在【选择参数化图形】界面，按照已经导入的电子版平面图中主肋梁信息，选择与之对应的截面图形，在右边显示的截面图形中单击绿色尺寸数字，可在显示的白色部分修改。

在【构件列表】界面，产生一个用拼音首字母表示的主肋梁构件（ZLL）。下一步对照主屏幕已经导入的电子版平面图中的主肋梁构件信息，在此构件的【属性列表】界面中选择、输入各行属性和参数。

在此构件的【属性列表】界面，为便于区分，可以把【名称】行的拼音首字母"ZLL"修改为用中文文字表示的主肋梁→左键，【构件列表】界面的拼音首字母可同步改变为同名称构件。

在【结构类别】行，单击显示▼→▼，可以选择楼层主肋梁或屋面主肋梁。

在【跨数量】行，按照平面图中的跨数信息输入跨数。

在【截面形状】行，可显示在参数化图形界面已经选择的截面形状，如果需要修改，双击此行显示 ⋯ → ⋯，可以返回【选择参数化图形】界面重新选择。

在【截面宽度】和【截面高度】行，均显示已经设置的截面尺寸数字。

在【轴线距梁左边线距离】行，根据需要输入轴线偏心距离。

在【箍筋】行，单击显示 ⋯ → ⋯，可以在弹出的【钢筋输入小助手】界面输入箍筋的配筋值（图 6-16）。

图 6-16　在【钢筋输入小助手】界面输入箍筋信息

在此界面的【钢筋信息】栏，按照电子版图纸上的构件信息，输入主肋梁的箍筋配筋值→确定。[格式如：C8-100/200（2），表示加密区箍筋/非加密区箍筋，括号内数值为箍筋肢数]

分别在【上部通长筋】【下部通长筋】【侧面构造筋或受扭筋】（两侧总配筋值）栏，单击显示 ⋯ → ⋯，可以分别进入各自的【钢筋输入小助手】界面，输入各自的配筋值（构造筋首部用 G 表示，抗扭筋首部用 N 表示）。也可以在属性界面的各行直接输入配筋值。

在【定额类别】栏，单击显示▼→▼，可选择单梁、板底梁、叠合梁、肋梁。

在【材质】栏，单击显示▼→▼，可选择现浇混凝土或预制混凝土。

在【混凝土类型】栏，有现浇碎石混凝土、现浇砾石混凝土、预制碎石混凝土、预制砾石混凝土、泵送碎石混凝土、泵送砾石混凝土、水下混凝土、商品碎石混凝土、商品砾石混凝土、商品碎石泵送混凝土、商品砾石泵送混凝土等可供选择，便于后续导入计价软件统计材料。

在【混凝土强度等级】栏，单击可以选择混凝土的强度等级。

在【混凝土外加剂】栏，单击显示▼→▼，有减水剂、早强剂、防冻剂、缓凝剂等可供选择，没有添加剂选无。

在【泵送类型】栏，单击显示▼→▼，有混凝土泵、汽车泵等可供选择，非泵送选择无。

在【泵送高度】栏，可以参照左下角显示的当前层高、层底标高至层顶标高，直接手动输入高度数值。

程序可以按照在上述【参数化图形】界面选择的截面类型、尺寸，自动显示【截面周长】【截面面积】。

在【顶标高】栏，可以按照当前平面图上构件的设计工况选择层底标高、层顶标高、空心楼盖板顶标高或空心楼板板底标高加梁高。

展开【钢筋业务属性】→在【其它钢筋】栏，单击显示 ⬚ → ⬚ ，可以在弹出的【编辑其它钢筋】界面编辑其它钢筋。

在【其它箍筋】栏，单击显示 ⬚ （如有）→ ⬚ ，在弹出的【编辑其它箍筋】界面设置其它箍筋。

在【节点设置】栏，单击显示 ⬚ → ⬚ ，在弹出的【节点设置】界面，需要逐行单击显示▼→▼，选择对应的肋梁节点，如图 6-17 所示。

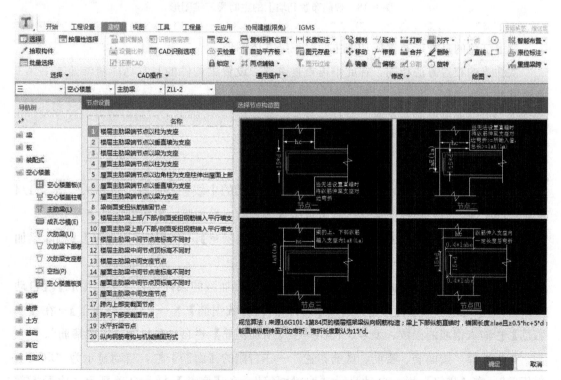

图 6-17　选择肋梁的梁柱节点形式，设置钢筋锚固长度

展开【土建业务属性】→在【超高底面标高】栏，可以按照左下角显示的层高、顶标高至底标高，手动输入。各行的属性、参数设置完毕。

在【构件列表】界面，选择一个构件并单击，变为蓝色→【复制】，产生同名称构件，在新产生构件的【属性列表】界面，对照电子版平面图纸中需要建立的下一个主肋梁构件信息，按照上述方法，只需要修改有差别的属性、参数即可。

使用主屏幕上方的【智能布置▼】→【墙中心线】→框选平面图上的墙构件图元，墙图元变为蓝色→右键，提示"智能布置成功"，如图 6-18 所示。

图 6-18　智能布置到墙上的主肋梁三维图形

墙上红色的是智能布置成功的主肋梁三维立体图形。

次肋梁的布置方法相同，在此不再重复讲解。设置梁构件的其它功能请参照本书第 6 章各节的方法操作。

6.9　梁加腋

平面图上梁构件图元识别或者绘制成功后，当梁的中线在支座柱上偏移大于等于 1/4 柱轴线间距时，需要在柱与梁连接的节点位置设置梁水平加腋，操作方法如下：

在【梁二次编辑】上方隔一个菜单有【生成梁加腋▼】，与【查看梁加腋】【删除梁加腋】菜单可在原位置切换→单击【生成梁加腋】（图 6-19）。

在【生成梁加腋】界面，左上角的图形是生成梁加腋的条件，有【手动生成】【自动生成】两种功能→【自动生成】在此界面下方的【加腋钢筋】栏→【沿梁高布置】→在【加腋筋】栏输入钢筋的根数、型号、直径→在【附加箍筋】栏自动显示为"取梁箍筋"。

如果选择"按面筋、腰筋、底筋布置"→在右侧的【面筋】栏，自动显示为"取梁上部钢筋"；在【腰筋】栏，自动显示"取梁腰筋"；在【底筋】栏，自动显示"取梁下部

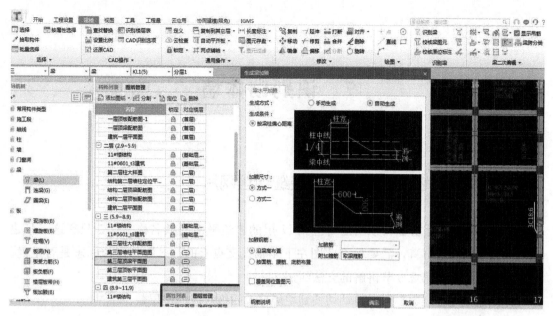

图 6-19　【生成梁加腋】界面

筋";在【附加箍筋】栏,自动显示"取梁箍筋"→在此界面上方显示的梁柱节点详图中→单击绿色梁的腋长、腋高尺寸数字,可以在显示的白色对话框内修改。如有疑问→在界面下方单击【钢筋说明】,可查看梁加腋的钢筋布置说明。另外还有【覆盖同位置图元】功能。

在平面图中单击需要生成梁加腋的绿色梁图元→单击与此梁连接的柱图元,也可以直接框选全部梁平面图,选上的梁变为蓝色→右键确认,提示"生成完成"。已经生成的梁水平加腋如图 6-20 所示。

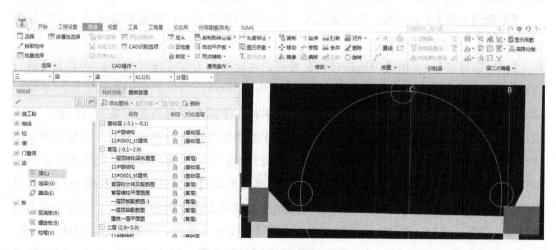

图 6-20　已经生成的梁水平加腋

如果有的梁柱节点上没有生成梁加腋,是因为不符合生成梁加腋的条件。

7 识别砌体墙

7.1 识别砌体墙、设置砌体墙接缝钢丝网片

在【图纸管理】界面，双击已对应到 N 层的建筑平面图纸名称首部，只有这一张建筑平面图显示在主屏幕，需要检查此图左下角轴线交点上的"×"形定位标志是否正确，如果有误可按本书第 2.3 节讲解的方法纠正。

左上角的【楼层数】可以自动切换到主屏幕上图纸对应的楼层数。

在【常用构件类型】下方展开【墙】→【砌体墙（Q)】→主屏幕平面图中已识别的梁图元隐去，被识别的剪力墙图元为粗实体线→【动态观察】→可查看已识别成功的混凝土结构的剪力墙、柱，以及其三维立体图，没有识别成功的砌体墙为双线。在主屏幕上方→【识别砌体墙】→【识别砌体墙】的下级功能菜单显示在主屏幕左上角，如被【图纸管理】【构件列表】等界面覆盖可拖动移开。

【提取砌体墙边线】→光标选择并单击砌体墙的单边线，全部砌体墙边线变蓝，检查有砌体墙边线没变蓝的可再次单击使其变蓝→右键确认，变蓝的图层消失，凡消失的图层均已保存在【图层管理】界面的【已提取 CAD 图层】内。（有些版本的软件有【提取墙标识】菜单，如果砌体墙平面图中无墙名称，此步可忽略不操作）

【提取门窗线】→左键单击门的弧形线，全部门的弧形线，包括窗洞玻璃的 4 条线变为蓝色→右键，变蓝的线条消失。

【识别砌体墙】→弹出【识别砌体墙】界面，在此界面上方【选择构件】栏单击【剪力墙▼】→选择【砌体墙】（若无此菜单，可不操作这一步），与平面图中正在识别的所有砌体墙信息核对，若有问题可修改。在此双击墙名称，平面图中此类墙线显示为红色，可用以检查识别的墙线是否正确→【Esc】退出，图中红色墙线恢复为原有颜色，如果【识别砌体墙】界面消失，可在左上角再次单击【识别砌体墙】菜单恢复显示。在此界面需要分别双击各砌体墙的【材质】栏，显示▼→▼，按照图纸设计选择应有的墙材质及配筋信息（如有）→【读取墙厚】，按照下方提示区的提示→左键单击砌体墙的一条线，变蓝→单击与此墙平行的另一条线，变蓝→右键→【自动识别】→提示"建议识别墙前先绘制柱"→是，提示"没有错误图元信息"或者弹出【校核墙图元】界面，可先关闭此界面，砌体墙双线已填充，生成的墙图元为黄色→【动态观察】，可查看已识别全部构件的三维立体图（图 7-1）。

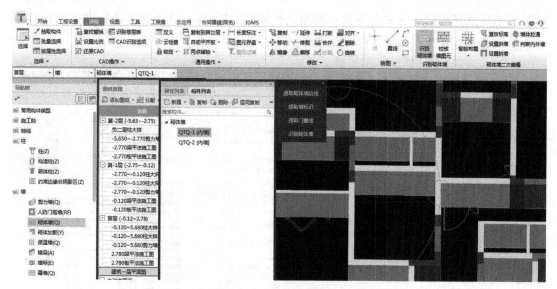

图 7-1　识别成功的砌体墙三维立体图

砌体墙识别成功，图中黄色墙体是识别成功的砌体墙。如果图中内、外砌体墙构件图元画混，可以按照本书第 5.1 节的方法纠正。砌体墙识别成功后，会显示在【构件列表】界面。砌体墙、框架间墙、填充墙的属性不同，扣减优先顺序为"砌体墙→框架间墙→填充墙"，需要在属性界面认真核查。

下一步，在【构件列表】界面选择一个砌体墙构件，在【定义】界面按照本书有关章节讲解的方法添加清单和定额；还需要使用【做法刷】功能把砌体墙构件的清单、定额都添加上，在此不再重复。

还可以在大写状态→【Z】（是隐藏、显示暗柱、框架柱、构造柱的快捷键），用来检查内外墙体连接处有无缺口，是否绘制封闭，在首层与后续绘制散水有关，其它各层与计算内外墙装修面积有关。

砌体墙钉钢筋网片：按照设计与规范要求，砌体墙与不同材料如混凝土墙、混凝土梁、混凝土柱连接处，需要在抹灰前钉上一层钢筋网（带）片，总宽度 300mm，每边各压 150mm，抹砂浆后可防止出现裂纹。砌体墙有内、外墙之分，可在构件的【属性列表】界面的构件名称尾部加"内"或"外"，方便区分。不要内、外墙画混，如果画混，光标放到墙段中间并呈"回"字形，可以分别连续单击内部的墙构件图元，变蓝→右键→【属性】（P）（如果没有显示【属性列表】界面，可再次右键→【属性】），可显示所选择构件的共有属性界面，在显示的所选择各墙共有属性界面，有些参数显示为"？"，只需要在【属性列表】界面的【内/外墙标志】行单击显示▼→▼，选择为"内墙"，其余不需要改动，保留各构件原有属性→操作结束→【Esc】退出，平面图上的墙图元恢复为原有颜色→光标再次放到图中产生的墙图元上，构件名称后可以显示内墙标志（纠正剪力墙内外墙画混的方法也是如此操作）。还可以单击主屏幕右上角的【判断内外墙】，在弹出的【判断内外墙】界面→选择楼层→确定，提示"判断内外墙完成"。并且【构件列表】界面的构件名称也会同步改变。下一步进入设置砌体墙钉钢丝网片的操作（图7-2）。

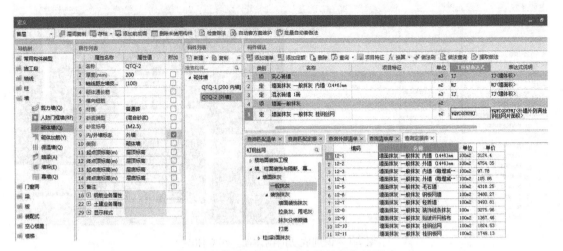

图7-2　砌体墙与混凝土墙交接处钉钢丝网片

在【常用构件类型】栏展开【墙】→【砌体墙（Q）】→【定义】，在显示的【定义】界面的【构件列表】界面，可先选择一个外墙构件为当前构件→在【构件做法】下方→【添加清单】→【查询清单库】→展开【砌筑工程】，与下方当前构件【属性列表】界面的主要参数对照，找到对应的清单，并双击使其显示在上方主栏内，因所选择的砌体墙清单计量单位是 m^3，钉钢丝网的计量单位是 m^2→双击所选清单的计量单位栏，把 m^3 改为 m^2→双击工程量表达式栏，单点显示的三角形→【更多】，进入【工程量表达式】界面，勾选【显示中间量】，显示更多工程量代码，与已选当前构件对照，找到对应的"外墙外侧钢丝网片总长度"，并双击使其显示在此界面上方的【工程量表达式】栏下方，单击选择【外墙内侧钢丝网片总长度】→【追加】→双击已选择的【外墙内侧钢丝网片总长度】，使其用加号相连显示在此界面上方，并在此计算式的前、后加上括号→确定→【添加定额】→【查询定额库】，如果找不到钢丝网定额子目，可在【分部分项】栏上方进行搜索→回车，右边所有工作内容中带有"钢丝网"字样的定额子目已显示（以河南地区定额为例，双击"墙面一般抹灰挂钢丝网"，使其显示在上方主栏内）。

双击【工程量表达式】栏，单击此栏尾部显示的▼→【更多】，进入【工程量表达式】界面，勾选【显示中间量】，有很多工程量代码可供选择→选择【外墙外侧钢丝网片总长度】并双击，使其显示在此界面上方→单击【外墙内侧钢丝网片总长度】→【追加】，双击已选择的【外墙内侧钢丝网片总长度】，使其上一个工程量代码用加号相连→单击【外部墙梁钢丝网片总长度】→【追加】→双击已经选择的【外部墙梁钢丝网片总长度】，使其与上部已选择的工程量代码用加号相连→选择【外部墙柱钢丝网片总长度】并双击→选择【外部墙墙钢丝网片总长度】并双击。使所选择的工程量代码用加号相连显示在此界面上方，并在此计算式的前、后加上括号，成为"（外墙外侧钢丝片总长度＋外墙内侧钢丝网片总长度＋外部墙梁钢丝网片总长度＋外部墙柱钢丝网片总长度＋外部墙墙钢丝网片总长度)"→手动输入"＊0.3"(表示网片宽度)→确定，编辑的工程量计算式已显示在所选定额子目的【工程量表达式】栏。

主屏幕上方的【工程量】→【汇总计算】→【查看工程量】→根据需要，单击选择平面图上的砌体墙构件图元，也可框选全部平面图上的砌体墙构件图元→可显示已选择的清单、定额子目的工程量(图7-3)。

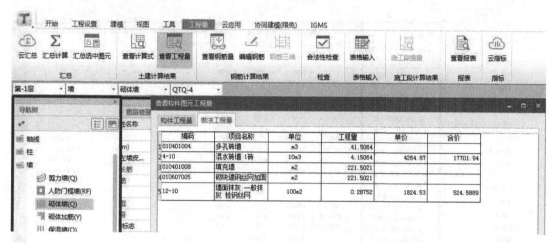

图7-3 砌体墙钉钢丝网片的清单、定额子目工程量

识别砌体墙后，在主屏幕右上角单击【判断内外墙】，在弹出的【判断内外墙】界面选择楼层→确定，提示"判断内外墙完成"，提示可自动消失。

全部定额子目、工程量代码选择完毕。下一步进入【做法刷】操作：单击已选择清单左上角空格，所选择清单、清单所属定额子目全部变为黑色为选上→【做法刷】，按本书第20.6节的讲解进行操作。

当不同类型构件图元在相同位置相互覆盖、影响观察时，解决方法：【视图】→【显示选中图元】，有【显示选中图元】【隐藏选中图元】功能。或在键盘大写英文状态→【Q】，可以隐藏、显示墙图元。

关于砖胎模：可在【常用构件类型】栏，【基础】下方的【砖胎模】界面→直接新建砖胎模构件→使用【直线】或者【智能布置】功能，砖胎模的高度可按照需要设置，软件支持【单边】【多边】布置→添加清单、定额后，可计算砖胎模的体积和抹灰面积。

7.2 识别门窗表、复制门窗构件到其它楼层

在【建模】界面→【图纸管理】→双击已经导入的建筑总图纸文件名称首部，可在有多个建筑电子版图纸的情况下识别门窗表。

在【常用构件类型】栏下方→展开【门窗洞】→【门(M)】[或【窗(C)】]，在主屏幕

上方单击【识别门窗表】功能→找到有门窗表的图纸→框选平面图中的门窗表（不要框选门窗表外的门窗大样图及门窗表下的文字说明）→右键确认，弹出【识别门窗表】界面，选择的门窗表已显示在此界面（图7-4）。

图 7-4 【识别门窗表】界面

删除表头下方的空白行（如有），如表头【宽度】【高度】为空白，在显示的门窗表头分别单点此栏显示的▼→▼，用选择的方法补全，逐个单击表头上方空格，全列变为黑色，对应竖列关系，如果对应到【宽度＊高度】列时，此列变红，经检查，已存在洞口宽和洞口高，此列为重复，删除此列→对应到【门窗类型】列，需要检查所属的门或窗与其同一横行右边的【设计编号】是否相同、一致，如果有误→双击其【门窗类型】栏，显示▼→▼，选择门或窗，其余经检查无误后→【识别】→提示"识别完毕"。如果只识别到门构件，还可以在【常用构件类型】栏的【窗（C）】界面，只框选门窗表中的窗部分，按照上述方法单独识别窗，生成窗构件。

门窗构件识别后，查看识别效果→【定义】，在当前层的【构件列表】下方已显示识别成功的门构件、窗构件，如图7-5所示。

复制全部门或者窗构件到其它楼层：

在【常用构件类型】栏的门或窗界面→在【定义】界面的左上角→【层间复制】，在弹出的【层间复制构件】界面，有【从其它楼层复制构件】和【复制构件到其它楼层】两项功能→选择【复制构件到其它楼层】，如图7-6所示。

图 7-5　识别成功的门构件、窗构件

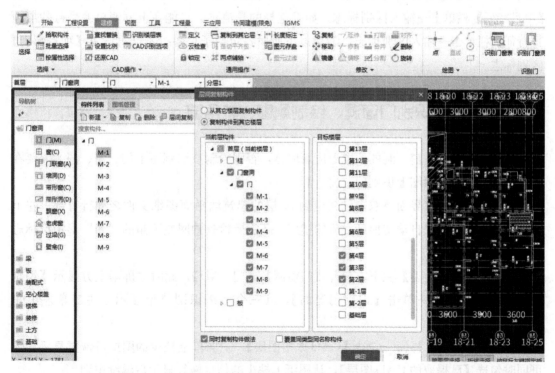

图 7-6　【复制构件到其它楼层】界面

　　上述界面左边是当前层可以复制的全部构件，可选择多个构件→右边选择需要复制到的目标楼层，可以选择多个楼层，在此界面下方选择【同时复制构件做法】→确定，提示"层间复制构件完成"。在左上角切换到已经复制的目标楼层，可以看到复制成功的构件。

软件可按平面图上实际有的门窗种类，自动识别门窗洞，无须删除复制到【构件列表】界面的多余门窗构件。

门窗构件生成后，在【常用构件类型】下方→展开【门窗洞】→【窗（C）】→在【构件列表】界面选择一个窗构件，在【构件列表】右边的【属性列表】界面同步显示此构件名称；如果缺少窗底"离地高度"，需要在识别门窗表后，在【属性列表】界面按照图纸设计修改"离地高度"。

在【定义】界面的首行，可给整个工程的全部构件【添加前后缀】→在【添加前后缀】界面→选择楼层，默认为当前层，可勾选→选择构件类型→在最右边选择构件→在【要添加的前缀】栏输入如木或钢、铝等→在【构件原名称】栏，勾选需要添加前、后缀的构件→【应用并预览】→在主栏【新名称预览】栏可看到构件名已添加了前、后缀，并有【修改】【删除】【设置前缀】【设置后缀】功能→确定，关闭【添加前后缀】界面。在【构件列表】界面可看到构件名称已添加了前缀或后缀，以示区别。在属性列表界面单击构件名称可修改其前缀或后缀。在【定义】界面→【构件做法】→【添加清单】→【添加定额】。

在所选择的清单或定额子目行的【项目特征】栏设置区别标志，汇总后相同清单、定额编号的工程量不合并，可单独查阅核对。如果选择的是定额，可在每个定额子目行的【项目特征】栏单击→输入区别标志。如果选择的是清单，只能在上方清单编号行的【项目特征】栏单击→输入区别标志，清单以下所属各定额子目各行不能再设置【项目特征】区别标志。

7.3 平面图上识别门窗洞、绘制飘窗、转角窗

识别或绘制门、窗、洞的位置上应有墙体，否则绘制或识别不上门、窗、洞。需要在建筑专业砌体墙平面图上识别门、窗、洞。

在【图纸管理】界面→双击已对应到 N 层的建筑墙平面图纸文件名称行首部；左上角的"楼层数"可以自动切换到对应的楼层；还需要检查轴网左下角的"×"形定位标志是否正确。

在【常用构件类型】栏下方展开【门窗洞】→【门（M）】，此时主屏幕上方显示【识别门窗洞】功能窗口→单击【识别门窗洞】，其三个下级识别菜单显示在主屏幕左上角（图 7-7）。

在【图层管理】界面→勾选【CAD 原始图层】，主屏幕上缺少的图层可恢复显示，还可同时勾选【已提取的 CAD 图层】，让图纸上缺少的信息恢复显示后继续识别。

【提取门窗线】→光标放到门弧线上由"十"字形变为"回"字形为有效并单击，全平面图上所有门弧线变蓝→右键确认，变蓝的图层消失，如果是在勾选了【CAD 原始图层】或【已提取的 CAD 图层】的状态下识别，变蓝的图层不消失，恢复为原有颜色，但识别有效（下同）。

图 7-7　单击【识别门窗洞】

⋯⋯键单击平面图中的门窗名称，门窗名称全部变蓝→右键，
变⋯⋯⋯⋯⋯在【已提取的 CAD 图层】内。

⋯⋯⋯⋯⋯选择【自动识别】，提示"识别完成"→确定。

使用⋯⋯方的【门（M）】界面，勾选【缺少匹配构件】或【未
寸标⋯⋯⋯⋯⋯示错误信息，如"门、窗名称不全"或者"缺少后缀尺
观察⋯⋯⋯⋯⋯吴门、窗、洞构件名称可自动放大呈蓝色显示→【动态
字变⋯⋯⋯⋯⋯，光标放到此蓝色门、窗、洞图元上，光标由"十"
图中⋯⋯⋯⋯⋯核表】界面相同的错误门窗洞构件名称，但是与平面
性】⋯⋯⋯⋯⋯元变色，（放大）不要单击图元上的轴线→右键→【属
数为⋯⋯⋯⋯⋯界面→在此以平面图中显示的构件名称、属性、参
度、⋯⋯⋯⋯⋯件名称、标识对照修改，先修改属性列表中的洞口宽
择门⋯⋯⋯⋯⋯击主屏幕左上角的【门窗构件】，显示▼→▼，可选
件名称⋯⋯⋯⋯⋯，提示"某某构件已存在，是否修改当前图元的构
称相同。⋯⋯⋯⋯⋯到此构件图元上，构件名称已与平面图中的构件名

如果⋯⋯⋯⋯为"门构件名称""未使用的门名称""请检查并在
对应位置⋯⋯⋯⋯示信息，此错误构件名称自动放大呈蓝色显示在平
面图中，⋯⋯⋯⋯称处缺少墙体构件图元，造成识别产生的门窗洞
图元错位⋯⋯⋯⋯，再在【构件列表】界面找到应有的构件名称并
单击，变蓝⋯⋯⋯⋯能→在图中蓝色门构件名称的位置绘制此门图
元，如果位⋯⋯⋯⋯右键→使用【移动】功能纠正，或者删除错位门
窗洞图元，⋯⋯⋯⋯云前→再次双击【校核门窗】界面的此错误信息，提示"此
构件图元已不存在，错误信息将被删除"→确定，校核界面的此错误信息消失，纠错成功。

重要提示： 只有在【常用构件类型】栏的门界面，光标放到平面图中的门构件图元上→右键，结束主屏幕上方的【点】功能→光标放到图中门构件图元上才能显示"回"字形，单击构件图元变蓝才可以使用【移动】【删除】等修改功能，如果光标放到窗构件图元上，则不能显示为"回"字形，不能进行上述修改的操作。

还有一种情况：识别产生的门或者窗构件图元与平面图中的门窗构件名称、位置正确，光标放到此门、窗洞图元上，光标由"十"字形变为"回"字形，显示的构件图元名称与平面图中原有的构件名称不同，按照上述方法纠错也没有成功→单击此构件图元，变蓝→右键→【修改图元名称】，在弹出的【修改图元名称】界面，显示已有的全部门、窗构件名称→单击选择与平面图中相同的构件名称→确定，平面图上的图元与原有构件名称已相同。只要光标放到门窗洞图元上，光标为"回"字形时，显示的图元名称与平面图上原有的名称相同，位置也相同，校核表中错误不消失，也是纠错成功，不影响计算工程量。少数墙上无门窗洞的，可以手动用主屏幕上方的【点】功能进行原位绘制。

特殊情况： 如果错误信息在平面图上已经纠正，但是【校核门窗】界面的错误提示信息没有消失→在【图纸管理】界面→双击其它图纸文件名称的首部，使此图纸显示在主屏幕→再次双击当前纠错的建筑墙图纸文件名称首部，使当前操作的图纸再次显示在主屏幕上，再次单击主屏幕上方的【校核门窗】功能→提示"校核完成，没有错误图元信息"→确定→【校核门窗】界面的错误提示信息消失→【动态观察】，可看到识别成功的门、窗、洞三维立体图（图7-8）。

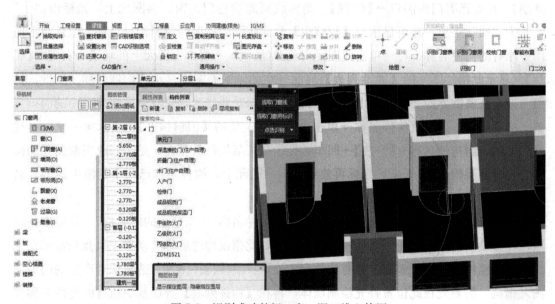

图7-8 识别成功的门、窗、洞三维立体图

（1）增加设置洞口加强钢筋：展开【门窗洞】→【墙洞】，在【构件列表】界面→【新建墙洞】→在【属性列表】界面→展开【钢筋业务属性】，有洞口每侧斜加强筋设置功能。

（2）建立飘窗：在【常用构件类型】栏展开【门窗洞】→【飘窗】→【新建▼】→【新建参

数化飘窗】，有多种飘窗图形供选择（图7-9），在【选择参数化图形】界面，选择图形，修改平面、立面尺寸→确定。在属性界面也可设置、修改配筋信息，计算钢筋量不需选择定额子目，只需添加土建工程量的清单、定额，选择工程量代码即可。

（3）飘窗顶板端头钢筋弯折长度指定修改为150mm：【工程设置】→【计算设置】→在【计算规则】界面→【其它】→在【面筋伸入支座锚固长度】栏，单击显示▼→▼，选择"h_a-bh_c+15d"即可。

（4）绘制飘窗、转角窗：在【常用构件类型】栏展开【门窗洞】→【飘窗（X）】→在【构件列表】界面→【新建】▼→【新建参数化飘窗】，在右侧【选择参数化图形】界面有矩形、梯形、三角形、弧形等形式可供选择（图7-9）。

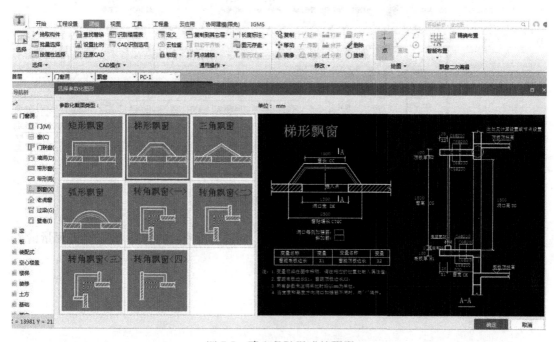

图7-9 建立各种形式的飘窗

此界面凡绿色尺寸、数字，单击可在显示的白色对话框内修改。窗平面图下方【洞口每侧加强筋】单击显示白色对话框，输入格式：根数＋级别＋直径，当洞口宽度与高度方向加强筋不同时用"/"隔开［（宽度）6C14/（高度）6C16］，在此各参数设置完毕→确定→在构件列表下产生飘窗（或转角窗）构件，并在左边属性列表下可修改构件名称，设置离地高度，选择建筑面积计算方式（如全计、计一半、不计），展开钢筋业务属性，如有在大样图中不能设置的钢筋可在此处的【其它钢筋】的下级界面补充，还有土建业务属性也可在此补充，在此属性各参数设置完毕，在构件列表右侧→【构件做法】→【添加清单】【添加定额】，工程量代码选择完毕→关闭【定义】界面。

在主屏幕上方（另有【点】或【智能布置】功能）→【精确布置】（优选），光标选择布置飘窗附近的参照插入点并单击，在显示的白色对话框内输入偏移值→回车，飘窗或转角窗已画上。【动态观察】可查看三维立体图形→【俯视】，如果查看三维立体图形，发现飘窗距本层的地面高度错误，需要修改已经绘制好的飘窗图元的高度，因为属性界面的飘窗【离地高度】是黑色字体（私有属性），需要先单击已经绘制的飘窗图元，再修改属性界面的【离地高度】→回车，已绘制好的飘窗图元的高度才能够改变。

查看已绘制好的飘窗的工程量：单击已绘制好的飘窗构件图元，变蓝→右键→【汇总选中图元】→【查看工程量】，弹出【查看构件图元工程量】界面→【构件工程量】，如图 7-10 所示。

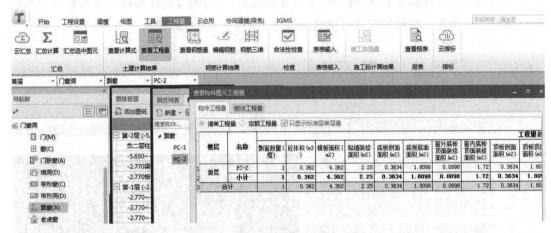

图 7-10　已绘制好的飘窗的工程量

根据设置飘窗构件具有的复杂程度，有 10～18 种工程量，可以参考选择工程量清单和定额子目，确保不漏项。

8 布置过梁、圈梁、构造柱

8.1 布置过梁

需要先布置连梁，剪力墙洞口上已有连梁不会再重复布置过梁，应在建筑墙柱平面图上操作，且在砌体墙，以及门、窗、洞都绘制或识别成功后进行。软件会自动处理圈梁与过梁的扣减。没有墙体的需补充画上，否则布置不上门、窗、洞，并且无洞口也无法布置过梁。

（可以在最后操作此节全楼生成）在【图纸管理】界面，双击某层建筑平面图纸文件名首部，只有这一页已识别过门、窗、洞的平面图显示在主屏幕，主屏幕左上角的楼层数可自动切换到主屏幕图纸对应的楼层，还需要检查轴网左下角的"×"形定位标志位置是否正确。

如果图纸设计为：按不同洞口宽度有几种截面高度、配筋的过梁，则无须新建数种过梁构件。

在【常用构件类型】栏下方→展开【门窗洞】→【过梁（G）】，在【构件列表】界面→【新建▼】过梁构件，并在其【属性列表】下输入各行参数→在主屏幕上方→【智能布置▼】→选择【按门窗洞口宽度布置过深】，输入相关参数后即可智能布置过梁（图 8-1）。

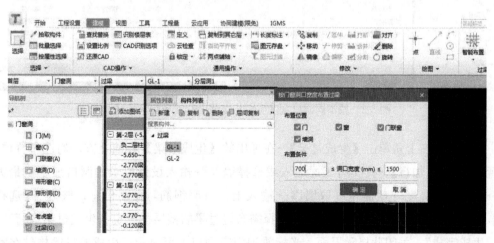

图 8-1 智能布置过梁

在弹出的【按门窗洞口宽度布置过梁】界面，【布置位置】栏已自动勾选门、窗、门联窗、墙洞，可修改；在【布置条件】下输入需要设置的过梁条件→确定，弹出提示"智能布置成功"，可自动消失。此时在平面图上符合布置条件的门窗洞口上方，已成功布置蓝色过梁构件图元，光标放到蓝色过梁构件图元上，光标呈"回"字形，可显示过梁构件名称→【动态观察】→转动光标可看到门窗洞口上已布置的过梁构件图元。

个别没有布置上过梁的门、窗、洞，可以使用主屏幕上方的【点】功能→单击门、窗、洞，过梁即可成功布置。

主屏幕右上角有【生成过梁】功能，可区分不同洞口宽度对应生成不同截面、配筋的过梁（可在最后整楼或按选择的楼层生成，操作前需记住本层或全楼共有几种砌体墙厚度，没记住可返回【砌体墙】在【构件列表】下查看，在此如有没使用的砌体墙构件，光标放在【构件列表】界面下方右键并单击【过滤】【当前层使用构件】，就可以过滤掉没使用的砌体墙构件）→在【常用构件类型】栏展开【门窗洞】→【过梁（G）】（无须建立过梁构件），如图 8-2 所示。

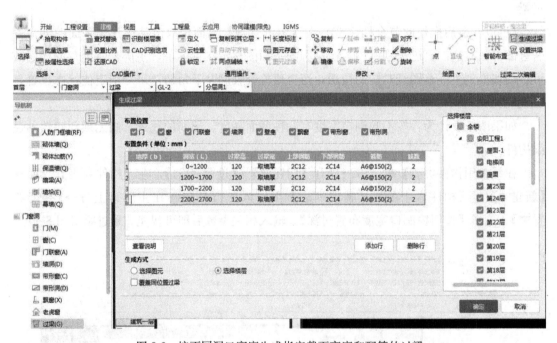

图 8-2　按不同洞口宽度生成指定截面高度和配筋的过梁

在主屏幕右上角单击【生成过梁】→在弹出的【生成过梁】界面上方，勾选布置位置、布置条件→【添加行】→按实有工况输入或选择墙厚→输入设计要求的洞口最小至最大宽度→过梁截面高度→截面宽度取墙厚→输入上、下部钢筋，箍筋信息，肢数→【选择楼层】，在弹出的"选择楼层"对话框中选择需布置过梁的楼层→确定（生成过梁运行），提示"生成完成"，关闭此提示界面。光标放到门窗洞口上可显示已生成的过梁构件名称→【动态观察】，可以看到各楼层门窗洞口上布置成功的过梁构件图元。

并且在【构件列表】界面有过梁构件生成。【构件做法】→选择清单、定额子目，可以参照有关章节操作，在此不再重复讲解。

智能布置、自动生成的过梁，过梁伸出长度超出墙时，程序可自动断开。

8.2 布置圈梁

新旧版本的软件操作方法基本相同，可以在最后【整楼生成】圈梁。

在【常用构件类型】栏展开【梁】→【圈梁（E）】→【新建▼】→【新建矩形圈梁】（另有新建参数化或异形）→在【属性列表】界面输入构件名称，可在名称后输入截面尺寸用以区分，输入各行参数及配筋值，设置轴线是否偏移，并输入偏移值。如设计只有一种截面形式的圈梁，可优先选择【智能布置】圈梁，如图 8-3 所示。

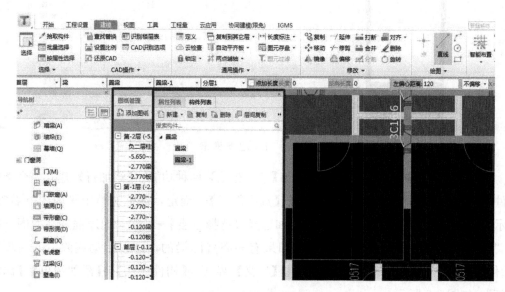

图 8-3　智能布置圈梁

选择按墙中心线（或墙轴线）→选择砌体墙图元或框选全部平面图→右键，弹出提示"布置成功"，提示可自动消失→凡单击选择或框选的黄色砌体墙上均有蓝色填充粗线条"圈梁"显示，砌体墙上已生成圈梁图元，光标放到蓝色圈梁图元上呈"回"字形，可显示生成的圈梁构件名称→可动态观察。不需要布置圈梁之处，可单击多余的圈梁图元→右键→【删除】。还可以利用键盘上的【E】（圈梁）和【Q】（剪力墙、砌体墙）隐藏、显示快捷键功能检查，不应该布置的圈梁可以删除，混凝土墙上不会布置圈梁。

可在最后【整楼生成】圈梁：需在主屏幕上只有一张建筑平面图，并且砌体墙已识别或绘制成功的情况下进行，可先不建立圈梁构件。

在【常用构件类型】栏下方展开【梁】→【圈梁（E）】，此时平面图中已经有的剪力墙构件图元会自动隐藏、消失，作用是使混凝土墙顶部不会布置上圈梁。（在主屏幕上方）单击【生成圈梁】，在显示的【生成圈梁】界面，有【墙中部圈梁】的布置条件，根据需要也可不选择【墙中部圈梁】的布置条件（图 8-4）。

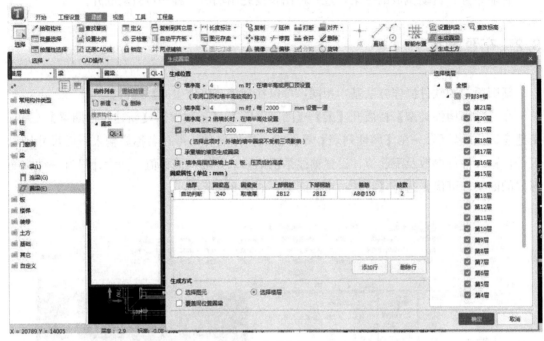

图 8-4　自动生成圈梁

在【生成方式】下方有【选择图元】【选择楼层】两种功能。【添加行】建立一个圈梁构件，圈梁宽度自动取墙厚。①如选择【选择图元】→确定，需框选整个平面图→右键，提示"圈梁生成完成"→关闭提示。②如选择【选择楼层】→确定，无须框选平面图→提示"圈梁生成完成"。需要全面检查，如果有多布置圈梁的，可以手动删除。下一步在【构件列表】界面选择一个圈梁构件，在【定义】界面→【构件做法】→【添加清单】【添加定额】，如图 8-5 所示。

图 8-5　添加清单、添加定额

清单、定额选择后→【做法刷】，按本书第 20.6 节的方法操作。

8.3 布置构造柱

构造柱截面形式名词解释：

（1）"一"字形：在墙段中部，两对边带马牙槎，两对边带砌体拉结筋；

（2）L形：在转角墙的角点处设置，垂直两边带马牙槎，垂直两边带砌体拉结筋；

（3）"十"字形：在四边有墙的十字节点设置，四边带马牙槎，四边带砌体拉结筋；

（4）T形：在T形墙连接节点设置，三边带马牙槎，三边带砌体拉结筋。

布置各种截面形式的构造柱，方法如下：

在【图纸管理】界面找到已对应到 N 层的砌体墙平面图的图纸文件名称并双击此行首部，只有这一张建筑墙平面图显示在主屏幕（需要在已绘制或识别成功的砌体墙，门、窗、洞并生成此类构件图元的平面图上操作），左上角的"楼层数"可以自动切换到应对应的楼层数。

首先在【常用构件类型】栏下方展开【柱】→【构造柱（Z）】。

方法1：在【构件列表】界面→【新建▼】→【新建参数化构造柱】（图8-6）。

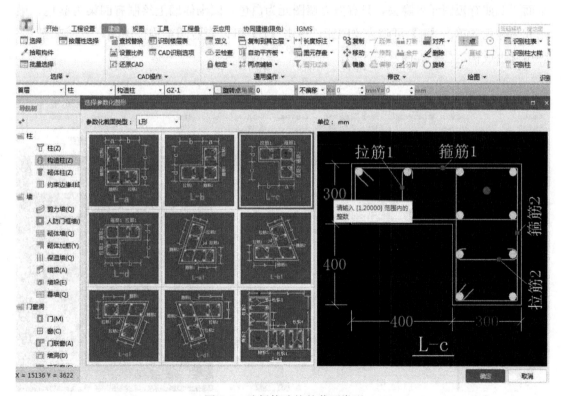

图 8-6 选择构造柱的截面类型

在【选择参数化图形】界面选择一个截面类型，右边同步显示其截面尺寸的放大图，凡红色、绿色截面尺寸单击可以显示在白色对话框内，可按照需要的尺寸修改→左键，截面尺寸修改完毕→确定。可在【构件列表】界面显示此构件名称→【属性列表】→【截面形状】，单击勾选其尾部"空格"（还可以把生成的截面形状标志复制、粘贴到构件名称尾部）→回车→在【构件列表】界面，此构件名称尾部可自动显示其截面形状标志。

在【构件列表】界面选择一个构造柱构件（构件名后带有形状标志）→【属性列表】，在【属性列表】界面可同步显示此构件的名称、属性参数（可在【选择参数化图形】界面选择截面图形、修改截面尺寸）→单击【属性列表】界面左下角的【截面编辑】功能→按照本书第3.2节讲解的方法，进行构造柱的截面配筋设置。如果梁、圈梁图元覆盖砌体墙，看不到黄色砌体墙，在大写状态单击【L】可以隐藏梁图元，或单击【E】可以隐藏圈梁构件图元。

在【构件列表】界面选择一种构件→【点】（主屏幕上方）→在平面图中的砌体墙上，按照砌体墙图元连接的节点形式，分别按照对应的构造柱截面形状，点画上构造柱，如果方向不对，可以用【旋转】【镜像】【移动】功能纠正。

方法2（优选）：可以在最后全楼或单独一个楼层生成，不需要先建立一个构造柱构件，单击键盘上的【E】可隐去圈梁构件图元，显示砌体墙图元为黄色。在主屏幕右上角（【构造柱二次编辑】的上邻行）有【生成构造柱】功能窗口→单击【生成构造柱】（此时平面图上如有板图元可隐去，只有剪力墙图元为白色，因砌体墙上绘制有圈梁为蓝色，梁图元为绿色，单击【L】可隐去梁图元，单击【E】可以隐藏圈梁构件图元，方便观察）→弹出【生成构造柱】界面（图8-7）。

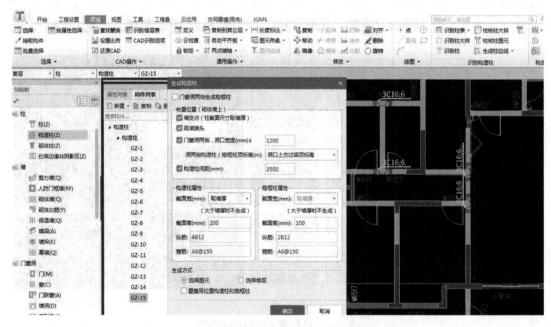

图8-7 【生成构造柱】界面

重要提示：按照《建筑抗震设计规范》（2016年版）GB 50011—2010和《多层砖房钢

筋混凝土构造柱抗震节点详图》03G363 的有关规定，下方 1/3 楼层横墙的构造柱间距不应大于层高，上方横墙构造柱间距不大于楼层高度；外纵墙构造柱间距不应大于 3.9m，内纵墙构造柱间距不应大于 4.2m。

在【生成构造柱】界面，可分别选择【墙交点】【孤墙端头】【门窗洞两侧】【构造柱间距】等，下方有构造柱属性等信息，可按要求进行修改。

（1）【选择图元】→确定，关闭【生成构造柱】界面→框选全平面图→右键确认→【关闭】。光标放到平面图砌体墙已生成构造柱的图元上可显示构造柱的构件名称。并且在【构件列表】界面，已按照在平面图上生成的构造柱种类，自动生成各种类型的构造柱构件名称。

（2）【选择楼层】（图 8-8）→确定→无须框选平面图，可按选择的楼层生成构造柱构件图元→关闭提示信息。在【构件列表】界面，可以看到生成的多个构造柱构件。平面图上可看到产生的构造柱图元。

图 8-8　按楼层布置构造柱

按照这种方法生成的是矩形截面的构造柱，如果与图纸设计不相符，可以分别在各自的【属性列表】界面修改，在此多数属性参数为蓝色字体（公有属性），只要修改其属性、参数，平面图上已绘制的构件图元就会同步改变。操作方法如下：分别单击【构件列表】界面的构造柱名称，在【属性列表】界面可显示此构件的属性、参数→单击【属性列表】界面左下角的【截面编辑】（有开、关切换功能），弹出当前构件的【截面编辑】界面，有截面配筋大样图，光标放到【截面编辑】界面的左上角或右上角，光标变成对角线方向的上、下双箭头，向对角线方向拖拉可扩大此界面→【纵筋】有【布角筋】【边筋】等菜单。需按设计要求逐个构件核对修改，操作方法见本书第3.2节。

重要提示：生成的构造柱图元依附于砌体墙，截面宽度按所在位置的墙厚，只能修改截面高度、配筋信息，多余的构造柱可删除。

下一步在【构件列表】界面选择一个构造柱构件→在【定义】界面→【构件做法】→【添加清单】→【添加定额】，选择工程量代码，可参照有关章节的方法操作。还需要按照本书第20.6节中【做法刷】讲解的方法把构件做法复制到其它同类构件上。

8.4 无轴线交点任意位置布置构造柱

需要先在【构件列表】界面新建一个构造柱构件，使用主屏幕上方的【点】功能在附近有轴线交点位置布置上构造柱→右键结束布置。光标放到已有构造柱图元上，光标由箭头变为"回"字形→左键单击构造柱图元，变蓝→右键→【移动】→（按提示）单击此构造柱的插入点→【Shift】＋左键，在弹出的"请输入偏移量"对话框中：输入 X（横向，正值向右，负值向左）或 Y（竖向，正值向上，负值向下）方向偏移值→确定，原有的构造柱图元已偏移（图8-9）。

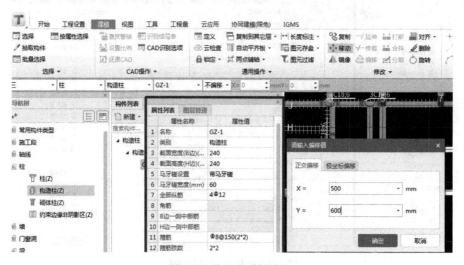

图8-9 偏移布置构造柱

重要提示：定义构造柱、墙、柱钢筋搭接形式，在构件的【属性列表】界面展开【钢筋业务属性】，有【搭接设置】功能，单击其行尾显示 ⋯ →单击 ⋯ ，进入搭接设置界面，此界面的连接形式竖向各行均可单击显示→有各种接头形式可供选择，在其相邻右列可设置墙柱和竖向钢筋定尺长度。

自动生成构造柱：可在最后整楼生成，不需要先新建构造柱构件，不需要在属性界面定义各行参数。【构造柱】→【生成构造柱】（图8-10）。

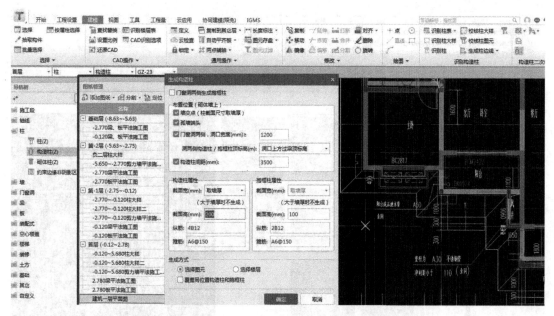

图 8-10 【生成构造柱】界面

弹出【生成构造柱】界面，按要求选择布置位置→设置构造柱属性，选择【墙厚▼】，并输入相关参数→【选择图元】→确定。框选全平面图→右键，按提示进行操作→提示"构造柱生成成功"。选择楼层，混凝土墙不会生成构造柱，多余的构造柱可删除。如果布置的方向不对，可以使用主屏幕右上角的【调整柱端头】调整布置方向，此方法适用于布置矩形构造柱、框架柱、暗柱，单击柱图元的插入点，可调整柱的布置方向。

8.5 布置构造柱、框架柱的砌体拉结筋

需在建筑墙柱平面图上操作，可以在最后操作、全部楼层生成，需要先建立各种截面形式的砌体加筋构件，在建筑砌体墙上有构造柱、框架柱图元的位置快速布置砌体加筋，前提是主屏幕显示的建筑平面图上已布置了砌体墙、门窗洞、构造柱、框架柱构件图元。

单击键盘上的【L】，可隐藏、显示梁图元，方便观察已产生的构造柱。

在【常用构件类型】栏下方展开【墙】→【砌体加筋（Y）】，在【构件列表】界面→【新建▼】→【新建砌体加筋】（图 8-11）。

在弹出的【选择参数化图形】界面，选择一个图形，在右边同步显示的大样配筋图中，凡绿色（红色）字体数字单击可按设计要求修改→确定。在【构件列表】界面，产生砌体加筋构件→在【属性列表】界面的【砌体加筋形式】栏显示加筋形式，勾选【附加】列的空格，在右边【构件列表】下的构件名称后同步显示附加截面形状的后缀图形文字，以做区分。按照上述方法，各种形式的砌体加筋构件建立完毕。在主屏幕右上角单击【生

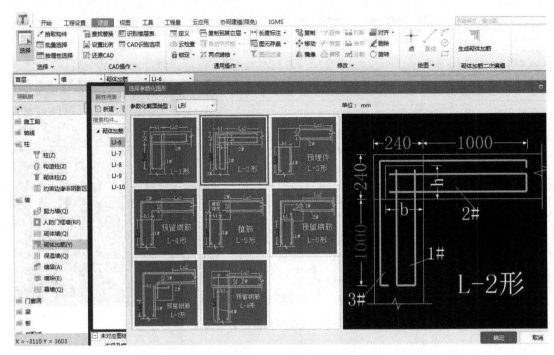

图 8-11　布置构造柱、框架柱的砌体拉结筋

成砌体加筋】，弹出【生成砌体加筋】界面，可在此选择砌体加筋形式、设置条件，以及
修改加筋尺寸、配筋信息。在此界面下方的【生成方式】栏，有【选择图元】或者【选择
楼层】功能，还可以选择【覆盖同位置砌体加筋】功能。如果单击【选择图元】→确定，
按下方提示区提示点选或框选柱图元→框选平面图上的全部柱构件图元→右键→关闭提
示。平面图上的深灰色是产生的砌体加筋构件图元，光标放到此可显示加筋构件名称及所
在楼层数。对照图纸检查，如有多余的加筋构件图元，连续单击多余的加筋图元，加筋图
元变蓝→【删除】。如果产生的砌体加筋构件方向、位置与柱图元不相符，可以用【旋转】
【镜像】【移动】功能纠正。

　　单击键盘上的【Y】，可以【隐藏】【显示】砌体加筋构件图元。

　　如果单击【选择楼层】→确定→提示→关闭提示。在各个楼层均可看到生成的砌体加
筋构件图元。

　　砌体加筋构件无须在【构件做法】界面，选择【添加清单】【添加定额】，软件可以根
据计算出的钢筋规格自动选择定额子目。

9 绘 制 楼 板

9.1 识别楼板及板洞

必须在某一楼层的竖向构件（混凝土墙、柱、梁构件）图元识别或绘制完成，并且在建筑平面图上的砌体墙等构件绘制或识别后进行。

在【常用构件类型】栏下方→展开【板】→【现浇板（B）】。

在【图纸管理】界面，在某层下找到结构专业的楼板图纸名称，并双击此图纸文件名行首部，只有这（已识别过墙、柱、梁图元的）一张楼板平面图显示在主屏幕。左上角的楼层数可以自动切换到主屏幕平面图应对应的楼层数，还要检查轴网左下角的"×"形定位标志的位置是否正确。

如果不知道本层楼板的厚度，需要在最上方单击【工程设置】→【楼层设置】，查看此层楼板的厚度（记住板厚）。

回到【建模】界面，在主屏幕上方→单击【识别板】，其数个下级识别菜单显示在主屏幕左上角，如果被【构件列表】【图纸管理】等界面覆盖可拖动移开（图9-1）。

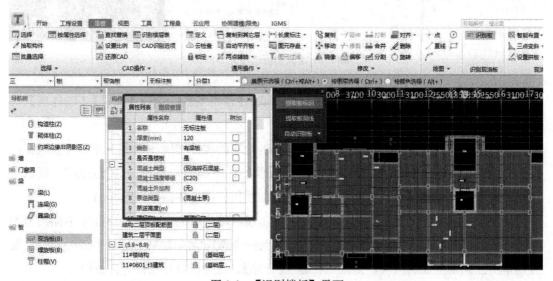

图9-1 【识别楼板】界面

单击【提取板标识】（如果设计者在平面图上没有标注板厚，可以按本书第9.2节的方法【智能布置】楼板），在板平面图上选择一个板厚并且单击左键→当有多个板厚时，这些板厚图层同时变为蓝色，如有没变蓝的板厚标识可再次单击→此图层全部变为蓝色，如果图中无板厚，此步可以不操作，也可选择单击钢筋线（优先单击通长钢筋线）→单击钢筋线的钢筋尺寸数值、配筋值，使其变蓝（如有没变蓝的短筋及尺寸线配筋值可再点变蓝）→右键→变蓝的板标注消失。

【提取支座线】（有的版本无此菜单可不操作）→光标左键选择单击梁边线（边梁外侧边线为细实线，内边线和里边的梁边线为点划线）→变蓝→选择并单击板边线，变蓝；选择并单击墙边线、柱边线，变蓝（放大、缩小可观察），变蓝或变虚线的为有效→右键→变蓝或变虚线的图层消失。

【提取板洞线】→左键选择并单击板洞线，变蓝色，单击楼梯间板洞的斜"十"字线，变蓝色→右键→变蓝色的图层消失。

单击【自动识别板▼】，弹出【识别板选项】界面（图9-2）。

图9-2　【识别板选项】界面

软件可在此界面自动勾选已识别的【剪力墙】【预制墙】【主梁】【次梁】【砌体墙】等构件名称。

在此可去勾或者加勾补充修改已经识别或者绘制的构件类别→确定→弹出【识别板选项】界面→把未标注板厚的数值手动填入【板厚】栏→确定，提示"识别完成"，提示可自动消失→【动态观察】，可以看到已识别成功的楼板三维立体图形（图9-3）。

板图元、板洞已生成，在此是按照梁、剪力墙区域生成的多个板块→框选平面图上的全部板图元，变蓝→右键→【合并】，可以合并为一个板图元。如果不是一个板图元→左键分别单击已识别生成的板块，变蓝→右键→【合并】，可根据设计条件合并板图元。

主屏幕上方没有【校核板图元】功能窗口，无须纠错。如果卫生间地面局部有高差或者板厚度不同，可以分割板后修改板的标高和板厚属性，本书第9.3节有详细描述。

绘制弧形梁、板：【圆】功能窗口的上方→【三点弧】→在电子版平面图上单击弧形梁

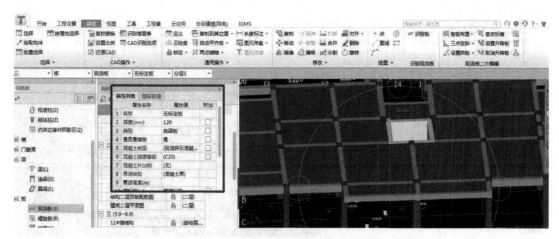

图 9-3 识别成功的楼板三维立体图形

的起点→单击弧形梁垂直平分线的顶点→单击弧形梁线的终点，弧形梁已绘制成功且为红色，没有提取梁跨→单击红色梁图元变蓝色→右键→【重提梁跨】→右键，梁图元变为绿色。还可以在【常用构件类型】栏下方的【现浇板】界面，在梁封闭的情况下，用【点】功能绘制板。

9.2 智能布置楼板、手工绘制板洞

智能布置楼板的方法：在【图纸管理】界面，双击已对应到 N 层，并且已绘制或识别形成墙、柱、梁构件图元的板图纸名称行首部，只有这一张电子版图纸显示在主屏幕，还需要检查此图轴网左下角"×"形定位标志的位置是否正确。

左上角的楼层数可以自动切换到主屏幕上图纸应对应的楼层数。

在【常用构件类型】栏展开【板】→【现浇板（B）】→【构件列表】，在【构件列表】界面，需先建立一个板构件→在主屏幕上方单击【智能布置▼】→【按外墙、梁外边线、内墙、梁轴线】→框选全图→右键，提示"智能布置成功"。如果提示"不能与飘窗中的现浇板重叠布置"，关闭此提示，可在【飘窗】界面修改图中飘窗图元的设置高度后再布置现浇板。已布置上的板是一个整体板图元，无须合并，如有需要可分割为多个板块（图 9-4）。

个别没有布置上板图元的，还可以使用主屏幕上方的【矩形】【直线】功能绘制。如果有板洞→在【常用构件类型】栏→【板洞】→在【构件列表】界面→【新建▼】→【新建自定义板洞】→用主屏幕上方的【矩形】或者【直线】功能绘制。如果板的周边支座由剪力墙或梁形成封闭，还可以用【点】功能绘制板。

此时如前边有缺少、需要补充绘制的其它构件，如剪力墙、柱、门窗等，可隐去板图元。具体方法：【视图】→【图层管理】，弹出【图层管理】界面，有显示、隐藏指定图层功能，在前边打勾的为当前显示的图层，去勾的为隐藏的图层→【恢复默认设置】→确定恢复→

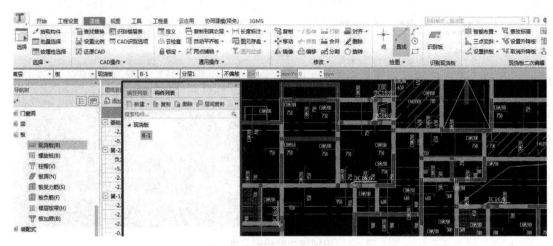

图 9-4　智能布置楼板

是，可恢复隐藏的图层。再单击【显示设置】，有开、关切换功能。在大写状态，单击【B】也可以隐藏、显示板图元。

9.3　识别板受力筋、布置板受力筋

板受力筋识别前，需要按照受力筋的布置区域，单击【常用构件类型】栏下方的【现浇板（B）】并进入下一级界面，把平面图上的板图元，手动分割为单独的 N 个板块。分割、修改板名称方法：先在【构件列表】界面，在原有板构件基础上新建一个板构件，在主屏幕上方→【直线】→在板图元上用绘制多线段的方法描绘任意形状的板块形成封闭→单击此板块，变蓝色→右键→【修改图元名称】，在弹出的【修改图元名称】界面，左边【选中构件】栏下显示的是当前在平面图中已选中且变为蓝色的板构件名称，右边显示的是需要修改的目标构件名称→单击选择右边目标构件名→确定。光标放到此板块上呈"回"字形，已经可以显示此板块的新名称。受力筋识别后，再合并为识别前的板块状况。

如果需要修改板的标高，需要在【图纸管理】界面→单击此图纸文件名称行尾部的"锁"图形，使其在开启状态→在平面图上单击已分割成功的板图元，变蓝色→右键→【查改标高】→光标放到此板块上原有标高数字上，光标变为"五指手"图形并单击标高数字，在显示的白色对话框中输入需要修改的目标数值→回车，此处的标高数值已改变。

对于在平面图中受力筋线上未标注受力筋配筋值的操作方法：单击【CAD 识别选项】（图 9-5），在显示的【CAD 识别选项】界面→【板筋】→输入、修改【无标注的板受力筋信息】【无标注的跨板受力筋信息】【无标注的板负筋信息】，在此需要把图中受力筋线上没有标注、只在图下方说明中用中文文字说明的配筋信息，手动输入→确定→在【常用构件类型】栏下方→展开【板】→【板受力筋（S）】，在主屏幕上方单击【识别受力筋】功能，如图 9-6 所示。

图 9-5　单击【CAD 识别选项】

图 9-6　单击【识别受力筋】

【识别受力筋】的三个识别菜单显示在主屏幕左上角（图 9-6），如果被【图纸管理】【属性列表】或【构件列表】界面覆盖，可拖动移开。

按【识别受力筋】的下级菜单，由上向下依次操作识别。需要根据受力筋的布置特点分别识别。

【提取板筋线】界面如图 9-7 所示。

此时如果板"受力筋"图层隐去，在【图层管理】界面勾选【CAD 原始图层】，隐藏的"受力筋"可恢复显示。光标选择主屏幕电子版图纸上 135°弯钩向上的一根红色受力筋线，光标放到红色受力筋线上呈"回"字形（下同）为有效并单击，全部受力筋变蓝→右键，变蓝的受力筋消失。如果是在【图层管理】界面，在勾选了【CAD 原始图层】和【已提取 CAD 图层】的状态下识别，变蓝的钢筋线不消失，恢复为原有红色，但识别有效。

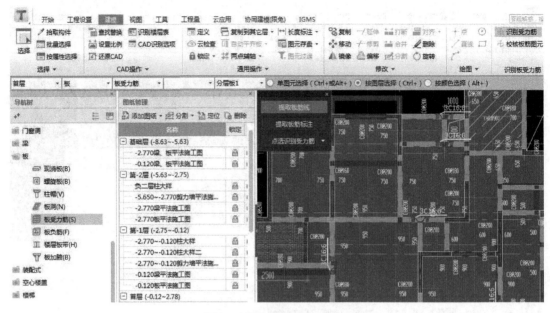

图 9-7　【提取板筋线】界面

【提取板筋标注】→左键单击已消失的此受力筋线上方的配筋值，只有此受力筋线上的配筋值变蓝→右键，变蓝的受力筋配筋值消失或恢复为与单击前相同的颜色为有效。对于平面图上没有绘制板受力筋信息的钢筋线，因为在前边【CAD 识别选项】中已设置了无标注的板受力筋信息，此步操作可以忽略。

【点选识别受力筋▼】→弹出【点选识别板受力筋】界面，如图 9-8 所示。

图 9-8　【点选识别板受力筋】界面

在此界面的【构件类型】栏单击行尾部的▼→选择【受力筋】→选择或者输入其配筋值，此栏已显示中文受力筋，在下邻行显示"底筋"→单击（此时已消失的受力筋线恢复显示）电子版图纸上红色 135°弯钩向上的钢筋线，可自动显示在【受力筋信息】界面的构件名称栏，与平面图上的配筋信息相同，其下邻行长度调整栏为空白，不需要操作→确定→左键单击平面图上当前所提取的蓝色受力筋线，此受力筋图元已与原有红色受力筋线在原位绘制成功且为黄色，并且长度相同，匹配一致。

从上述【提取板筋线】开始，使用同样方法识别其它受力筋。全部受力筋识别完毕，可用主屏幕右上角的【查看布筋范围】功能，检查识别效果。

在大写状态单击【S】，可以隐藏、显示受力筋图元。

布置受力筋：包括布置弧形、圆形板面积上的放射筋，以及任意形状板上的跨板受力筋。需要在当前层的楼板图元、板洞绘制或者识别完成，并且在板图元分割、合并完成后进行。

布置受力筋前，需要先在【构件列表】界面建立一个受力筋构件→在【属性列表】界面输入中文受力筋构件名称→回车，在【构件列表】下建立的以拼音首字母表示的构件名称同步改变为中文构件名称→在【属性列表】输入钢筋信息。

如果图纸设计有"温度筋"，主要构件类型下没有【温度筋】构件，温度筋与受力筋的搭接长度不同，会造成量差，处理方法：【新建受力筋】→在产生的受力筋【属性列表】界面，在【类别】栏，单击显示▼→▼，可以选择【底筋】【面筋】【中间层筋】【温度筋】，按照布置【受力筋】的方法布置即可。查看计算结果，与规范中要求的温度筋计算值相同。

在主屏幕上方→【布置受力筋】→有【单板】【多板】【自定义】【按受力筋范围】【XY方向】【水平】【垂直】等 11 种功能，如图 9-9 所示。

图 9-9　单击【布置受力筋】

【布置受力筋】：选择【XY方向】，可选择【单板】【多板】或者【按受力筋范围】→【XY方向】→选择需要布置受力筋的板图元，可以多次选择，在弹出的【智能布置】界面，可按设计工况选择【双向布置】或者【双网双向】→输入【底层】【面层】【中间层】

【温度筋】等配筋信息→可单击选择平面图上一块或多块板图元，变蓝→右键，黄色受力筋图元已布置上（单击主屏幕上方其它功能窗口可关闭此界面）。如果选择【自定义】，使用主屏幕上方的【直线】功能→在平面图的板图元上可根据需要绘制任意形状、范围的多线段→遇转折单击左键→形成封闭。在【智能布置】界面输入配筋值→单击需要布置受力筋的板图元，变蓝→右键，已在绘制的封闭多线段范围内布置上了黄色受力筋图元。

按【单板】或【多板】布置【水平】或【垂直】（竖向）受力筋，需要先建立一个受力筋构件、属性参数。

需要在【常用构件类型】栏下方的【现浇板】界面，把平面图上的板图元分割成需要的形状和需要的范围的板块，操作方法：左键单击板图元，变蓝的是同一个板块→右键→【分割】，在主屏幕上方单击选择【直线】（如果选择【矩形】，只能把板图元分割成矩形板块）→在板图元上绘制任意形状的多线段，遇转折节点单击左键，绘制多线段形成封闭，左键→右键结束。

【常用构件类型】栏下方→【板受力筋（S）】→【布置受力筋】（图9-9）在主屏幕上邻行→【单板】→选择【水平】（也可选择【垂直】）→移动光标至需要布置【水平】受力筋的板块上，已经显示水平方向黄色钢筋线→单击左键，受力筋已布置上→右键结束布置。布置【垂直】受力筋方法相同。一块板受力筋布置后，在主屏幕右上角单击【应用同名板】→选择并单击需要布置的板图元，可多选→右键→确定。已经把此配筋方式快速布置到不同形状的其它板块。

布置弧形的放射筋（如弧形阳台的弓形面积上）：

需要在【构件列表】界面先建立一个受力筋构件，并在此受力筋构件的【属性列表】界面输入各行参数、配筋信息。

在主屏幕上方→【布置受力筋】→【单板】→【弧线边布置放射筋】→在【构件列表】界面，选择已建立的一个受力筋构件为当前构件（不能选跨板受力筋，否则布置上的放射筋会伸出弧形面积）→单击弧形板图元，板图元上显示弧形线条围成的弧形面积。之后的操作步骤有两种方法：①【两点】→左键单击已建立的弧形垂直平分辅助轴线的顶点，移动光标已可看到黄色放射筋→单击弧形面积上已有辅助轴线的下一点，已布置上黄色放射筋。②左键单击弧形板边线→移动光标已可看到黄色放射筋→左键确认，黄色放射筋已布置上。

在主屏幕右上角→【查看布筋范围】→光标呈圆形，放到已布置上的黄色放射筋图元上，已布筋范围的弧形面积显示为蓝色（如果布置错误，单击已布置上的黄色放射筋图元，图元变蓝）→右键→【撤销】，黄色放射筋图元已删除，可重新布置。

使用主屏幕右上角的【查看布筋情况】功能，可在平面图上自动显示已经布置上的全部各个黄色钢筋图元的布筋范围（以蓝色显示该范围）。

如果平面图上的【底层】受力筋、上部【面筋】【中间层筋】，或者中间层【温度筋】

全部布置上时，使用主屏幕右上角的【查看布筋情况】功能，会在主屏幕左上角弹出【选择受力筋类型】界面，可分别查看【底筋】【面筋】【中间层筋】【温度筋】的布置情况。

1. 布置受力筋，按圆心布置放射筋

（1）前提1：根据放射筋所在板块位置，布置放射筋在板图元的四角反向对角线上，需要有与圆心半径长度相等的辅助轴线交点作为定位点，如果没有此定位点，可使用主屏幕右上角的【修改轴距】功能，分别在板块外侧增设与水平、垂直板边平行的辅助轴线使其相交，作为布置圆心放射筋的定位点。

（2）前提2：需要在【常用构件类型】栏下的【现浇板（B）】界面，使用主屏幕上方的【直线】功能，把需要布置圆心放射筋的三角形范围分割成单独一块板，布置放射筋后再合并此板。

按圆心布置放射筋操作：选择需要布置放射筋的板图元并左键单击，在封闭虚线内的是一块板图元→光标选择板图元左上角的对角线反向延长线上，可以作为圆心定位点的辅助轴线交点并单击，在弹出的"请输入半径"对话框输入作为半径的尺寸数字（如果不知道半径长度尺寸，可使用【长度标注】中的【对齐标注】功能，对斜方向的对角线长度进行测量）→确定→移动光标到已分割为三角形的板图元内，已可显示与此板图元对角线方向平行的黄色放射筋图元，并显示配筋信息→移动光标在对角线位置→单击左键，与对角线平行的黄色放射筋图元已布置成功。使用主屏幕右上角的【查看布筋范围】功能→移动光标放到已布置放射筋的图元上，放射筋布置范围显示为蓝色。

2. 布置跨板受力筋

在【常用构件类型】栏下的【现浇板（B）】界面→单击平面图上的板图元，变蓝→右键→【分割】，使用主屏幕上方的【矩形】或【直线】功能，按照【跨板受力筋】的布置范围，把现浇板分割为单独的一块板图元，【跨板受力筋】布置后，再用【合并】功能把其合并恢复为原有板状态。

布置跨板受力筋前，需要在【构件列表】下【新建▼】→【新建跨板受力筋】，在【构件列表】下产生一个用拼音首字母表示的跨板受力筋（KBSLJ）→在右侧【属性列表】界面，在构件名称栏输入中文名称→回车，在【构件列表】下用拼音首字母表示的构件名称同步改变为中文构件名。继续在【属性列表】界面输入此跨板受力筋的各行参数，在大写状态输入钢筋信息，以及左标注右标注长度（即伸出板左、右边的长度）。当跨板受力筋竖向、垂直布置时，下方为左，上方为右。单击"标注长度位置"行尾，按照平面图上图纸设计位置→选择【支座中心线】【支座内边线】或【支座外边线】，输入左、右弯折尺寸（应是板厚度减上、下保护层厚度），输入分布筋的配筋值。把平面图上表示的跨板受力筋的参数，输入到【属性列表】界面各行中，在【类别】行，单击显示▼，可以选择【面筋】【底筋】【中间层筋】【温度筋】，且相关信息可以修改。

单击主屏幕上方的【布置受力筋】→①选择主屏幕上邻行的【单板】→【水平】或者【垂直】→移动光标到已分割为单独一块板的图元上，可显示水平或垂直方向的粉红色跨出此板块的受力筋图元→左键，跨板受力筋已布置成功→右键结束布筋操作。②如果单击选择平面图上邻行的【多板】→【水平】（也可选择【垂直】）→移动光标左键单击平面图上的板图元，变蓝，可按设计需要左键连续单击多个板块，多个板块同时变蓝→右键确定，多次选择合并的板块上显示需要布置的粉红色跨板受力筋→左键确定→右键结束布置操作。

重要提示：选择【多板】布置跨板受力筋，是把选择的多个板块合并为一个板块，布置的跨板受力筋两端伸出组合合并为一个板块的板图元外边缘。

在平面图上布置超出条形构件两个对边的跨板受力筋也按照上述方法操作。

一块板的受力筋布置完成后，可以使用【应用同名板】功能，把相同的配筋快速布置到不同形状的其它板块，操作方法：在【构件列表】界面选择一个构件为当前构件，也可以在平面图中单击选择，变蓝色→【应用同名板】→左键单击需要布置此类受力筋的板图元，可多选，选择成功的板图元变蓝色→右键→确定，如图 9-10 所示。

图 9-10　单击【应用同名板】

9.4　识别板负筋，布置板负筋，从其它层原位复制构件图元

在【图纸管理】界面，找到需要识别板负筋的图纸文件名称→双击此图纸文件名称行首部，只有这一张楼板平面图显示在主屏幕。需要检查图纸左下角轴网"×"形定位标志的位置是否正确。左上角的楼层数可以自动切换到主屏幕电子版平面图应对应的楼层数。

在识别板负筋前，不需要在【构件列表】界面建立板负筋构件。

在【常用构件类型】栏下方，展开【板】→【板负筋（F）】，主屏幕平面图上已经绘制或识别的黄色受力筋图元（隐藏）消失。在主屏幕上方单击【识别负筋】功能，如图 9-11 所示。

提示：识别负筋前首先应确认平面图上负筋所在位置，以及设计者标注的单侧负筋长度是否包括支座上轴线至支座边的尺寸，如果不清楚，可以用主屏幕上方的【长度标注】功能测量，但不宜用【自动识别】功能识别负筋，可采用【点选识别】功能进行识别，详细操作见下文。

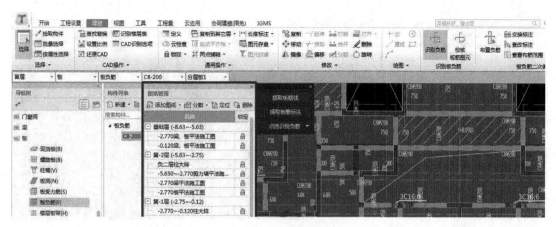

图 9-11　识别负筋

识别负筋有【按图层选择】→【自动识别】和【单图元选择】→【点选识别】两种方法。

对于在平面图中负筋线上没有标注配筋值，而是在图纸下方用中文文字说明表示的负筋配筋值的情况，可在主屏幕左上角单击【CAD 识别选项】，在弹出的【CAD 识别选项】界面单击【板筋】，在右侧【无标注的负筋】栏输入平面图上只有红色负筋钢筋线且需要在此补充的缺少的配筋信息→确定。

如果设计者把负筋在支座处的标注长度尺寸界线标注为不包含支座的尺寸，也就是从支座的外边线开始计算，自动识别时程序识别出的黄色负筋图元会比原红色负筋线短，解决办法如下：

在左上角→【工程设置】→【计算设置】→在【计算规则】界面，单击此界面左侧的【板】→展开【负筋】，有【单侧标注负筋锚入支座的长度】【单边标注支座负筋标注长度位置】功能，单击此行显示▼→▼，有【支座内边线】【支座中心线】【支座轴线】【支座外边线】【负筋线长度】功能可供选择。

在此界面的【板中间支座负筋标注长度是否含支座】行→单击，根据需要可选择【是】【否】，如果选择【否】，则识别、计算出的单侧负筋长度不含轴线至支座边的长度。

在构件的【属性列表】界面，可以根据需要修改分布筋配筋值，还需要设置左、右弯折长度（即板厚度扣减上、下保护层的尺寸）。注意：在此属性界面是黑色字体（私有属性），需要先单击平面图上已有的负筋图元，变蓝色→右键→【属性】，在显示的【属性】界面修改弯折长度。

在主屏幕上方→【识别负筋】，其数个下级识别菜单显示在主屏幕左上角，如果被【构件列表】【图纸管理】【图层管理】界面覆盖可拖动移开。如果第一次识别不成功，第二次识别时需要删除产生的错误黄色钢筋图元，同时在【图层管理】界面，勾选【已提取的 CAD 图元】和【CAD 原始图层】，可在平面图上恢复显示已消失的负筋钢筋线图层。

按【识别负筋】的数个下属菜单，从上向下进行识别，如图 9-12 所示。

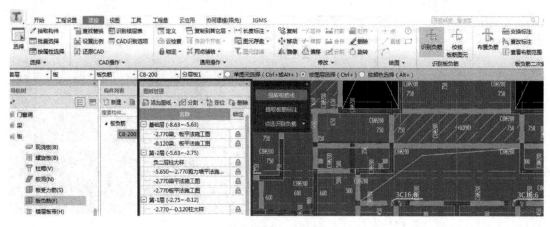

图 9-12　识别负筋

【提取板筋线】主要有两种操作方法：

方法 1：【按图层选择】→光标选择平面图上（两端 90°弯钩向下）的红色负筋线并单击（如果平面图上的负筋、受力筋钢筋线全部变蓝，说明负筋、受力筋同在一个图层，继续操作会识别失败，可以选择按【单图元选择】识别）；如果平面图上全部红色负筋钢筋线变蓝色，说明执行【按图层选择】正确，适用于平面图上只绘制有各种型号的红色负筋线的工况→右键，变蓝色的负筋钢筋线全部消失。

【提取板筋标注】→单击平面图上已消失的负筋线上的负筋配筋值，此配筋值变蓝，再单击负筋线下方标注的负筋长度尺寸数字，变蓝→右键，负筋线上、下方的配筋值，以及长度尺寸数字全部消失。

单击【点选识别负筋】尾部的▼→【自动识别板筋】，在弹出的【识别板筋选项】界面，【无标注的负筋信息】行显示的是在【CAD 识别选项】已经输入的无标注负筋信息；在【无标注的板受力筋信息】行如默认显示有受力筋信息，因为本次只识别负筋，所以需要删除。在【无标注的负筋伸出长度】行，可保留默认值；在【无标注的跨板受力筋伸出长度】行显示的默认值也需要删除；在此需要复核，可修改→确定。弹出【自动识别板筋】界面，在平面图上识别的负筋配筋【类别】（不含长度）已经显示，需要对各行信息复核，此处一般不会出错，故不需要修改。因为本次只识别负筋，所以显示的受力筋行的【钢筋信息】需要删除，在【跨板受力筋】的【钢筋类别】栏，单击显示▼→▼，可以选择【负筋】，输入缺少的负筋配筋信息→确定。弹出【自动识别板筋】提示界面，钢筋信息或类别为空的项不会生成图元，是否继续→是（识别运行，如果以上设置的各项信息无误，可暂时关闭弹出的【校核板筋图元】界面），在平面图上全部红色负筋线上已自动生成黄色负筋图元，并且位置、长度与原有红色负筋线匹配、一致。单击【查看布筋范围】，平面图上已生成黄色负筋图元的布筋范围显示为蓝色。如有个别原有的红色负筋线上没有生成黄色负筋图元，可以用【点选识别负筋】功能补充识别。

在主屏幕上方→【校核板筋图元】，在弹出的【校核板筋图元】界面若出现错误提示

（如未标注板钢筋信息等）→双击此错误提示，平面图上此错误负筋线上显示与校核界面相同（白色）的错误配筋信息、尺寸标志线。①有时是重复识别、多产生的黄色负筋→光标放到此类黄色负筋图元上，光标呈"回"字形，可显示与校核界面相同的错误构件名称→【删除】，只剩下红色负筋线，再次双击校核界面此错误信息，弹出提示"该问题已不存在，所选的信息将被删除"→确定，校核界面的错误信息消失。（也可以使用【点选识别负筋】功能识别）②如果识别产生的负筋图元名称与图中原有构件名称不同，光标放到白色负筋线上，光标由"十"字形变为"回"字形→右键→【修改图元名称】，弹出【修改图元名称】界面（图 9-13）。

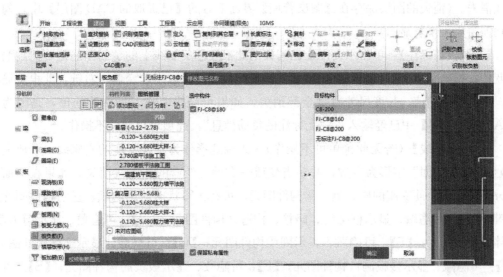

图 9-13　修改识别产生的错误板负筋图元名称

在上述画面左边显示的是图中已经选中的错误构件的名称，在右边【目标构件】下方→选择正确的构件名称→确定，在校核界面下方→【刷新】，校核界面的错误信息消失，纠错成功。

如果识别产生的负筋图元名称、配筋值、长度与原有红色负筋信息相同，则无须纠错。如果长度尺寸有少量偏差→可使用【设置比例】功能复核。如果实际的尺寸正确，但只是显示比例不合适，则无须纠错。使用【查看布筋范围】功能，光标放到黄色负筋图元上，布筋范围为蓝色，如果同一蓝色区域显示有两个黄色负筋图元，属于重复，删除后可【刷新】，错误提示消失。

在【校核板筋图元】界面，出现错误提示如"布筋范围重叠"→双击此错误提示，平面图上此黄色负筋图元自动变为白色钢筋线，构件名称、布置区域为蓝色，经观察是由于设计者粗心，绘制了两条红色负筋线，并且配筋值相同，其中有一条是多余的→光标放到多产生的黄色负筋图元上，光标呈"回"字形并单击，变蓝色→【删除】，此图元消失，再次双击此错误提示，弹出提示"此问题已不存在，错误信息将被删除"→确定，校核界面的错误提示信息消失。

在【校核板筋图元】界面，出现错误提示如"未标注板钢筋信息"→双击此错误提示，平面图上与校核表中同名错误构件呈白色→直接用【删除】功能删除，图中的白色构件名称消失→再次双击校核表中此错误信息，提示"此问题已不存在，所选择的信息将被删除"→确定，纠错成功。

方法 2：对于平面图上个别没有识别成功的负筋，可使用【点选识别负筋】功能识别（此方法不能用于识别横跨两个平行支座的跨板负筋）→【识别负筋】→【提取板筋线】→按【单图元选择】（选择此种识别方法操作效率低但识别准确率高，基本无须纠错）→左键单击平面图上的一根红色负筋钢筋线，只有这一根单击的红色负筋线变蓝→右键，变蓝的负筋线消失。（消失的图层保存在【图层管理】界面下方的【已提取的 CAD 图层】中，勾选此功能窗口可恢复显示）

【提取板筋标注】→单击平面图上已消失的此根红色负筋线上的负筋配筋值，此配筋值变蓝色，再分别单击负筋线下、两边标注的负筋长度尺寸数字，变蓝→右键，此根负筋线上、下方的配筋值、长度尺寸数字全部消失。如果负筋线上没有标注配筋值，是因为在【CAD 识别选项】中已经输入了"无标注的负筋信息"，此项可以忽略不操作。

【提取支座线】（若无此菜单可不操作）→光标选择作为负筋支座的支座线（可放大观察），光标变"回"字形为有效，并单击变蓝→右键，变蓝的支座线消失。如果在平面图上分不清作为负筋支座的柱、墙、梁构件图元，可在大写状态使用隐藏、显示构件图元快捷键。【Z】：可隐藏、显示框架柱、暗柱、构造柱构件图元；【Q】：可隐藏、显示剪力墙、砌体墙构件图元；【E】：可隐藏、显示圈梁构件图元；【G】：可隐藏、显示连梁构件图元；【N】：可隐藏、显示楼板洞口构件图元；【F】：可隐藏、显示板负筋构件图元；【S】：可隐藏、显示板受力筋构件图元。

单击【点选识别负筋】尾部的▼→【点选识别负筋】，弹出【点选识别板负筋】界面（图 9-14）。

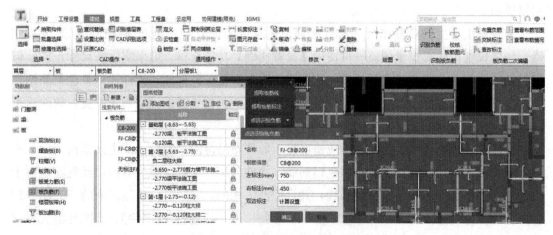

图 9-14 【点选识别板负筋】界面

此时，平面图上已消失的此红色负筋线，负筋线上、下方的配筋值，长度尺寸数字恢复显示→单击此红色负筋线，有读取功能，负筋线、配筋值、尺寸数字全部变蓝，并且上述尺寸、参数自动显示在【点选识别板负筋】界面→单击此界面【名称】行尾部的▼，可根据需要选择相关参数，其余配筋信息与平面图上的负筋信息相同，可检查核对，如有错误，以平面图上的负筋信息为准，在弹出的【点选识别板负筋】界面修改。提示：负筋 Y 向（竖向）布置，上方为【右标注】，下方为【左标注】，在支座一侧负筋伸过轴线或支座的尺寸，也就是左或右标注尺寸，都不能显示为零。

如果平面图中的负筋长度，设计者仅标注了单侧长度尺寸，缺少另一侧长度尺寸数字，可以使用主屏幕上方的【长度标注】功能（可以在识别的任意过程中测量负筋另一侧或双侧长度）。在【点选识别板负筋】界面下方的【双边标注】栏，单击尾部的▼→选择【含】【不含支座】→确定→在负筋支座上单击负筋布置范围的首点，拉出线条→单击布置范围的终点。识别、产生的黄色负筋图元已经在原位置布置成功，并且与平面图上原有红色负筋线长度尺寸一致，可以使用【查看布筋范围】功能查看识别效果。

如果在使用上述的【长度标注】功能测量负筋长度过程中弹出的【点选识别板负筋】界面消失，可再次单击【点选识别负筋】恢复显示。

平面图上按照所识别此根负筋的布置位置，在主屏幕上邻行单击选择【按梁布置】【按圈梁布置】【按墙布置】或【按板边布置】，程序可按照当前的选择，在平面图上自动显示所选择的构件图元，隐藏不是相同类别的构件图元。按照负筋所在位置，本例是【按梁布置】，程序在平面图上自动显示梁构件图元，隐藏其它构件图元→移动光标放到当前识别负筋所在梁中心线上→光标捕捉到梁中心线与原有红色负筋线交叉点上，光标变为"十"字形→单击左键，黄色负筋图元已在平面图原有红色负筋线、原位置布置成功，并且长度与原有红色负筋相同、一致。如果两端伸出的长度尺寸不同，方向有误，可以使用主屏幕右上角的【查改标注】调换方向纠正。

下一步可以直接从【点选识别负筋】开始，在弹出的【点选识别板负筋】界面继续识别下一个没有识别成功的红色负筋线，直至全部识别完成。

可用主屏幕右上角的【查看布筋范围】功能，检查已识别负筋的布置效果，单击此功能窗口→光标放到产生的黄色负筋图元上，光标变为"微圆形"，布筋范围区域显示为蓝色。

如果识别错误或者生成的黄色负筋图元与平面图上原有红色负筋线不一致，在【建模】界面单击【还原 CAD】→框选全部平面图上需还原 CAD 的构件图元→右键确认→【Esc】退出。

光标呈"十"字形框选平面图上识别产生的黄色负筋图元，全部负筋图元变为蓝色→【删除】，全部负筋图元已经删除，而且原有的红色负筋线随之消失→在【图纸管理】界面双击总结构图纸名称行的首部，在主屏幕上有多个电子版图纸状态→找到并再次【手动分割】此板的图纸，按照上述方法重新识别。

布置负筋：在【常用构件类型】栏下方单击【板负筋（F）】→【布置负筋】，在主屏幕上邻行显示有【按梁布置】【按圈梁布置】【按连梁布置】【按墙布置】【按板边布置】【画线布置】6种布置功能（图9-15）。

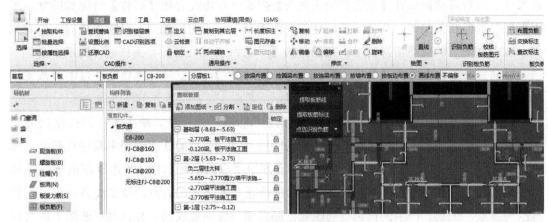

图9-15　【布置负筋】窗口

在板平面图上如果分不清楚梁、连梁、墙等构件→返回【常用构件类型】栏下方，可分别单击【梁】【剪力墙】【砌体墙】【连梁】，光标分别放到平面图的构件图元上，并变为"回"字形，可显示当前各自的构件名称。

按梁布置：需要在【构件列表】下方【新建】（或者选择属性含义相同的）一个负筋构件→在其【属性列表】界面输入各行参数→移动光标放到需要布置负筋的梁图元上→左键，负筋已布置成功。

在其它构件上布置负筋的方法与上述方法基本相同。

绘制跨越两个平行支座的负筋，可以按照布置"跨板受力筋"或者"画线布筋"的方法操作，具体内容见本书第9.9节。

使用【复制到其它层】功能可以把已有的全部构件图元，原位置复制到其它层，此方法可用于首层，因为首层不能作为标准层，不能在"楼层表"中设置N个相同楼层。本层全部构件图元绘制完毕，如果有的楼层构件图元与当前层完全相同，可以使用【复制到其它层▼】→【从其它层复制】（图9-16）。

在左边首行单击【楼层数】尾部的▼→选择来源楼层数，在其下方勾选需要复制的构件，可选择【所有构件】→在此界面右边选择需要复制到的目标楼层，可以选择多个楼层→确定。在弹出的【复制图元冲突处理方式】界面，可以选择【新建构件】或【覆盖目标层同位置同类型构件图元】→确定（复制运行，正在进行合法性校验），提示"图元复制成功"→确定。

检查复制效果，在主屏幕最右边单击【动态观察】窗口最下方的窗口▣，在弹出的【显示设置】界面→【图元显示】，在【图元显示】栏可勾选【所有构件】，也可根据需要选择→在【楼层显示】栏，可以选择需要显示的楼层→【×】，关闭此界面→【动态观察】→转动光标可查看所选楼层和已经复制的全部构件图元（图9-17）。

图 9-16 从其它楼层原位置复制已有全部构件图元

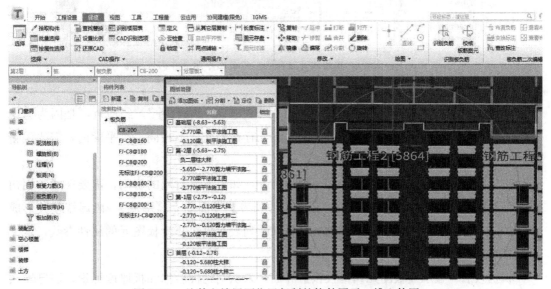

图 9-17 从其它楼层原位置复制的构件图元三维立体图

该操作可用于检查绘制构件图元的效果及完整程度，如有缺陷可修改完善。

在【常用构件类型】栏下方→【板负筋（F）】→【查看布筋】▼→有【查看布筋范围】菜单→光标放在黄色负筋图元上可显示布筋范围的蓝色线条，如对称布筋只需要画半幅，另外半幅可使用【镜像】功能绘制。

9.5 分割、合并板，设置有梁板、无梁板

分割、合并板的目的是按照不同的板块、配筋方式，布置板钢筋。需要根据各个板块

的配筋特点，为下一步高效布置钢筋奠定基础，可分割、合并为一整块或若干块楼板。一整块楼板当有卫生间、电梯井底板等存在高差或不同板厚时，可用【分割】功能分割后，定义编辑不同板的属性标高。合并板图元的方法：左键单击板图元，变蓝，可连续选择需合并的多个板图元（需要小心，不能选择轴线、配筋信息等不应该选择的图层，否则会合并失败）→右键→【合并】（图 9-18）。

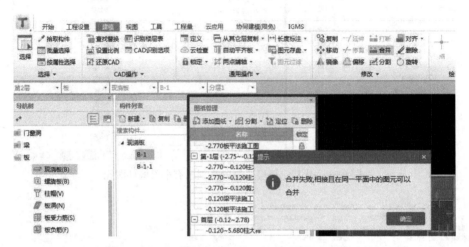

图 9-18　板图元相连接并且在同一个平面才能合并为一块板

弹出提示"合并失败，相接且在同一平面中的图元可以合并"。经检查，是因为选择的板有间隔，没有连接在一起，并且有的板图元存在高差，不在同一个平面内，需要重新操作且板合并成功后，按一块板布筋。

必须在板块或房间形成封闭才能分割、合并，如果不是封闭的房间，需要在【常用构件类型】栏下方的【砌体墙】界面→在【构件列表】界面建立【虚墙】→画虚墙使其形成封闭的房间→分割、合并板块→右键→在【属性列表】界面修改板图元的属性参数，定义不同板标高。

识别板后→显示【板图元纠错校核】界面，未识别到板名称和板厚度标识，因已输入未标注的板厚度，所以此提示无须纠错，不影响计量。

处理识别后的碎板：【汇总计算】→提示"检测到有碎板，是否需程序处理"→【是】→运行→汇总计算→已可计算，说明碎板已处理成功。

如果伸缩缝很窄被误识别成板，可以用【矩形】功能分割→删除。操作方法：伸缩缝处多为双墙或双柱，双轴线间距很近，如没有双轴线可在轴网界面增加平行轴线。在导航栏常用构件类型栏下，展开【板】→【现浇板（B）】→右键，光标放到板图元上，光标由箭头变为"回"字形→单击板图元，变蓝的是一块板→右键→【分割】→【矩形】，放大板图元，光标单击伸缩缝处的双轴线的左上角板边→向下拉成窄矩形→点击双轴线右下角板边→右键结束分割（如有梁，在打断前不能分割），光标单击已分割的板图元，原来是一整块板图元变蓝，分割后不是全部变蓝，说明分割成功→光标点矩形伸缩缝处板图元，变蓝→右键→删除，伸缩缝之间应是间隙但被误识别成的板图元已删除。

关于【有梁板】与【无梁板】或者【平板】：

按照混凝土及钢筋混凝土分部的工程量计算规则，有梁板是指梁（包括主、次梁）与板构成一体，至少有三边是以承重梁支承的板；无梁板是指不带梁且直接用柱头支承的板；平板是指无柱、无梁，直接由墙支承的板。

有梁板，梁体积合并计入板体积；平板或无梁板，梁体积与板体积分开计算，所选择的清单、定额不相同，计算出的工程量相差较大。改变有梁板与平板（无梁板）的操作，应遵守预算定额的计算规则。

在【常用构件类型】栏下方→展开【板】→【现浇板（B）】，选择【构件列表】界面的一个【现浇板】构件，在右侧的【属性列表】界面，同步显示所选择板的构件名称→单击【属性列表】界面的【类别】行（图9-19）。

图9-19　修改板属性类别为有梁板

如修改为"有梁板"→在导航栏【常用构件类型】栏下方的【梁】界面→光标放到主屏幕中的梁板平面图外左上角呈"十"字形→框选全平面图，平面图中全部梁图元变为蓝色→右键→【汇总选中图元】，运行计算完毕→【工程量】→【查看工程量】→弹出【查看构件图元工程量】界面，显示有平面图中全部各梁的名称、截面积、长度，各梁体积为零（图9-20）。

还是同一个板图元，把上述板构件在【属性列表】界面中的【类型】选择为【无梁板】（图9-21）。

在【汇总选中图元】计算后，查看此板的工程量，板的体积要小得多，每个梁都有体积和工程量数值（图9-22）。

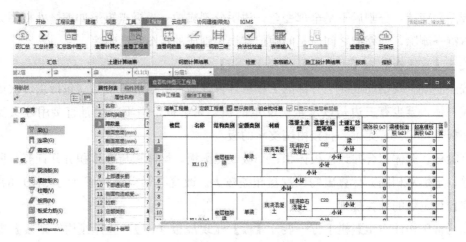

图 9-20　在有梁板状态下梁的体积显示为零

图 9-21　修改板属性类别为无梁板

图 9-22　在无梁板状态汇总计算后每道梁都有体积和工程量

9.6　手动、智能布置 X 和 Y 方向楼板钢筋

板图元识别或绘制完成，分割、合并、绘制板洞后，在【常用构件类型】栏单击【板受力筋（S）】（需要在【构件列表】界面新建一个板受力筋构件）→单击【布置受力筋】→【XY方向】→可选择【单板】或【多板】→左键单点图中需要布置受力筋的板图元→弹出【智能布置】界面（图9-23）。

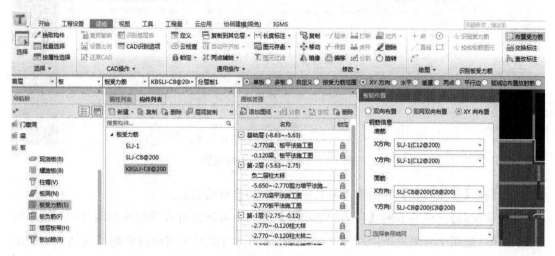

图 9-23　智能布置 X 和 Y 方向各层板筋

如果选择【XY向布置】（软件默认设置）→需要分别在【底筋】栏输入相应的配筋信息→在此界面下方的【选择参照轴网】栏，默认显示"轴网-1"→左键单击需要布置的板图元，变蓝色→右键，已经按照要求成功布置板筋。在主屏幕右上角单击【查看布筋▼】→【查看布筋范围】→光标放到已布板钢筋图元上，可查看布筋范围由蓝色边线围合→【查看布筋】▼→查看受力筋布置情况→已布筋范围用蓝色网格显示。

对"轴网-1"的解释：如果平面图上是正交轴网，在建立或识别轴网时只有"轴网-1"；如果平面图上是由正交轴网与斜交轴网组成的图纸，才会有"轴网-2"。

如果布置的板钢筋错误，需要删除平面图上已经布置的受力筋图元→框选全部平面图，受力筋图元变蓝→右键→【删除】，已经布置上的全部受力筋图元已删除。

9.7　图形输入绘制楼板受力筋

在【常用构件类型】栏展开【板】→【板受力筋（S）】→【布置受力筋】→选择【XY方向】，在弹出的【智能布置】界面输入【底层】【面层】的 X、Y 方向的配筋值→【自定义】→【直线】→用绘制多线段的方法按照平面图上受力筋的布筋范围，绘制封闭的布筋板块→右

键，已按输入的配筋值成功布置板受力筋。

另外还可以选择【自定义】功能→使用主屏幕上方的【矩形】功能→在平面图上单击矩形板块左上角→单击矩形板块右下角，设定矩形板块→【XY 向布置】→确定（图 9-24）。

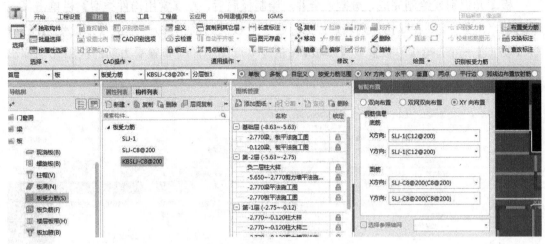

图 9-24　布置 X、Y 方向钢筋

需要在【属性列表】界面输入与其垂直布置的分布筋信息。

【自动配筋】：在显示的【自动配筋设置】界面，可选择所有的配筋相同或同一板厚的配筋相同（适用于有多种不同板厚），可设置顶部、底部双向或单向钢筋网或间隔形式的配筋，以及中间层温度筋。

布置板钢筋完毕，在主屏幕上方单击【工程量】→【汇总计算】→如有错误提示，如"受力筋布置范围内同方向同类型的受力筋数量超过上限"，说明有重复布置钢筋的情况，需要删除重复布置的钢筋。

错误提示"底筋 SLJ3，中间筋 10，面筋 3，温度筋 1，请重新选取板"，纠错方法：双击"SLJ3：受力筋"呈蓝色自动放大显示在平面图中→移动光标捕捉到此蓝色钢筋线，光标由箭头变为"回"字形，并且可显示此钢筋的构件名称→右键→【删除】→再次双击此错误信息→提示"错误信息已不存在"→按上述方法双击提示界面的下个错误提示并删除，提示界面的错误全部消失→已可执行【汇总计算】功能。

特殊情况：如果弹出"构造柱某一层上下层高度不连续"的错误提示→双击此错误提示，在【常用构件类型】栏可自动切换到【构造柱】界面→在【构件列表】界面，可自动显示此构件名称（为蓝色），成为当前纠错构件，移动光标，软件可显示纠错、解决方法，按照提示的解决方法操作即可。

绘制跨板受力筋：表示伸出某块板两对边布置的受力筋。

在【常用构件类型】栏展开【板】→【板受力筋（S）】，在【构件列表】界面→【新建▼】→【新建跨板受力筋】→在此构件的【属性列表】界面，输入左、右标注的跨出长度值，以及【分布钢筋】的配筋值等→【布置受力筋】→选择【水平】或【垂直】，也可以选择

【自定义】→使用主屏幕上方的【直线】功能→用绘制多线段的方法画封闭折线，用来设定跨板受力筋的布置范围并形成封闭→左键单击形成封闭的板图元内部，跨板受力筋已经绘制成功。

绘制板受力筋：在【构件列表】界面单击【新建▼】→【新建板受力筋】（图 9-25）。

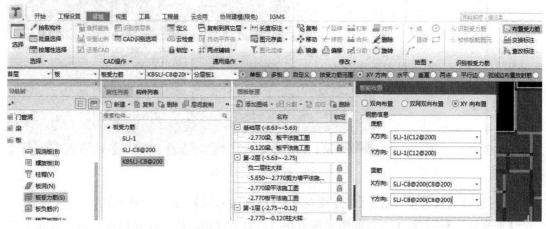

图 9-25 单击【新建板受力筋】

在【构件列表】界面，产生一个受力筋构件，同时右侧显示此构件的【属性列表】界面，在钢筋信息栏输入受力筋信息。凡需要单独绘制、识别钢筋的操作，在【定义】界面右侧的【构件做法】功能窗口均为灰色，就是无须选择清单、定额，软件可按计算出钢筋种类、数量并自动套取定额子目。

9.8 图形输入绘制楼板负筋

前提是板图元已识别或绘制成功，并且板洞已画上，板图元已分割或合并完毕。

在【常用构件类型】栏单击→【板负筋（F）】→在【构件列表】界面→【新建板负筋】→在【属性列表】界面，输入各行属性、参数。

在主屏幕上方→【布置负筋】（默认按【直线】布置），在主屏幕上邻行有【按梁布置】【按圈梁布置】【按连梁布置】【按墙布置】【按板边布置】【画线布置】6 种布置功能，只能选择一种。

【布置负筋】→【按梁布置】，平面图上可自动显示绿色梁构件图元，并隐藏其它构件图元，在梁图元上移动光标可显示在【构件列表】界面已建立的负筋→左键单击梁图元，黄色负筋已跨梁布置成功，如果不慎又单击了此梁，提示"此范围已布置了负筋，是否重复布置负筋"→【否】，只在没有布置负筋的区域布置了负筋，负筋布置成功（图 9-26）。

使用主屏幕右上角的【查看布筋范围】功能→光标移动到已画上板负筋图元上，可显示此筋的布筋范围，为蓝色区域。

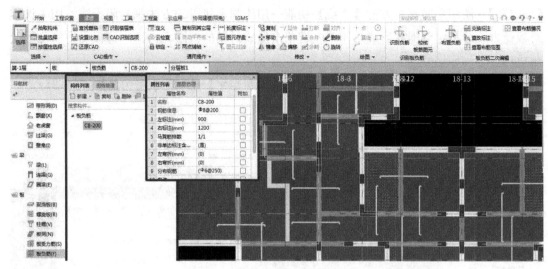

图 9-26　按梁布置板负筋

还可选择【按圈梁布置】【按连梁布置】【按板边布置】，操作方法相同。

【查改标注】→左键单点负筋图元显示在白色对话框内，修改配筋信息。还可以在主屏幕上邻行选择【按墙布置▼】（图 9-27）。

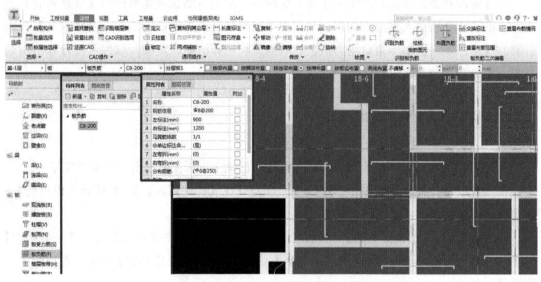

图 9-27　按墙布置板负筋

在平面图上选择墙→左键单点布置一侧→负筋图元已成功布置。方向画反可用【交换左右标注】功能调换方向。

9.9　画任意长度线段内钢筋，布置任意范围板负筋

在【常用构件类型】栏下方展开【板】→【板负筋（F）】→在【构件列表】界面→【新建

板负筋】→在【属性列表】界面，按各行设定的内容输入属性、参数、负筋配筋信息→【布置负筋】→选择【画线布筋】→【直线】（图9-28）。

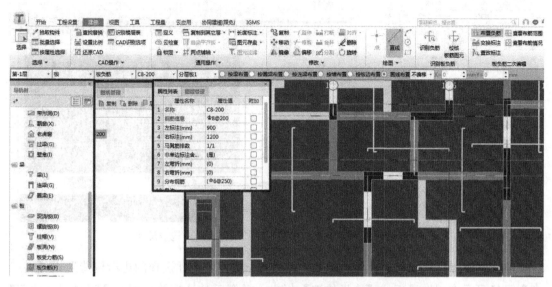

图9-28 根据需要布置任意长度线段上的板负筋

在主屏幕上邻行单击【画线布筋】功能→左键单击布筋范围的首点→移动光标画线→单击布筋范围的终点（画线结束）→返回已画线段之间并单击已画线段的左或右侧，已布置上黄色负筋图元。说明：此线段可不受网格节点限制，可以根据需要布置任意长度线段之间的负筋。方向画反可用【交换左右标注】功能调换布置方向。

重要提示：上述功能只有在板负筋、筏板负筋界面才可使用。

9.10 计算装配式建筑预制叠合底板

在【图纸管理】界面，找到某层结构板平面图的图纸名称，并双击此图纸文件名称行首部，使其显示在主屏幕，还需要检查图纸轴网左下角的"×"形定位标志的位置是否正确，如果位置有误，可以使用本书第2.3节中的方法纠正。左上角的楼层数可以自动切换到主屏幕图纸应对应的楼层数。

在【常用构件类型】栏展开【装配式】→【叠合板（B）】（预制底板）。在【构件列表】界面→【新建▼】→【新建点式矩形预制底板】→在【构件列表】界面的【叠合板】（预制底板）下产生一个预制板构件（YZB），并且在【属性列表】界面同步产生一个预制板构件名称（YZB）→在此把"YZB"修改为用中文表示的预制板→左键→连同【构件列表】界面的此构件名称自动显示为同名称构件。可以对照平面图上的构件信息，在此构件的【属性列表】界面，按照各行显示的内容设置、修改属性和参数（图9-29）。

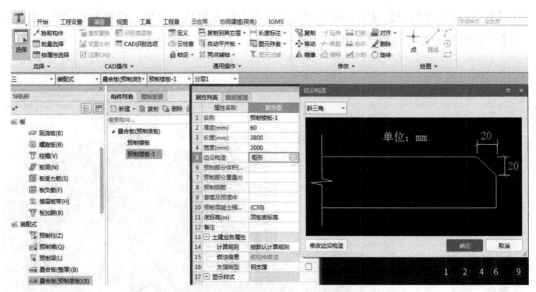

图 9-29　选择预制板边沿构造形式及修改边沿构造尺寸

单击图中绿色尺寸数字，输入图纸设计尺寸→确定，在此选择的边沿构造形式【斜三角】已经显示在属性界面的【边沿构造】栏内；需要手动计算并分别在【预制部分体积】和【预制部分重量】栏输入应有的参数。

在属性界面的【预制钢筋】栏，单击显示[...]→[...]，弹出【编辑预制钢筋】界面，如图 9-30 所示。

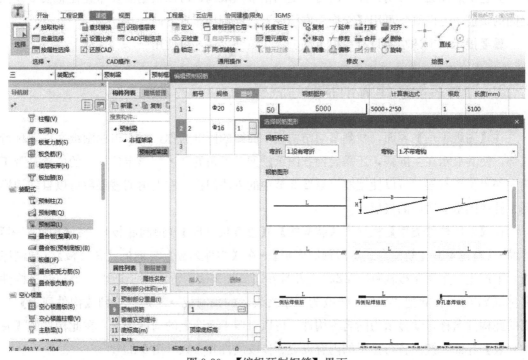

图 9-30　【编辑预制钢筋】界面

上述界面如果覆盖平面图中板构件信息可拖动移开→参照【属性列表】界面的【长度】【宽度】栏的尺寸数字→输入【筋号】→输入预制板的钢筋【规格】→在此行的【图号】栏，双击显示 →···，在弹出的【选择钢筋图形】界面上方→【钢筋特征】，软件有没有弯折、圆与圆弧、箍筋、一个弯折、两个弯折等 10 种钢筋图形可供选择，还可以配合选择【弯钩】功能实现更多钢筋图形组合。根据图纸设计要求选择所需钢筋图形→确定→在【钢筋图形】栏输入钢筋各部位尺寸→单击此行的【计算表达式】栏，可自动显示此钢筋各部位尺寸组成的计算式→计算出单根钢筋的总长度→手动计算输入根数。可以按照上述方法编辑此预制板的下一种钢筋。

如果需要设置预制叠合底板的套筒与预埋件，在【属性列表】界面单击【套筒及预埋件】栏，可在弹出的【编辑套筒及预埋件信息】界面，编辑预制叠合底板的套筒和预埋件，操作方法同本书第 5.3 节。

在属性界面选择【预制混凝土强度等级】→设置【底标高】→展开【土建业务属性】→在【计算规则】栏，单击显示 ···→···，在弹出的【计算规则】选择界面，选择【清单规则】【定额规则】并分别选择扣减关系→在【支撑类别】栏，选择【钢支撑】或【木支撑】。

属性界面的各行属性、参数多是蓝色字体（共有属性），只要修改属性、参数信息，平面图上已经绘制构件图元的属性、参数会同步改变。

在【构件列表】界面→【新建▼】→【新建点式异形预制底板】，弹出【异形截面编辑器】界面，如图 9-31 所示。

图 9-31 【异形截面编辑器】界面

在【异形截面编辑器】界面上方首行→【从 CAD 选择截面图】 ▼→【在 CAD 中绘制截面图】（此时【异形截面编辑器】界面消失）→用【直线】。功能按绘制多线段的方法在平面图中描绘，最后画到原点形成封闭①→右键结束绘制多线段。绘制的预制底板平面图已

---

① 使用【直线】功能绘制时，如果画错，可以使用【Ctrl】＋左键进行回退操作，前文已有相关介绍。

经显示在【异形截面编辑器】界面（图 9-32）。

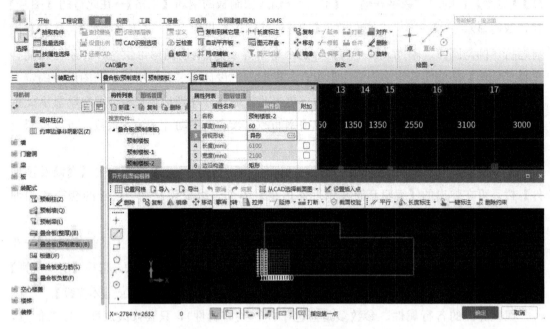

图 9-32　【异形截面编辑器】界面

　　形状、尺寸信息不需要修改→【设置插入点】（起定位作用）→单击预制底板内可以作为定位的一点，在设置的定位点上显示红色"×"形定位标志→确定，此时在【属性列表】界面的【俯视形状】栏，显示为"异形"，如果需要修改双击此栏，显示 ⋯⋯ → ⋯⋯ ，可以返回【异形截面编辑器】界面修改。

　　在属性界面的【厚度】栏，显示的厚度尺寸可以根据需要修改；在此显示的灰色【长度】【宽度】尺寸是在【异形截面编辑器】中确定的，不能修改；其它属性、参数设置方法与建立点式矩形预制底板的方法相同，在此不再重复。

　　使用【点】功能并移动光标，已经可以显示产生的预制底板构件图元→鼠标放到主屏幕此预制底板图上并单击左键，异形截面预制底板绘制成功，形状、大小、比例匹配一致→右键完成绘制。

　　【属性列表】界面各行的属性、参数设置完毕→在【构件列表】界面，产生的构件名称为当前构件，显示为蓝色→【复制】，产生一个同名称构件→在同步产生的此构件【属性列表】界面，只需要修改与原构件不同的属性、参数即可建立下一个装配式建筑叠合预制板构件。

　　在【构件列表】界面选择一个构件为当前构件，显示为蓝色→【定义】，在【定义】界面→【构件做法】→【添加清单】（以河南地区定额为例）→【查询匹配清单】，如果没有匹配清单→【查询清单库】，可以参照本书的有关章节操作。

　　如果建立的是【点式矩形预制底板】→使用主屏幕上方的【点】功能→按照此板在平面图中正确的位置进行绘制。

9.11 绘制装配式建筑预制叠合板【整厚】

在【图纸管理】界面找到预制叠合板平面图的图纸名称→双击此图纸文件名称行首部，使其显示在主屏幕→需要检查图纸轴网左下角的"×"形定位标志的位置是否正确，如果位置有误，可以按照本书第2.3节的方法纠正。左上角的楼层数可以自动切换到主屏幕图纸应对应的楼层数。

在【常用构件类型】栏展开【装配式】→【叠合板（整厚）(B)】。在【构件列表】界面→【新建▼】→【新建叠合板（整厚）】→在【构件列表】界面产生用拼音首字母表示的叠合板构件（DHB）；同时在【属性列表】界面同步产生一个DHB构件名称→在此把DHB修改为用中文表示的构件名称→左键→连同【构件列表】界面的此构件名称自动显示为同名称构件。

在【属性列表】界面的【厚度】栏可以根据需要修改相关参数。在【类别】栏→单击显示▼→可选择有梁板、无梁板。（关于有梁板与无梁板的区别见本书第9.5节）在【是否是楼板】栏，单击显示▼→选择是、否。在【混凝土类型】栏，单击显示▼→可选择现浇碎石混凝土、现浇砾石混凝土、预制碎石混凝土、预制砾石混凝土、泵送碎石混凝土、泵送砾石混凝土、水下混凝土、商品碎石混凝土、商品砾石混凝土、商品碎石泵送混凝土等，需要认真选择，在后续的材料统计分析时有用。在【混凝土强度等级】栏，需要选择混凝土的强度等级等。在【顶标高】栏，可根据实际工况选择层顶标高或层底标高。在【备注】栏，可以输入文字说明用以区分。展开【钢筋业务属性】，在【其它钢筋】栏，单击显示 ┅ → ┅ ，在弹出的【编辑其它钢筋】界面输入【筋号】→在【钢筋信息】栏，输入钢筋的型号→在【图号】栏，单击显示 ┅ → ┅ ，在弹出的"选择钢筋图形"界面，有多种钢筋图形可以选择（图9-33）。

图9-33 选择装配式建筑预制叠合板的钢筋图形及设置钢筋尺寸

选择的钢筋图形已经显示在【编辑其它钢筋】界面→在【钢筋图形】栏输入各部位尺寸→手动计算输入【根数】，在此行的【长度】栏可以自动显示计算出的单根钢筋总长度→确定。在【属性列表】界面的【其它钢筋】栏，可以显示已经选择的钢筋图形编号→展开【土建业务属性】，分别单击【计算设置】和【计算规则】，可以逐行单击显示▼→▼，选择扣减关系，如果没有特殊要求，可以按照软件的默认计算规则；还需要在【支撑类型】栏选择【钢支撑】或【木支撑】→在【模板类型】栏，单击显示▼→▼，可以选择【组合钢模板】【木模板】【复合木模板】→在【超高底面】栏，可以按照剖面图中标注的标高值手动输入。上述各项信息需要认真选择、输入，对后续的结算结果将起到关键作用。

【属性列表】界面的各行属性、参数设置完毕，在【构件列表】界面上方→【复制】，产生一个同名称构件→需要在产生的新构件【属性列表】界面，修改与原构件不同的属性、参数→【定义】→【添加清单】→【添加定额】。

【构件列表】界面的构件清单、定额、工程量代码选择完毕，还需要按照本书第 20.6 节的描述，把全部构件都选上清单、定额。

在平面图上布置装配式建筑叠合板的方法：

（1）使用主屏幕上方的【直线】功能，按照绘制多线段的方法，在平面图上绘制板构件的外边线并形成封闭。

（2）使用主屏幕上方的【智能布置▼】→根据实际工况可以选择【墙梁轴线】或者【外墙梁外边线、内墙梁轴线】→框选已经绘制的梁全部平面图，全部梁构件图元变为蓝色→右键确认，提示"智能布置成功"，提示可自动消失。

智能布置的装配式建筑预制叠合楼板三维立体图如图 9-34 所示。

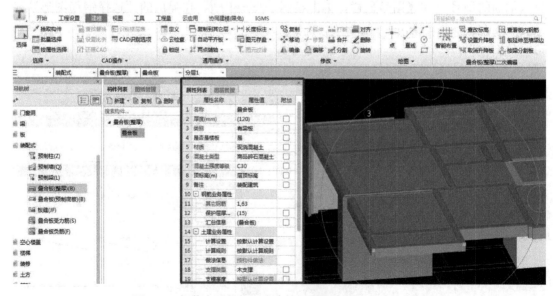

图 9-34　智能布置的装配式建筑预制叠合楼板三维立体图

9.12　智能布置装配式建筑预制【板缝】

可以在各层装配式建筑的预制楼板铺装完成后进行操作。

装配式建筑预制板铺装完成→在【常用构件类型】栏展开【装配式】→【板缝（F）】→在【构件列表】界面有以下两种操作方法：

（1）【新建▼】→【新建板缝】（图9-35）。

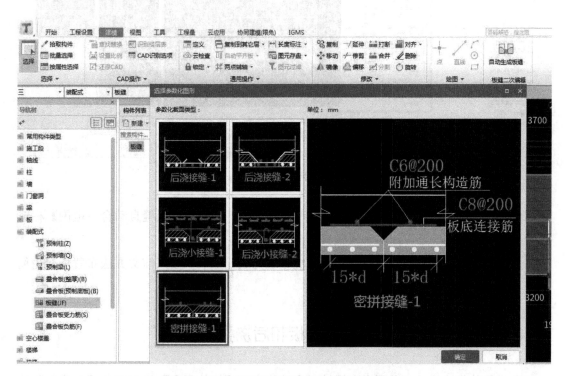

图9-35　装配式建筑预制板的5种板缝接头形式

在弹出的【选择参数化图形】界面，可以根据预制板【边沿构造】形式，按照图纸设计要求选择一种板缝接头样式→在右边显示的板缝接头大样图中，凡绿色钢筋配筋信息、尺寸数字，单击后可按照设计要求修改。在【构件列表】界面，产生一个预制板【接缝】构件。在此构件的【属性列表】界面的【参数化类型】栏，显示已经选择的板缝节点编号，单击此栏显示 ┉ → ┉ ，可以重返【选择参数化图形】界面选择、修改板缝接头。

【属性列表】界面的各行属性、参数设置和修改完毕。可以使用主屏幕上方的【直线】功能在平面图中按照板缝的位置绘制板缝。

（2）在主屏幕右上角→【自动生成板缝】，弹出【自动生成板缝】界面（图9-36）。

在上述界面选择板缝接头形式、修改板缝接头附加钢筋。在此界面下方的【生成方式】栏，可以选择【当前楼层】，也可以在全部楼层预制楼板铺装完成后【选择楼层】，在

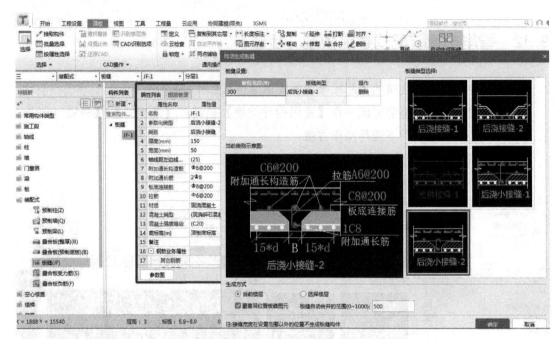

图 9-36 【自动生成板缝】界面

弹出的楼层选择界面可以选择多个楼层同时生成板缝。如果在【板缝自动合并范围】栏输入合并的尺寸范围,还可以实现板缝自动合并。

装配式建筑的预制楼板布置成功,板缝布置完成,下一步按照前文方法布置板受力筋和板负筋。

9.13 绘制装配式建筑的预制楼板和后浇叠合层

如果是装配式建筑,需要在布置楼板之前,先在【构件列表】界面新建【现浇板】构件→在【属性列表】界面的【混凝土类型】行,单击显示▼→选择【预制碎石混凝土】→展开【钢筋业务属性】→单击【马凳筋参数图】行,显示 ⋯ → ⋯ ,在弹出的【马凳筋设置】界面选择马凳筋图形→按照预制楼板和后浇叠合板的总厚度修改马凳筋尺寸→确定。【属性列表】界面各行参数设置完毕→【智能布置】→【外墙、梁外边线,内墙梁轴线】→框选平面图上已产生的墙、梁构件图元→右键确认,装配式建筑的预制楼板已绘制成功。下一步绘制后浇叠合层。

在【常用构件类型】栏下方展开【装修】→【楼地面】,此时如果主屏幕平面图上已绘制的楼板图元消失→单击键盘上的【B】可以恢复板图元。

在【构件列表】界面→【新建▼】→【新建楼地面】,在【构件列表】界面产生楼地面构件(DM)→【属性列表】,在该界面单击构件名称 DM,修改为"装配式建筑后浇叠合层"→左键,【构件列表】界面的构件名称已同步改变为同名。在【属性列表】界面,在【块料厚度】行输入后浇叠合层厚度（80）→单击【顶标高】行，显示▼→选择"底板顶标高＋80"，在属性列表界面的各行参数设置完毕→【定义】，在定义界面的【构件做法】界面→【添加清单】→【查询清单库】→展开【混凝土及钢筋混凝土】→【现浇混凝土板】→在右邻主栏找到【平板】清单并双击，此清单已经显示在上方主栏内→双击此清单的【工程量表达式】栏，显示▼→【更多】，在弹出的【工程量表达式】界面双击【地面积】→确定。

　　【添加定额】→【查询定额库】→展开【混凝土及钢筋混凝土】→展开【混凝土】→展开【现浇混凝土】→【板】→在右邻主栏找到"5-32：现浇混凝土平板"并双击，所选定额子目已显示在上方主栏内→双击此定额子目的【工程量表达式】栏显示▼→【更多】，在弹出的【工程量表达式】界面双击【地面积】，所选的工程量代码【地面积】显示在此界面上方，在【地面积】后输入"＊0.08"→确定，在"5-32"定额子目的【工程量表达式】栏显示"DMJ＊0.08"。

　　此定额子目的工程量表达式栏应选择【地面周长】：DMZC＊0.08。在此清单、定额、工程量代码选择完毕后→关闭【定义】界面。

　　在主屏幕上方→【智能布置】→【现浇板】→框选主屏幕上的全部板平面图，变蓝色→右键确认，现浇板图元由蓝色变为粉红色。在主屏幕上方→【工程量】→【汇总计算】→【查看工程量】，在弹出的【查看构件图元工程量】界面的【构件工程量】界面，显示"装配式建筑后浇层"的构件名称，面积、周长等计算出的数据如图9-37所示。

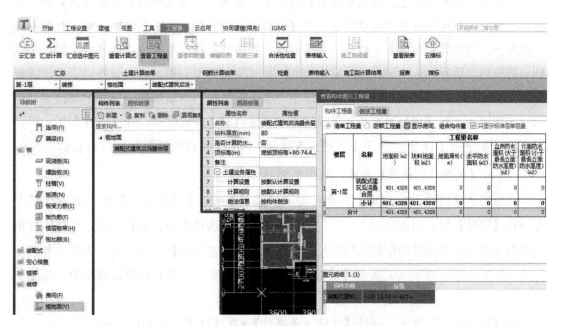

图9-37　面积、周长率计算出的数据

　　【做法工程量】可以显示所选择的清单、定额子目的工程量，经计算，软件计算出的数量与手动计算出的数量相一致，较为准确。

9.14 智能布置空心楼盖板

在【图纸管理】界面，找到预制空心楼盖板平面图的图纸名称→双击此图纸文件名称行首部，使其显示在主屏幕→需要检查图纸轴网左下角的"×"形定位标志的位置是否正确。左上角的楼层数可以自动切换到主屏幕图纸应对应的楼层数。

在【常用构件类型】栏，展开【空心楼盖】→【空心楼盖板（B）】。在【构件列表】界面→【新建▼】→【新建空心楼盖板】→在【构件列表】界面的"空心楼盖板"下产生一个用拼音首字母表示的空心楼盖板构件（KXB）。

在此构件的【属性列表】界面，为了便于区分，可以把用拼音首字母表示的构件名称修改为中文表示的构件名称→左键，连同【构件列表】界面用拼音首字母表示的构件名称自动更正为同名称构件。

在此构件的【属性列表】界面，参照平面图上的图纸设计需要→单击显示▼→选择或者修改各行的属性、参数→单击【类别】栏，显示▼→▼，可以选择【有梁板】【无梁板】【平板】【空调板】（关于有梁板与无梁板、平板的区别详见本书第9.5节）→输入【板顶现浇层厚度】→选择【是否是楼板】→在【混凝土类型】栏，有现浇碎石混凝土、预制砾石混凝土、泵送碎石混凝土、泵送砾石混凝土、水下混凝土、商品碎石混凝土、商品砾石混凝土、商品泵送碎石混凝土、商品泵送砾石混凝土可供选择。在【混凝土强度等级】栏，单击显示▼→可以选择混凝土强度等级。在【混凝土类型】栏，单击显示▼→▼，有现浇碎石混凝土、现浇砾石混凝土、预制。在【混凝土外加剂】栏，单击可以选择减水剂、早强剂、防冻剂、缓凝剂，不选择为没有添加剂。在【泵送类型】栏，可以选择汽车泵、混凝土泵、非泵送。在【泵送高度】栏，可以参照左下方显示的当前层高、层底标高至层顶标高，手动输入。在【顶标高】栏，可以选择层顶标高或者层底标高。在【备注】栏，可以输入中文文字用于区分。展开【钢筋业务属性】→在【其它钢筋】栏，单击显示 ⋯ →⋯ ，弹出【编辑其它钢筋】界面，如图9-38所示。

在弹出的【编辑其它钢筋】界面，输入【筋号】→在【钢筋信息】栏，输入配筋型号→在【图号】栏，双击显示 ⋯ →⋯ ，在弹出的【选择钢筋图形】界面，选择一种钢筋图形→确定，所选择的钢筋图形已经显示在【编辑其它钢筋】界面→输入钢筋的各部位尺寸→需要手动计算输入钢筋的【根数】→软件可以自动计算并显示单根钢筋的总长度→确定。

在【属性列表】界面，展开【土建业务属性】→在【计算设置】栏，单击 ⋯ →⋯ ，在弹出的【计算设置】界面，分别选择【清单】【定额】，有【公共设置】【空心楼盖板】的计算方法可供选择→逐行单击显示▼→▼，软件提供多种计算方法供选择。在【计算规则】栏，单击显示 ⋯ →⋯ ，在弹出的【计算规则】界面，有【清单规则】【定额规则】

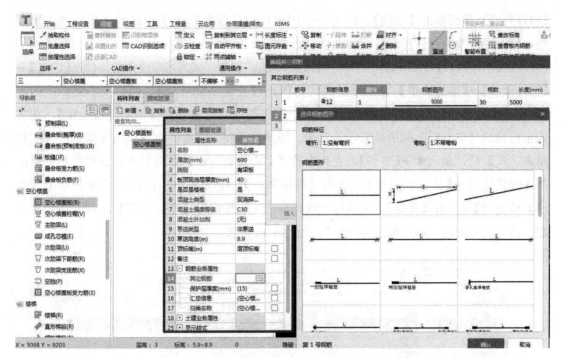

图 9-38　在【编辑其它钢筋】界面选择钢筋图形

两个界面，可以分别进入【清单规则】【定额规则】界面逐行单击显示▼→▼，在此可以选择计算方法和扣减关系（图 9-39）。

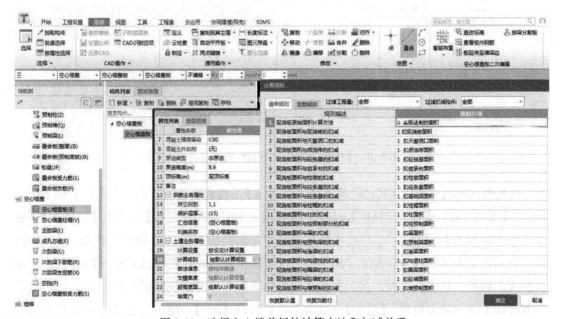

图 9-39　选择空心楼盖板的计算方法和扣减关系

在属性界面的【计算规则】栏，显示"按设定计算规则"，如果不选择则显示为【按默认计算设置】。各行属性、参数选择和设置完毕，如果还有同类型的其它构件，可在

【构件列表】界面单击【复制】，产生一个同名称构件后在新产生构件的【属性列表】界面，只需要修改与原构件有区别的属性、参数即可。

在【构件列表】界面选择一个构件名称并单击，变蓝，成为当前操作的构件→【定义】→【构件做法】→【添加清单】（以河南地区为例）→【查询匹配清单】，如果找不到匹配的清单→【查询清单库】，在左下方展开【混凝土及钢筋混凝土工程】→【预制混凝土板】，在右边主栏找到"空心板"的清单编号并双击，使其显示到上方主栏内→双击此清单的【工程量表达式】栏，显示▼→【更多】，在弹出的【工程量表达式】界面下方，如果找不到对应的工程量代码→【显示中间量】→双击【投影面积】，使其显示在此界面上方→单击【板厚】→【追加】→双击【板厚】，使其与上次选择的工程量代码【投影面积】用加号组合在一起，把它们之间的"＋"修改为"＊"，如图 9-40 所示。

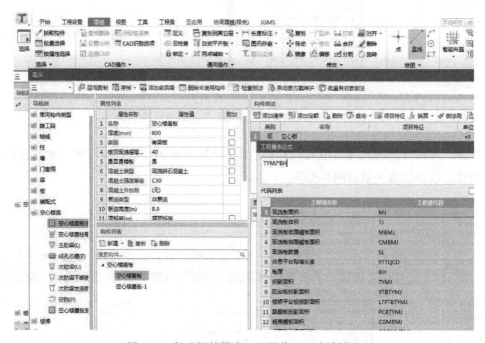

图 9-40　把选择的数个工程量代码组成计算式

工程量代码组成的计算式已经显示在此清单的【工程量表达式】栏，右边有表达式文字说明。【添加定额】→【查询定额库】→展开【混凝土及钢筋混凝土工程】→展开【混凝土】→展开【预制混凝土】→【板】，在右边主栏内找到"5-60：预制混凝土架空隔热板"并双击，使其显示在上方主栏内→双击此定额子目的【工程量表达式】栏，显示▼→【更多】，在弹出的【工程量表达式】界面，在工程量【代码列表】栏，找到投影面积并双击，使其显示在此界面上方→单击板厚→【追加】→双击工程量代码【BH】，使其与已经显示在此界面上方的工程量代码【TYMJ】用加号组合在一起，把式中的"＋"修改为"＊"→确定。由两个工程量代码组成的计算式已经显示在"5-60"定额子目的【工程量表达式】栏，右边有工程量表达式的中文文字说明。

返回到左下角→【预制混凝土构件接头灌缝】→在右边主栏把光标放到定额【名称】内容与【单位】之间的表头分界线上，光标变成水平双分箭头→向右拖动扩展可以看清楚各定额子目全部【名称】的内容，找到定额编号"5-76"，并双击使其显示在上方主栏内→在此定额子目行的【工程量表达式】栏，双击显示▼→【更多】，在弹出的【工程量表达式】界面→【显示中间量】，在工程量【代码列表】栏下如果找不到对应的工程量代码，可以按照该定额子目的计量单位，手动计算并把计算结果输入到此界面的上方→确定。清单、定额子目、工程量代码选择完毕→关闭【定义】界面。

单击主屏幕上方的【智能布置▼】→有【墙梁轴线】和【外墙梁外边线、内墙梁轴线】两种布置方法→选择【外墙梁外边线、内墙梁轴线】→框选主屏幕上的全部平面图，梁图元变蓝→右键，建立的空心楼盖板布置成功（图9-41）。

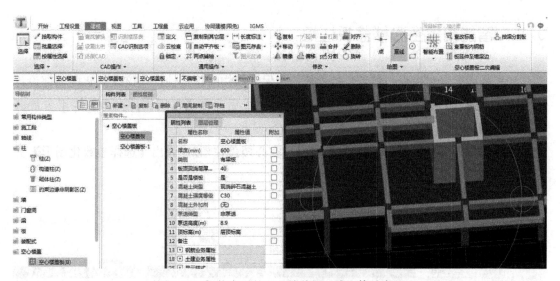

图9-41 智能布置的空心楼盖板三维立体动态图

【工程量】→【汇总选中图元】→单击需要计算的构件图元→右键→【查看钢筋量】，在弹出的【查看钢筋量】界面，可以看到智能布置空心楼盖板的各种规格钢筋用量（图9-42）。

图9-42 智能布置的空心楼盖板各种规格钢筋用量

同样方法还可以查看智能布置空心楼盖板已添加的清单、定额子目工程量（图9-43）。

图9-43　智能布置空心楼盖的清单和定额子目工程量

9.15　智能布置空心楼盖板柱帽

如果是无梁（包括空心楼盖）楼盖板，为保证结构的稳定性，应该在框架柱顶部设计有柱帽，框架柱、楼板的构件图元识别或绘制完成后，在【常用构件类型】栏下方展开【空心楼盖】→【空心楼盖柱帽（V）】。

在【构件列表】界面→【新建▼】→【新建空心楼盖柱帽】，弹出【选择参数化图形】界面（图9-44）。

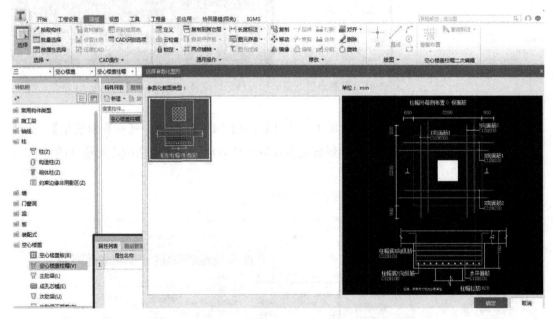

图9-44　建立空心楼盖柱帽

此界面中的尺寸、配筋信息均是公有属性，只要修改，平面图上已经布置的构件属性、参数会同步改变。

在【构件列表】界面，产生用拼音首字母表示的框架柱帽构件（KZM）→在此构件的【属性列表】界面，为便于区分，可以把拼音首字母修改为中文文字表示的框架柱帽→左键，在【构件列表】界面，拼音首字母同步改变为中文文字的同名称构件。下一步参照电子版平面图纸中的构件信息，在此构件【属性列表】界面的【柱帽类型】行，默认显示为"矩形柱帽 U 形配筋"，如果需要修改→单击 ⬚ → ⬚ ，可以返回【选择参数化图形】界面，重新选择。

在【是否按板边切割】行，单击可选择【是】【否】，如果选择【是】，后续绘制出的柱帽遇板边转折有缺口，且柱帽也有缺口，所以应该选择【是】。

在【材质】行，默认是现浇混凝土，如果不是预制柱帽，则无须选择。

在【混凝土类型】行，有现浇碎石混凝土、现浇砾石混凝土、预制碎石混凝土、预制砾石混凝土、泵送碎石混凝土、泵送砾石混凝土、水下混凝土、商品碎石混凝土、商品砾石混凝土、商品泵送碎石混凝土、商品砾石泵送混凝土可供选择，对于后续导入计价软件统计材料起到关键作用，需要认真选择。

在【混凝土强度等级】行，单击可以选择混凝土的强度等级。

在【混凝土外加剂】行，单击显示▼→▼，有减水剂、早强剂、防冻剂、缓凝剂可供选择，没有添加剂选无。

在【泵送类型】行，单击显示▼→▼，有混凝土泵、汽车泵可供选择，非泵送选择无。

在【泵送高度】行，单击显示▼→▼，可以参照左下角显示的当前层高、层底至层顶标高值，手动输入。

在【顶标高】行，有层顶标高、层底标高、空心楼盖板顶标高可供选择。

展开【钢筋业务属性】→在【其它钢筋】行，单击显示 ⬚ → ⬚ ，在弹出的【编辑其它钢筋】界面输入【筋号】→在【钢筋信息】栏，输入钢筋配筋值→单击【图号】栏，弹出【选择钢筋图形】界面（图 9-45）。

在这里需要按照平面图中图纸设计要求，选择对应的钢筋图形→确定，在【钢筋图形】栏，分别双击钢筋图形各部位尺寸符号→输入各部位尺寸→手动计算输入【根数】，软件可以自动计算并显示单根钢筋的总长度→确定。

在【节点设置】栏，单击显示 ⬚ → ⬚ ，在弹出的【节点设置】界面，需要逐行单击选择柱帽的节点样式、钢筋锚固形式（图 9-46）。

展开【土建业务属性】→在【计算设置】栏，单击显示 ⬚ → ⬚ ，在弹出的【计算设置】界面，有【公共设置项】和【空心楼盖柱帽】可供选择。

在【计算规则】栏，单击显示 ⬚ → ⬚ ，在弹出的【计算规则】界面，有【清单规则】和【定额规则】两个界面，可以分别进入上述两个界面，逐行检查并选择对应的计算方法、扣减关系。

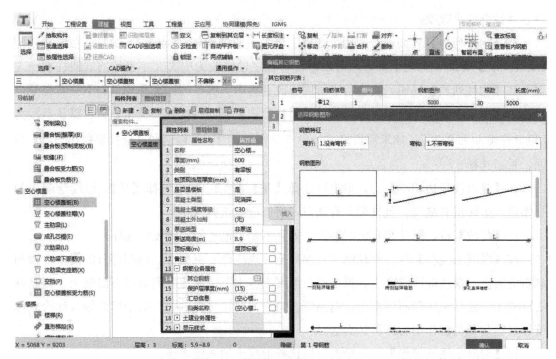

图 9-45 【选择钢筋图形】界面

图 9-46 选择柱帽的节点形式、钢筋锚固尺寸

　　【属性列表】界面的各行属性、参数设置完毕。在【构件列表】界面，已经产生的构件名称上单击，变为蓝色，成为当前操作的构件→【复制】，产生一个同名称构件→在此新产生的构件【属性列表】界面，按照上述方法，参照平面图中的另一个构件信息，只需要修改与原构件有差别的属性、参数即可。

　　在主屏幕上方→【智能布置▼】→【柱】，此时平面图上非柱的构件图元消失，只显示框架柱构件图元→框选全部柱图元，柱图元变为蓝色→右键，提示"智能布置成功"，提示可自动消失→【动态观察】，智能布置的柱帽与楼盖板组成的三维图形如图 9-47 所示。

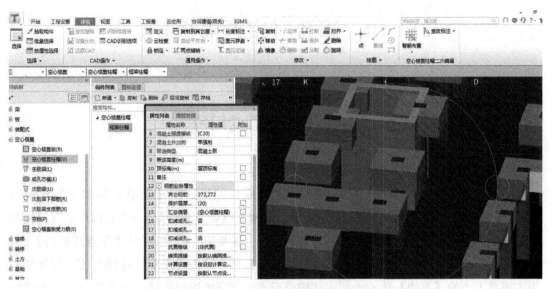

图 9-47　智能布置的柱帽与楼盖板组成的三维图形

柱帽依附于柱和楼板，柱帽在楼板边转折、缺口处自动切割；柱帽缺口是因为此处缺少楼盖板。

10 阳台（空调隔板）

10.1 绘制实体阳台（空调隔板）与面式阳台

1. 建立实体结构阳台或空调隔板

第一步：先建立、绘制支承阳台板或空调隔板的梁：在【常用构件类型】栏展开【梁】→【梁（L）】→在【构件列表】界面→【新建▼】→【新建矩形梁】→在此构件的【属性列表】界面，输入梁的各行属性、参数，如果是"空调板梁"，可以在其【起点顶标高】【终点顶标高】栏输入梁的实际标高；在【结构类别】栏，单击显示▼，选择为【非框架梁】。用主屏幕上方的【直线】功能绘制支承阳台板或空调隔板周边的梁，如果阳台外侧有弧形梁，须先按照本书第 2.2 节的方法建立弧形辅助轴线再绘制弧形梁。

单击红色梁图元，变蓝→右键→【重提梁跨】，在主屏幕下方显示此梁的【梁平法表格】→右键确认，梁图元变绿，梁跨提取成功，一次只能提取一条梁跨，使梁图元由红色变为绿色。

第二步：在【常用构件类型】栏展开【板】→【现浇板（B)】，在【构件列表】界面→【新建▼】→【新建现浇板】→在此构件的【属性列表】界面，把现浇板的构件名称修改为中文构件名"阳台"或者"空调隔板"→回车，在构件【类别】行→单击→选择为【有梁板】或【空调隔板】，各种属性参数设置完毕→【定义】→【构件做法】（图 10-1）→【添加清单】（以河南地区定额为例），在【查询匹配清单】下方展开【混凝土及钢筋混凝土工程】→【现浇混凝土板】→选择序号"010505008"的清单并双击使其显示在主栏内→【添加定额】→【查询定额库】，进入按分部分项选择定额子目的操作，也可直接输入定额子目编号→回车→选择工程量代码体积，找到模板定额并双击使其显示在上方主栏内，在此可把阳台所需的定额子目全部选上。双击模板定额的【工程量表达式】栏，显示▼→单击▼→【更多】，进入【工程量表达式】界面，选择工程量代码，勾选【中间量】，显示更多工程量代码，找到并双击"现浇板底面模板面积"，使其显示在此界面上方→左键单击【现浇板侧面模板面积】→【追加】→双击已选择的【现浇板侧面模板面积】，后选择的工程量代码，已用加号与上次所选工程量代码组成一个简单的计算式→确定，选择的工程量代码计算式已显示在此定额子目的【工程量表达式】栏。各行定额子目的工程量代码选择完毕，关闭【定义】界面。因为所绘制的阳台梁已经形成封闭，可以用主屏幕上方的【点】功能→在已有的阳台梁图元内部单击，阳台板已绘制成功。如果阳台外侧有弧形阳台板，须在主屏幕上方单击【智能布置▼】→外墙梁外边线，内墙梁轴线→框选已绘制矩形加弧形的全部梁图元，变为蓝色→右键，提示"智能布置成功"。布置弧形阳台面积上的放射筋见本书第9.3节和第9.4节。

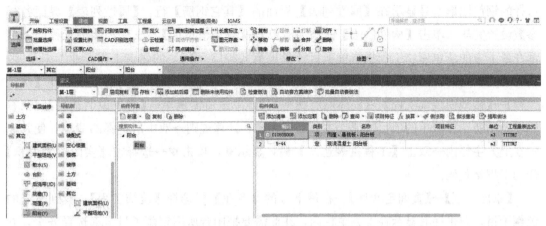

图 10-1　阳台或空调隔板构件做法

单击已绘制的阳台板图元，变蓝→右键→【汇总选中图元】→右键→【查看工程量】，可显示已绘制阳台的清单、定额子目、工程量。空调隔板添加清单、定额的操作方法基本相同，不再重复讲解。

2. 在已有阳台上做装修

在【常用构件类型】栏展开【其它】→【阳台】→【定义】，有【属性列表】【构件列表】【构件做法】三个界面，在【构件列表】下→【新建】→【新建面式阳台】→在【构件列表】下产生阳台构件（YT）→在此构件的【属性列表】界面，可修改 YT 为中文构件名称，在【类别】行选择封闭或不封闭→选择混凝土强度等级，有些参数如已在起始建立工程时统一设置可不必输入，选择建筑面积计算。如果有需要补充计算的钢筋时，展开【钢筋业务属性】并单击【其它钢筋】行，显示 ┈┈ → ┈┈，弹出【编辑其它钢筋】界面，如图 10-2 所示。

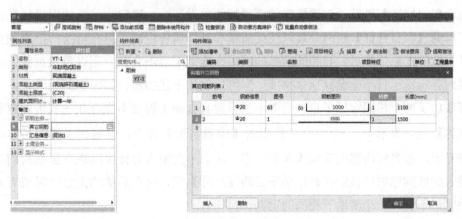

图 10-2　【编辑其它钢筋】界面

输入钢筋型号、钢筋信息→回车，双击【图号】栏，单击栏尾部→在显示的【选择钢筋图形】界面，单击上方"弯折"尾部符号→输入钢筋弯折长度。在此有多种钢筋图形可供选择→确定，双击钢筋图形的尺寸符号，在显示的白色对话框中输入尺寸数字，在此需要手动计算并输入钢筋的根数，单击下方空白行→【插入】，增加钢筋图形的行数→确定，选择的钢筋图形符号显示在【属性列表】界面的【其它钢筋】行，【属性列表】界面各行参数设置完毕。单击【构件做法】→【添加清单】→【查询清单库】〔土建和装饰工程的清单都在最下方的清单库"工程量清单项目计量规范（2013 河南）的建筑工程专业"中〕。因在此建立的是面式阳台构件，只能选择装饰并且是以面积为计量单位的清单→展开【建筑工程】→【楼地面装饰工程】→【整体面层找平层】，单击所需清单→【清单说明信息】，在右侧可显示所选择清单的项目特征、主要工作内容、计算规则→双击所选择的清单，使其显示在上方主栏内→双击【工程量表达式】栏，显示▼，单击▼→选择按【实际绘制面积】作为工程量代码。

　　【添加定额】→【查询定额库】→在最下方的【专业】栏选择【装饰工程】，找到所需的定额子目，双击使其显示在上方主栏内，在此需要把阳台所需定额子目全部选择齐全，并给每个定额子目选择工程量代码。（重要提示：需要按【查看构件图元工程量】界面的【构件工程量】界面中显示的工程量类别选择定额子目、工程量代码，各定额子目的工程量代码选择完毕）关闭【定义】界面→用主屏幕上方的【直线】或【矩形】功能菜单绘制阳台。

　　弧形部分阳台的绘制方法：在主屏幕上方单击【三点弧】→在平面图中单击弧形的首点→单击弧形垂直平分线的顶点（此处应绘有辅助轴线，辅助轴线的绘制方法详见本书第2.2节）→单击弧形的终点，也就是与首点水平方向对应的终点→右键，弧形阳台已绘制成功。

10.2　在【构件做法】界面添加清单、定额的更多功能

　　在【定义】中的【构件做法】界面，可以实现添加清单、定额等更多操作（图 10-3）。

　　如果在主栏内添加的是清单→选择已显示在主栏内的清单行的【项目特征】→在弹出的【编辑项目特征】界面，编辑简要的项目特征以做区分→确定。编辑的项目特征已显示在此清单的【项目特征】栏内，可以使此清单和其所属各定额子目在后续的报表预览或者导入计价软件汇总计算后，与相同编号的清单、定额子目不合并，用以单独查阅。清单下方所属的各定额子目不能设置项目特征，但可以使用下述办法：如因特殊原因在一个清单下选择添加了两个相同定额子目，需要单独设置且查阅工程量不能合并→双击此定额子目的【名称】栏，显示▨▨▨→▨▨▨，在弹出的【编辑名称】界面，此定额子目的名称内容已经完整显示，在名称内容尾部输入区别标志，注意不要输入对计量结果有影响的内容→确定，输入的区别标志已显示在此定额子目的【名称】栏，可在后续的汇总计算或者导入计价模块时，不合并一个清单下相同的定额子目。

　　对于已选择、显示在主栏内的定额子目换算：单击定额子目行首的序号，此定额子目全行发黑，成为当前操作的定额子目→单击主屏幕上方的【换算▼】（有【标准换算】【取消（已有）换算】【查看换算信息】三个功能）→【标准换算】，在下方主栏显示当前定额子

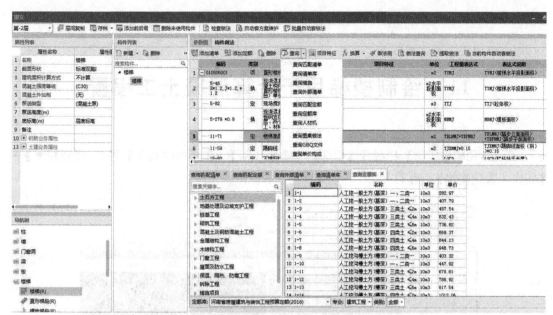

图 10-3　【构件做法】界面中的更多功能

目的全部换算项目→根据工况需要勾选换算项目，在下方主栏左上角→【执行选项】，在上方主栏内的当前定额子目编码栏、名称栏已显示换算信息，【类别栏】原有的"定"字变为"换"字，此定额子目已换算。

在【查询定额库】的最下方，选择【专业】右边的【类别】→▼，有标准定额、全部定额、补充定额可供选择。

11 绘制楼梯用于计算混凝土工程量

在【常用构件类型】栏展开【楼梯】→【楼梯（R）】→在【构件列表】界面→【新建▼】→【新建参数化楼梯】（图 11-1）。

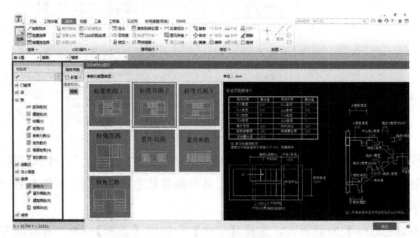

图 11-1　新建参数化楼梯

在弹出的【选择参数化图形】界面，有多种形式楼梯图形可供选择，左键单击选择一个楼梯图形，蓝色线条框住所选择图形，同时在右侧显示此楼梯的平面、剖面图形，凡绿色尺寸、参数、数字均可左键单击，在显示的白色对话框中输入、修改尺寸和参数等信息（提示：楼梯的宽度＝平面图中 X 向轴线尺寸－两侧 1/2 墙厚），按设计需要修改各项参数→确定。

在右边【属性列表】界面产生一个楼梯构件→展开此构件【属性列表】界面的【钢筋业务属性】→单击【其它钢筋】行，显示 ⊡→⊡，进入【编辑其它钢筋】界面（楼梯的全部钢筋需要在此手动输入），如图 11-2 所示。

图 11-2　【编辑其它钢筋】界面

在钢筋图形栏双击显示 □□□→□□□，进入选择楼梯钢筋图形界面，有各种图形钢筋可供选择→确定。双击图形尺寸符号→输入尺寸数字→左键，在此需要手动计算并输入根数→【插入】，可以增加行→确定。在此如不编辑其它钢筋，只能计算楼梯混凝土的定额工程量，自动计算楼梯钢筋按本书第13.2节的方法操作。

【构件做法】→【添加清单】→【查询匹配清单】，如果找不到楼梯的清单编号，可以在【查询匹配清单】的下邻行输入"楼梯"二字→回车，在右边主栏可显示与楼梯有关的全部清单→找到以 m^2 为计量单位的楼梯清单并双击，此清单已进入上方主栏内，在【清单工程量表达式】栏已有工程量代码→【添加定额】→如无匹配定额可选择【查询定额库】，观察最下行显示的定额库专业是否为应选定额的专业。进入按分部分项选择定额子目的操作：展开【混凝土及钢筋混凝土】→展开【现浇】或【预制】→找到楼梯，双击所选定额子目，还需选择模板子目，在此不需要选择钢筋定额子目，由软件根据计量结果自动套取定额→在最下方定额【专业】栏，选择装饰工程定额，继续按装饰工程定额的分部分项选择定额子目→展开【其它装饰工程】→展开【扶手栏杆】，在此可把楼梯所需的定额子目全部选齐，可跨定额专业分别双击所选择的定额，使其显示在主栏内→分别双击各子目的【工程量表达式】栏，单击显示▼→【更多】，进入工程量代码选择界面，双击选择工程量代码使其显示在上方，可再选择一个工程量代码→【追加】，选择两个工程量代码进行简单的计算式编辑→确定。使用主屏幕上方的【点】功能→在平面图中的楼梯间洞口上绘制楼梯，如果方向不对，单击已绘制的楼梯图元，变蓝→右键→【旋转】→单击旋转插入点→移动光标观察图元角度旋转到所需位置→左键，已按所需位置画上。【动态观察】可检查三维立体图形（图11-3）。

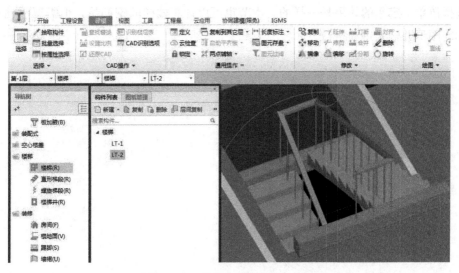

图11-3 已绘制楼梯的三维立体图

单击楼梯图元，变为蓝色→【汇总选中图元】→【工程量】→单击楼梯图元→【查看工程量】→弹出【查看构件图元工程量】界面，显示楼层数、构件名称、楼梯水平投影面积、混凝土体积（可用于换算楼梯子目的混凝土含量）、模板面积、底部抹灰面积、楼梯段侧面积、踏步立面积、踏步平面面积、踢脚线长度、踢脚线（斜）面积、防滑条长度、踢脚线（斜）长度、靠墙扶手长度、栏杆扶手长度共 15 个数据。单击【做法工程量】，可显示已选择的清单、定额工程量（图 11-4）。

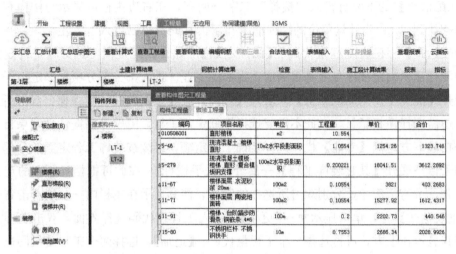

图 11-4 楼梯的清单、定额子目工程量

还可以用上述方法查看钢筋量。

构件名称与在其【定义】界面选择套取的清单、定额做法是绑定在一起的，在定义构件的同时选择清单和定额，然后再绘制构件，与画上构件图元后返回【定义】界面然后再补充选择清单、定额的效果是一样的，本节也可以计算楼梯的钢筋量，但需要手动选择楼梯的钢筋图形并输入钢筋根数。

12 识别与绘制基础

12.1 识别独立基础表格

识别独立基础表格：需要把有独立基础表格的基础平面图【手动分割】为一张图，并且将其显示在主屏幕→在主屏幕左上角把【楼层数】选择到【基础层】。

在【常用构件类型】栏展开【基础】→【独立基础（D)】→【识别独基表】，光标呈"十"字形并放在独立基础表格的左上角→单击左键→向右下对角框选全部独立基础表格→左键，独立基础表格已被黄色线条围合框住→右键，弹出【识别独基表】界面，框选的独立基础信息已经显示在此界面，删除表头下方的空白行，删除重复的表头行，需要逐个对表头行与其下方主栏的内容进行核对，如与其下方内容不一致→单击其表头尾部的▼，可选择到与其对应的表头名称，可以使用【增加列】功能补充表头内容，使用【删除列】功能删除空白列，在此构件名称不宜修改。

按照界面下方提示，逐个单击表头上方的空格，竖列变黑，从左向右对应竖列关系，对应到【类型】列，可按照图纸设计自动显示【对称阶形】或【对称坡形】（如与图纸不一致可修改），因为独立基础构件就应该是在基础层，故无须在【所属楼层】列对应楼层（图12-1）。

图 12-1 识别独立基础表格

单击【识别】，此时如果表格中有个别独立基础的尺寸、参数显示为红色→拖动移开【识别独基表】界面，与平面图中独立基础表格的尺寸、参数核对，如有错误可修改，如果显示的红色尺寸、参数无误，但不能被识别，记住此数据，双击并删除此红色参数，识别后在其【属性列表】界面补充输入，并且需要与图中独立基础的平面、剖面详图的尺寸、符号相互对照，不能出错→【识别】，弹出"构件识别完成"对话框→确定。

在【构件列表】界面检查识别效果→在【属性列表】界面，需要按照国家建筑标准设计图集《混凝土结构施工图平面整体表示方法制图规则和构造详图（独立基础、条形基础、筏形基础、桩基础)》22G101—3 规定的独立基础编号进行设置。

重要提示：识别独立基础表格后，可先任意绘制一个独立基础构件图元，使用【动态观察】功能查看，如果只显示一级构件图形，可在【构件列表】界面删除其二级构件，使用【新建参数化独立基础单元】的方法建立各自的二级构件。并且在【属性列表】界面补充输入在【识别独基表】界面删除的红色尺寸、参数。其它未尽事宜需要按照本书第 12.2 节建立独立基础的方法进行操作。

如果图纸没有独立基础表格，需要按照本书第 12.2 节建立独立基础的方法，先手动建立独立基础构件，才能在平面图上识别独立基础，生成独立基础构件图元[①]。

12.2 建立独立基础构件

在【建模】界面的左上角把【楼层数】选择到【基础层】。在【常用构件类型】栏展开【基础】→【独立基础】，在【构件列表】界面【新建▼】→【新建独立基础】（或【新建自定义独立基础】），是独立基础的一级（又称上级）构件，此时在【构件列表】界面产生一个用"DJ"表示的独立基础构件名称。

在【构件列表】界面→【新建▼】→【新建参数化独立基础单元】→弹出【选择参数化图形】界面（图 12-2）。

此界面中有多个形式的独立基础图形可供选择，在此选中一种图形，右边同步显示其平面、剖面大样图，凡绿色尺寸数字均可单击，按图纸设计要求把应有尺寸、参数输入白色对话框内即可。

在右边二级构件的【属性列表】界面，产生一个新建立的独立基础的下级构件，并且在大样图中修改的独立基础底部长度、宽度、高度尺寸数字已显示在【属性列表】界面的各行中，在此不能修改。如果在【选择参数化图形】界面选择的是三节台阶，在【截面形状】栏还会显示为"独立基础三台"（但不影响识别或绘图效果），如果需要修改，需要单

---

① 根据《混凝土结构施工图平面整体表示方法制图规则和构造详图（独立基础、条形基础、筏形基础、桩基础)》22G101—3 的规定，独立基础的相关表示方法如下：BJp——普通坡形独立基础；DJj——阶形独立基础；BJj——杯口独立基础。

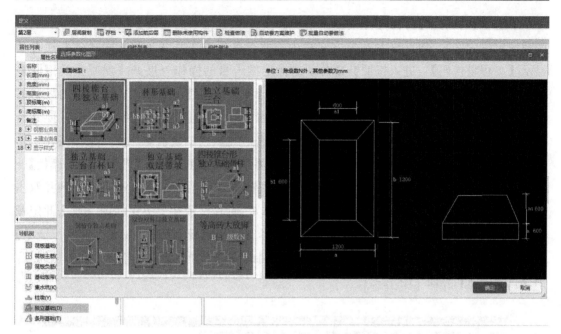

图 12-2 【选择参数化图形】界面

击【截面形状】行，显示 ⋯ → ⋯ ，可以返回【选择参数化图形】界面，可重新按照上述方法在大样图中选择、修改。在【属性列表】界面，分别单击序号 6 和序号 7 所对应的栏，可显示 ⋯ → ⋯ ，在弹出的【钢筋输入小助手】界面分别输入独立基础底面两个方向布置的钢筋型号→确定。

还可以在二级构件的【属性列表】界面的相应行内直接输入配筋信息。格式输入有误会弹出正确格式提示。

【属性列表】→展开【钢筋业务属性】→单击【其它钢筋】行，显示 ⋯ → ⋯ ，在弹出的【编辑其它钢筋】界面，输入【筋号】【钢筋信息】→双击【图号】栏，显示 ⋯ → ⋯ ，在弹出的【选择钢筋图形】界面，有直筋、箍筋、带钩、不带钩多种钢筋图形可供选择，在此设置的是柱根部与独立基础顶面，为提高局部抗压承载力另外增加的钢筋。

构件属性界面的"相对底标高"指相对（在【识别楼层表】中可以查到）基础层层底标高的高差值，高于基础层底为正值，低于层底标高为负值，无高差为零值。操作至此，独立基础的下级构件属性、参数设置完毕。返回【构件列表】界面的（一级）上级独立基础构件名称→在上级构件的【属性列表】界面，展开【钢筋业务属性】，根据所在位置、工况选择【扣减】或者【不扣减】筏板钢筋。独立基础的上级、下级构件属性和参数的字体多是蓝色字体（公有属性），只要修改构件的属性、参数信息，其构件图元的属性、参数会随之改变。

在【定义】界面单击【构件列表】下的二级构件名称→【构件做法】，进入【添加清单】【添加定额】。

单击【添加清单】,在【查询匹配清单】下方双击【独立基础】的清单编号(以河南地区定额为例),使其显示在上方主栏内,此清单可以在其【工程量表达式】栏自动显示【工程量代码】,进入按照分部分项选择定额子目的操作→展开【混凝土及钢筋混凝土工程】→展开【混凝土】→展开【现浇混凝土】→【基础】,此时在右侧主栏内显示的全部是现浇混凝土基础的定额子目,找到并双击"5-5:现浇混凝土独立基础",使其显示在上方主栏内→双击此定额子目的【工程量表达式】栏,显示▼→▼,选择【独基体积】→返回在分部分项选择定额子目栏→找到并展开【模板】→展开【现浇混凝土模板】→【基础】,此时在右侧主栏内显示的全部是现浇混凝土基础的模板定额子目→找到并双击"5-189:现浇混凝土独立基础复合模板、木支撑",使其显示在上方主栏内→双击此定额子目的【工程量表达式】栏,显示▼→▼,选择【独基模板面积】→在【查询匹配清单】的上邻行,向右拖动滚动条→单击"5-189"子目的【措施项目】栏的空白"小方格",弹出【查询措施】界面(图12-3)。

图12-3 【查询措施】界面

在弹出的【查询措施】界面下拉滚动条,找到"混凝土、钢筋混凝土模板及支架"并单击→确定,在上方主栏内已经显示的"5-189"定额子目的上邻行多了一行,其【措施项目】栏显示"1",并且"5-189"定额子目行的【措施项目】栏的空白"小方格"已勾选。其作用是在后续导入计价软件时,此定额子目可以自动导入到计价软件的【措施项目】界面。清单、定额子目选择完毕,关闭【定义】界面。

重要提示:①只有单击独立基础的二级构件,变蓝,使其成为当前构件,才能查看此构件的工程量。②在使用【做法刷】功能操作时,也需要展开独立基础的二级构件使其成为当前操作的构件,才能够把已经选择的定额子目复制到目标构件上。

方法1：在主屏幕上方有【点】式布置功能菜单→在电子版平面图纸中按照图纸设计的位置，可连续单击选择需布置的轴线交点和已布置上独立基础构件图元。

方法2：在主屏幕上方单击【智能布置▼】→有按"轴线""基坑土方"进行设置的选项（需要在上方已经有柱构件图元时）→选择【柱】，需要框选平面图上已有的全部独立柱构件图元→右键，已在轴线交点上按已有柱构件的位置，成功对应上，独立基础构件图元布置成功。

还可以用【查改标注】功能调整独立基础构件图元与轴线交点的位置偏移：在主屏幕右上角单击【查改标注】功能→选择独立基础图元中心的红色轴线交点，选上光标由"口"字形变为"回"字形并显示原有尺寸，在此输入需要修改的尺寸，正值构件图元向上偏移，负值构件图元向下偏移，检查无误后右键确认。此方法还适用于柱、柱帽、空心楼盖柱帽、柱墩、桩承台。另有【批量查改标注】功能，需要框选全部平面图→右键，弹出"批量查改标注"对话框（图12-4）。

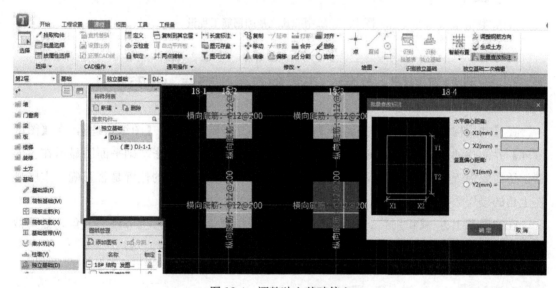

图12-4 调整独立基础偏心

在此输入水平、竖直偏心距离→确定，可以修改构件图元整体偏移尺寸。【批量查改标注】功能也可用于修改图中一个构件图元，如果修改错误，在左上角单击【撤销】，偏移的构件图元即可恢复原状。

在独立基础中选择底部钢筋隔一根上翻（斜伸）或向上弯折的操作方法按本书第12.10节的方法进行操作。

在主屏幕上方→【工程量】→【汇总计算】→【查看钢筋量】→框选平面图上的独立基础构件图元，图元变蓝，弹出【查看钢筋量】界面（图12-5）。

使用同样方法还可以查看独立基础构件图元的清单、定额子目工程量。

图 12-5　绘制的独立基础钢筋工程量

12.3　识别独立基础、纠错；布置独立基础垫层、土方

在【常用构件类型】栏下方展开【基础】→【独立基础】→单击【图纸管理】，在【图纸管理】界面找到并双击独立基础图纸文件名称行首部，只有这一张基础平面图显示在主屏幕，还需要检查电子版平面图轴网左下角白色"×"形定位标志的位置是否正确。主屏幕左上角的楼层数可以自动切换到主屏幕图纸应对应的楼层数。

在主屏幕上方→【识别独立基础】，其数个下级识别菜单显示在主屏幕左上角，如果被【属性列表】【构件列表】【图纸管理】界面覆盖，可拖动移开（图 12-6）。

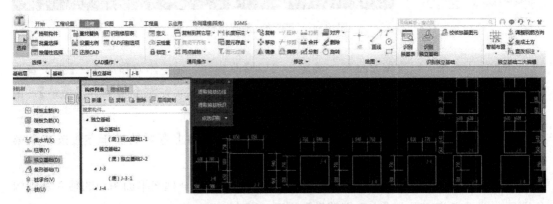

图 12-6　识别独立基础功能窗口位置图

按照在主屏幕左上角显示的识别菜单，按下述方法依次识别：

单击【提取独基边线】，此时如果平面图上的独立基础构件消失，造成无法识别的情况，可在【图层管理】界面勾选【已提取的 CAD 图层】，平面图上消失的独立基础构件图层可恢复显示→单击平面中独立基础构件的外框边线（可以放大图形，不要选择不应识别的线条、图层），平面图上的全部独立基础底部边线变为蓝色→右键，全部变蓝色的图层、线条消失，如果是在上述已勾选了【已提取的 CAD 图层】的状态识别操作，变蓝色的图层不消失，恢复原有的颜色，但是识别有效。

【提取独基标识】→单击平面图上独立基础构件名称，独立基础构件名称与尺寸界线、尺寸数字全部变为蓝色→右键，变为蓝色的图层消失。

【点选识别▼】→【自动识别】，在平面图上独立基础构件的轮廓线上，已经自动产生独立基础构件图元，并且与原有的独立基础构件位置相同，大小匹配。

弹出【校核独基图元】界面，错误提示如"无标识独立基础"等→双击此错误提示，误识别的独立基础构件图元呈蓝色自动放大显示在主屏幕平面图中，可核对，如确属错误识别的独立基础构件图元→【删除】→再次双击【校核独基图元】界面的错误信息，提示"该问题已不存在，所选的信息将被删除"→确定，纠错成功。

在【校核独基图元】界面，错误提示如"未使用的独基边线"→双击此错误信息，此错误线条自动放大呈蓝色显示在平面图中，经检查此蓝色线条并不是独立基础边线，不应该有独立基础构件，是软件把其它线条误识别为独立基础边线，无须纠错。

按照上述方法纠错后，关闭【校核独基图元】界面。

在主屏幕上方→【工程量】→【汇总选中图元】→框选平面图上的独立基础构件图元，已选择的独立基础构件图元变蓝→右键确认，计算运行后，在主屏幕上方→【查看工程量】→单击或者框选平面图上的独立基础构件图元，选择的构件图元变蓝，弹出【查看构件图元工程量】界面→【做法工程量】，可显示已识别或者绘制的独立基础构件图元的清单、定额子目的工程量（图 12-7）。

图 12-7　独立基础的清单、定额子目工程量

图 12-7 显示的是已经选择的独立基础构件的工程量，如果选择了一个构件图元，只

是一个构件图元的工程量；如果选择了多个相同类型构件图元，其清单下相同定额子目的工程量会自动相加，显示的是相同定额子目相加的工程量。

还可以查看独立基础的钢筋工程量，与查看构件图元的清单、定额子目工程量操作方法相同。独立基础构件图元生成后，下一步布置独立基础的垫层。

可以使用【动态观察】功能查看已建立的全部各个楼层的三维立体图，用以检查已经识别或者绘制所有构件图元的完整程度或有无缺陷：在主屏幕左上角单击【第N层】，把"楼层数"选择到已识别或绘制所有构件图元的最上一个楼层→单击【显示设置】单击此界面左上角的【图元显示】→在【显示图元】栏单击第一行的"所有构件"，此列下方所有构件已勾选。也可根据需要选择→单击【图元显示】菜单右邻的【楼层显示】→可选择【当前楼层】【相邻楼层】或者【全部楼层】→关闭此界面→单击【动态观察】，转动光标，可以根据已经选择的【当前楼层】【相邻楼层】或【全部楼层】，查看竖向连接所有构件图元的三维立体图形，检查有无缺陷（图 12-8）。

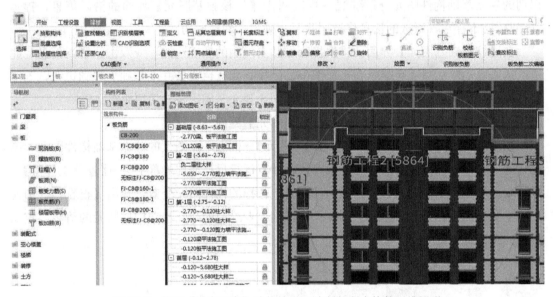

图 12-8 使用【动态观察】功能检查已绘制的所有构件三维图形

下一步智能布置独立基础下的垫层：

在【常用构件类型】栏展开【基础】→【垫层（X）】→在【构件列表】界面→【新建▼】→【新建面式垫层】，在【构件列表】界面产生一个垫层构件（DC）→并在其【属性列表】界面，可根据需要可修改厚度→各行参数设置完毕。在【构件列表】界面选择一个"独立基础垫层"构件为当前构件→【定义】，进入【定义】界面，在右边【构件做法】界面，进入【添加清单】【添加定额】的操作。

在【构件做法】界面→【添加清单】，在【查询匹配清单】下方（以河南地区定额为例）输入"垫层"二字→回车。在右边主栏显示的全部是与垫层有关的清单，找到编号"040305001"，名称为混凝土垫层，双击，使此清单显示在上方主栏内，可以在其【工程量表示式】栏自动显示垫层体积→【添加定额】→【查询定额库】,进入按照【分部分项】选择定额子目的操作→展开【混凝土及钢筋混凝土工程】→展开【现浇混凝土】→【基础】(图 12-9)。

图 12-9　添加独立基础垫层的清单、定额子目

在右侧主栏内显示的全部是现浇混凝土基础的定额子目,找到"5-1:现浇混凝土垫层"的定额子目并双击,使其显示在上方主栏内→双击此定额子目的【工程量表示式】栏,显示▼→▼,选择【垫层体积】,在左下角按照【分部分项】选择定额子目栏→展开【模板】→【现浇混凝土模板】→【基础】,在相邻右侧显示的全部是现浇基础的模板定额子目,找到并双击"5-171:现浇混凝土基础垫层模板",使其显示在上方主栏内→双击此定额了目的【工程量表达式】栏,显示▼→▼,选择【垫层模板面积】(选择垫层模板的【措施项目】操作方法如上述)。在此需要把全部定额子目选择完毕,关闭【定义】界面。

布置独立基础垫层:【智能布置▼】→【独基】→在平面图上单击左键→选择已经布置的独立基础构件图元→左键结束框选,框选上的独立基础构件图元变为蓝色→右键确认,弹出"设置出边距离"对话框,在此需要按照图纸设计输入单边出边距离→确定,弹出提示"智能布置成功",可自动消失,平面图中所有的独立基础下已经全部布置上了垫层构件图元(图 12-10)。

如果个别产生的垫层图元与原有独立基础构件大小不匹配→光标放到大小不匹配的垫层构件图元上,光标呈"回"字形,可显示垫层的构件名称,同时还能够看到原有的独立基础构件名称,经检查发现原有独立基础构件上错误布置上了其它垫层构件图元,记住原有的独立基础构件名称,单击此垫层图元,变蓝→右键→【修改图元名称】,弹出【修改图元名称】界面,如图 12-11 所示。

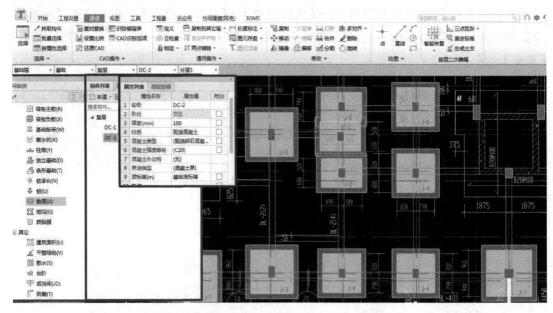

图 12-10 智能布置的独立基础垫层

图 12-11 【修改图元名称】界面

已建立的垫层构件名称全部显示在此界面，选择应有的构件名称→确定。此垫层构件名称已修改、更正，并且与原有独立基础构件大小匹配，出边距正确无误。如果方向有错误，可以使用【旋转】【移动】等功能纠正。

在主屏幕上方单击一级功能菜单→【工程量】→【汇总选中图元】→可以根据需要连续单击选择，或者一次性框选已经布置的全部独立基础垫层图元，选择上的独立基础垫层图元变为蓝色→右键，提示"计算成功"→确定→【查看工程量】，在弹出的【查看构件图元工程量】界面单击【做法工程量】（图 12-12）。

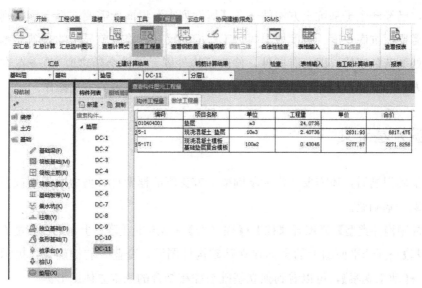

图 12-12　独立基础垫层的清单、定额子目工程量

关闭【查看构件图元工程量】界面，返回【建模】界面。在主屏幕右上角→【生成土方】，显示【生成土方】界面（图 12-13）。

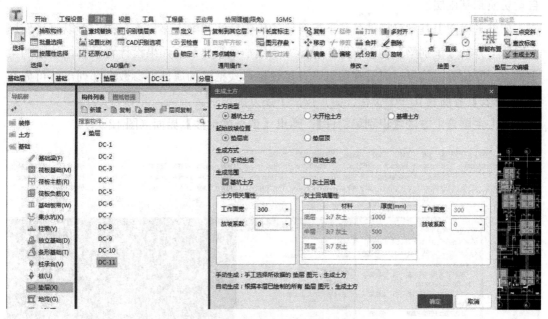

图 12-13　生成独立基础垫层土方

在【生成土方】界面选择土方类型、起始放坡位置、生成方式、生成范围等，根据需要填入相关参数→确定。在此如果选择并单击图中一个独立基础垫层，可以生成一个垫层土方，如果框选全部平面图，则全部垫层图元变蓝→右键，各垫层构件图元已布置上土方构件图元。

在【常用构件类型】栏下方展开【土方】→【基坑土方（K）】→【定义】，在【构件列表】界面，已经产生了基坑土方构件→在【属性列表】界面，需要选择土壤类别（重要提示：在此需要把坑底长度、宽度加上两边工作面的尺寸，修改前显示的是独立基础垫层的尺寸，此处为蓝色字体，即公有属性，修改后构件图元属性会随之改变）→在右边【构件做法】下方→【添加清单】【添加定额】，可参照本书第12.9节的方法操作。

12.4 识别基础梁

独立基础识别后，还需要把作为基础梁上方支座的框架柱、剪力墙识别或者绘制完成后，才能识别基础梁。

在【常用构件类型】栏展开【柱】→【柱（Z）】→单击主屏幕右上角的【智能布置】▼→选择【独基】→框选平面图上的全部独立基础构件图元，变蓝→右键确认，提示"智能布置成功"→【动态观察】，可以看到独立基础与柱相结合的三维立体图形。

下一步识别基础梁：在【图纸管理】界面找到绘有基础梁的图纸文件名并双击其首部，只有这一张电子版图纸显示在主屏幕，还需要检查轴网左下角的"×"形定位标志是否正确。在【常用构件类型】栏下方展开【基础】→【基础梁（F）】。左上角的楼层数可以自动切换到基础层。

如果平面图上基础梁构件名称下方有梁的集中标注和梁支座位置标注，可以直接使用主屏幕上方的【识别梁】功能识别，操作方法同本书第6章。如果设计者没有标注梁的集中标注、原位标注信息，只是在图纸下方用表格形式把梁的属性、参数全部列出，可先在【构件列表】界面建立一个梁构件后，按照下述方法识别。

单击主屏幕上方的【识别梁构件】，弹出【识别梁构件】界面（图12-14）。

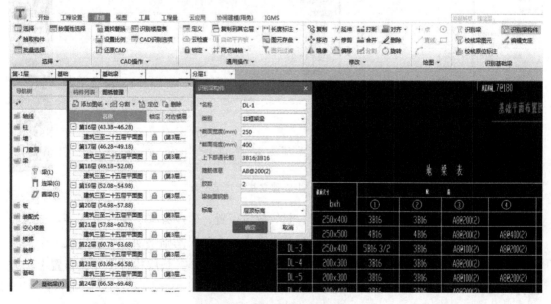

图12-14 【识别梁构件】界面

单击图纸下方基础梁表格中的梁构件名称，此构件名称可自动显示在【识别梁构件】界面的构件名称栏→单击【类别】栏，显示▼→可根据实际工况选择【基础连系梁】【基础主梁】【基础次梁】【承台梁】→单击梁表格中的截面尺寸，可以分别显示在【识别梁构件】界面的【截面宽度】【截面高度】栏；在【上下部通长筋】栏可以手动输入基础梁表格中的配筋值→单击基础梁表格中的箍筋信息，此信息可自动显示在【识别梁构件】界面的【箍筋信息】栏，如果设计有两种箍筋（加密、非加密）→可以在【识别梁构件】界面的【箍筋信息】手动输入加密区箍筋、非加密区箍筋，还可以输入梁的【侧面钢筋】→单击【标高】栏，尾部显示▼→可以按照设计工况选择【基础底标高加梁高】等→确定。此时【识别梁构件】界面各行的信息已经自动更新为空白。可按上述方法继续在基础梁表格中选择并单击下一个基础梁的构件名称、属性、参数，进行读取、识别；全部梁构件识别后，才可以使用主屏幕上方的【识别梁】功能在平面图上识别基础梁。

单击主屏幕上方的【识别梁】功能，其数个下级识别菜单显示在主屏幕左上角，如被【构件列表】【属性列表】【图纸管理】等界面覆盖可以拖动移开（图 12-15）。

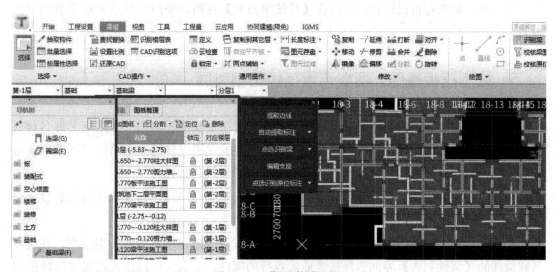

图 12-15 【识别梁】界面

【提取边线】→单击平面图中基础梁的一条边线，平面图中全部梁边线变为蓝色→右键，变为蓝色的全部梁边线消失。

【自动提取标注▼】→【自动提取标注】→单击平面图中基础梁构件名称，图上所有基础梁构件名称全部变为蓝色→右键，弹出提示"标注提取完成"，可自动消失，变蓝色的图层消失。

【点选识别梁▼】→【自动识别梁】，弹出【识别梁选项】界面（图 12-16）。

在基础梁表格中选择、读取的全部构件信息已经显示在此界面，可以检查、复核，如有错误可以修改→【继续】，弹出【校核梁图元】界面，可以先关闭此界面，平面图中全部基础梁的双线条已经变为一条红色充实粗线条，但还没有提取梁跨。

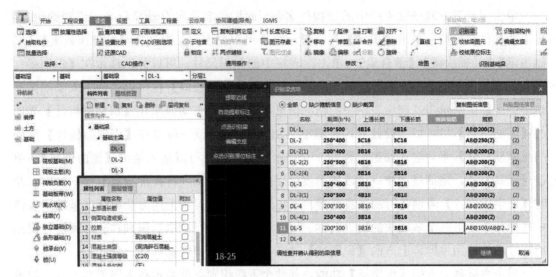

图 12-16 【识别梁选项】界面

下一步，如果有错误信息，可以在【校核梁图元】界面，按照本书第 6 章各节的方法纠错。

12.5 绘制筏板基础、智能布置筏板基础垫层

在【图纸管理】界面双击已经对应到基础层的"筏板基础平面图"的图纸文件名称行首部→筏板基础平面图已经显示在主屏幕，还需要检查此图纸轴网左下角的"×"形定位标志位置是否正确。主屏幕左上角的楼层数可以自动切换到基础层。

在【常用构件类型】栏下方展开【基础】→【筏板基础（M）】→在【构件列表】界面→【新建▼】→【新建筏板基础】，在【构件列表】界面产生一个筏板构件。

拖动主屏幕上的筏板基础电子版图纸，目的是方便按照图纸下方的文字说明，在筏板基础构件的【属性列表】界面选择或者输入各行的属性、参数。可以输入筏板主区域的筏板厚度（局部厚度不同可以按照后续方法修改）。【类别】行中的【有梁式】或者【无梁式】对于筏板基础的体积计算并无影响，只是在选择定额时分为【有梁式】与【无梁式】。如果选择【底标高】，软件可按照输入的筏板厚度自动显示筏顶标高。展开【钢筋业务属性】，如有其它钢筋，可在【编辑其它钢筋】界面编辑增加的其它钢筋。

在【属性列表】界面，单击【马凳筋参数图】行，显示 ⋯ →进入【马凳筋设置】界面（图 12-17）。

在【马凳筋设置】界面，选择一个马凳筋图形，下方同步显示马凳筋的节点放大图→单击马凳筋图形中的 $L1 \sim L3$，在此输入 $L1$、$L3$ 的尺寸。$L2 =$ 筏板厚度－筏板上、下方保护层厚度－上层钢筋直径。输入马凳筋尺寸后，按照此界面下方提示的格式，在【马凳筋信息】行输入马凳筋配筋值→确定，设置的马凳筋参数已显示在【属性列表】界面。

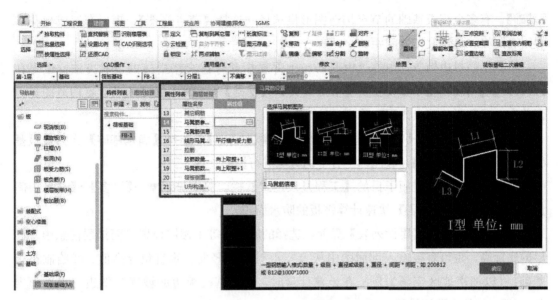

图 12-17 【马凳筋设置】界面

还需要单击筏板基础的【属性列表】界面中的【筏板侧面纵筋】行→弹出【钢筋输入小助手】界面，设置筏板侧面纵筋、U 形封边筋信息、弯折长度等，如图 12-18 所示。

图 12-18 设置筏板侧面纵筋、U 形封边筋信息、弯折长度等

筏板阳角放射筋可直接在主屏幕上方的【工程量】界面进行输入，可按照本书第 13.3 节的方法操作①。

筏板马凳筋梅花交错或矩形布置方法：【工程设置】→【基础】→在【节点设置】界面→

---

① 绘制筏板基础常用的各种快捷键（键盘在大写状态）：【ZS】——基础板带，按照柱下板带生成跨中板带；【ZX】——基础板带，按照轴线生成柱下板带；【YY】——点式绘制柱墩；【JDD】——直线绘制后浇带。

【基础】，有多个筏板基础的节点构造图形供选择→选择【节点详图】，矩形布置或梅花布置附有网格，可修改布置间距。

筏板主筋封边构造，也称筏板底筋与上部筋相互弯折交错搭接的设置方法，也可在【工程设置】界面→【计算设置】→【节点设置】→【基础】→在弹出的【选择节点构造图】界面单击选择需要的节点详图→确定。

在【建模】界面→【定义】→【构件做法】→【添加清单】，选择【满堂基础】作为筏板基础的清单→【添加定额】，参照以上各节的方法进行操作。

在筏板基础防水定额子目的【工程量表达式】栏，双击显示▼→【更多】→【显示中间量】→利用【工程量代码】快速计算筏板的防水面积。

重要提示：①在【属性列表】界面，选择的底标高等于楼层设置界面楼层信息中基础层的底标高，也可直接输入剖面图中从±0.00计算的竖向、垂直负标高值。②绘制筏板基础：（以河南地区定额为例）在土建计量时，筏板基础板边的坡度倾斜边与水平面夹角≥45°，软件才计算模板面积。

（1）筏板基础的各行属性、参数设置完毕，返回【建模】界面→使用【直线】功能在电子版平面图纸上描绘筏板边线→形成封闭，筏板绘制完成。

（2）筏板板边向内收缩缩小或向外伸出扩大：单击主屏幕上方的【偏移】功能，此时在主屏幕上邻行显示【偏移方式】，程序默认为【整体偏移】（另有【多边偏移】，见下文描述），可根据设计需要选择，如选择【整体偏移】→单击主屏幕上的筏板图元，变蓝色→右键确认，以在原有筏板边线上产生的黄色边界线为标志→向内移动光标，所有筏板边向内收缩→在"十"字形光标下的白色对话框内输入需要偏移的尺寸数值，输入的负值为缩小，正值为扩大→回车，筏板图元的各边已经按照输入的数值同时缩小或者扩大。如果选择主屏幕上邻行的【多边偏移】→单击需要偏移的筏板图元，变蓝色→右键确认→选择需要偏移的筏板边，选上的筏板边变为黄色线条，单击。如果有多条筏板边扩大或者缩小，且其尺寸数值相同，可以连续单击多条筏板边→右键→向内或者向外移动光标，所选择的多条筏板边同时向内或者向外移动→在"十"字形光标下的白色对话框内输入要收缩或者扩大的尺寸数值→回车。如果是向内移动光标，无论输入的是正、负数值，所选择的各条筏板边均已经按照同样数值收缩，反之则向外扩大。

（3）设置筏板板边的边坡：在主屏幕上方→【设置边坡】，此时在主屏幕上邻行显示【偏移方式】，可根据设计需要选择【所有边】或【多边】。如果选择【所有边】→单击需要设置边坡的筏板图元或者框选全部筏板图元，所选择的筏板图元变为蓝色→右键，弹出【设置筏板边坡】界面，如图12-19所示。

在弹出的【设置筏板边坡】界面选择边坡节点，在下方同步显示所选择边坡节点的放大图，凡绿色字体单击显示在白色对话框内，把需要修改的数值输入其中→确定，筏板板边边坡已设置成功。

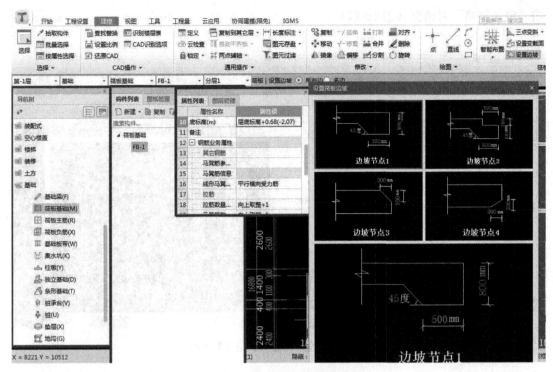

图 12-19 【设置筏板边坡】界面

（4）分割已有筏板图元为 N 块板图元，修改局部筏板的厚度等属性参数：左键单击筏板图元，变蓝色→右键→【分割】，程序默认按【直线】进行，也可在主屏幕上方选择【矩形】功能，用绘制多线段的方法在筏板图元上描绘需要分割的板块形成封闭→右键确认，提示"分割成功"。

（5）筏板分割后，修改局部筏板标高：单击需要修改标高的板图元，此时只有一块筏板图元变为蓝色→右键→【查改标高】→移动光标放到需要修改标高的筏板图元上，光标呈"五指"形的位置显示白色对话框并且显示此处的原有标高（即楼层底标高加筏板厚度）→在此输入需要修改的目标标高值（应该是负值）→【回车】→【动态观察】，在分割的筏板图元上，可以看到此处有高差的三维立体图。同样方法还可以修改筏板的局部厚度。

（6）设置相邻两块筏板之间有高差处的过渡变截面：在主屏幕上方→【设置变截面】→分别单击相邻有高差的两块筏板图元，两块筏板图元同时变为蓝色→右键，弹出【筏板变截面定义】界面，如图 12-20 所示。

在弹出的"筏板变截面定义"对话框中，凡绿色字体单击显示在白色对话框内→把需要修改的目标值输入到白色对话框内→确定，提示"设置变截面成功"。

建立筏板集水坑→【集水坑】→在【构件列表】界面，【新建▼】→以下有两种方法：①【新建矩形集水坑】→在【属性列表】界面，参照平面图中集水坑详图确认名称，输入筏板【属性列表】界面的各行参数、配筋值。②建立"异形集水坑"，在【构件列表】界面→【新建▼】→【新建异形集水坑】，在弹出的【异形截面编辑器】界面→【设置网格】，弹出"定义网格"对话框（图 12-21）。

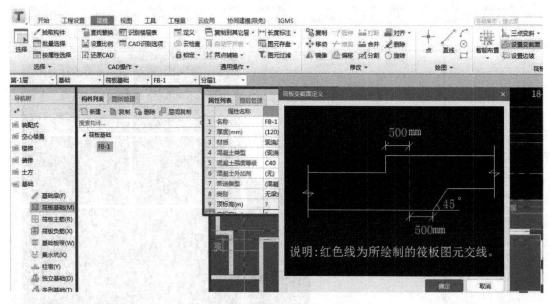

图 12-20 【筏板变截面定义】界面

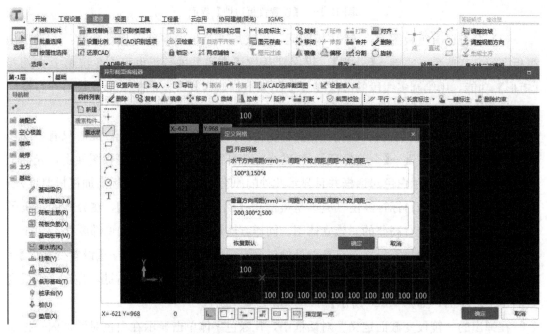

图 12-21 在【异形截面编辑器】界面定义集水坑的平面尺寸

按照平面图中集水坑的平面尺寸输入水平、垂直方向的网格间距。

重要提示：集水坑的转角、节点位置必须有网格节点。定义水平、垂直网格，可根据需要输入任意尺寸数字，如：100 * 3（100 表示集水坑的水平节点、垂直节点、转角点的网格间距，3 表示相同间距网格的个数）。水平方向从左向右，垂直方向从下向上

（为了绘制多线段方便，避免定义的网格间距太小、太密容易把网格数记错，可以根据需要尽量把网格间距设置得大一些）。用【直线】功能按绘制多线段的方法，在网格节点或转角节点处单击左键，如果某线段画错→【撤销】→右键→【绘图】→【直线】（有绘制圆形、弧形等多种功能），可继续绘制多线段形成封闭→右键结束。【设置插入点】（用以定位），在设置的插入点产生一个红色"×"形定位标志→确定，【异形截面编辑器】界面消失。插入点尽量设置在平面位置的角点。

在【构件列表】界面产生一个"集水坑"构件，在【截面形状】行显示为"异形"，并且在【异形截面编辑器】界面设置的集水坑平面尺寸已经显示在其【属性列表】界面的【截面宽度】（指垂直方向）和【截面长度】（指水平方向）行，截面尺寸数字在此不能修改。参照主屏幕上集水坑的平面、剖面图，按照图纸设计选择或者输入各行的属性参数。

使用【点】功能在电子版平面图纸上按照图纸所示位置绘制集水坑，如果弹出提示，可按下列方法进行操作：①绘制的集水坑位置非法，不能超出所在父图元（所依附的筏板）的范围→返回到【异形截面编辑器】界面修改集水坑的平面尺寸。②集水坑板顶标高非法，坑板顶标高不能大于父图元顶标高→【关闭】→在主屏幕左下角有基础层的"层高"，也就是筏板的最大厚度，筏板的顶标高范围→在此集水坑构件的【属性列表】界面的【坑板顶标高】行，选择【筏板顶标高】，再在原位置绘制集水坑。

筏板基础绘制完毕，在主屏幕上方→【工程量】→【汇总选中图元】→单击需要计算的构件图元，变蓝色→右键确认，计算运行→确定→【查看工程量】，弹出【查看构件图元工程量】界面（图 12-22）。还可以用此方法查看集水坑的钢筋工程量。

图 12-22　筏板基础构件图元的工程量（体积）

最后绘制筏板钢筋：在【常用构件类型】栏下方展开【筏板基础（M）】，选择相应的钢筋，绘制方法与楼板钢筋绘制方法基本相同，详见本书第 9 章各节。如果需要把筏板集水坑构件的钢筋数量单独列出、计算查阅，操作方法按照本书第 13 章各节。

智能布置筏板基础垫层：

在【常用构件类型】栏→【垫层】→【定义】→在【构件列表】界面→【新建▼】→【新建面式垫层】（为在后续的筏板基础下大开挖土方做准备）。在【构件列表】和【属性列表】

界面同时产生一个垫层构件（DC）→在【属性列表】界面，把 DC 修改为筏板基础垫层→回车（目的是与以前建立的其它垫层构件相区分）→在【构件做法】界面→【添加清单】→【添加定额】，参照其它章节有关部分操作。

筏板基础垫层的清单、定额子目、工程量代码选择完毕，关闭【定义】界面。

在主屏幕右上角→【智能布置▼】→【筏板】→框选平面图上的筏板基础图元，变蓝→右键确认，弹出"设置出边距离"对话框（图 12-23）。

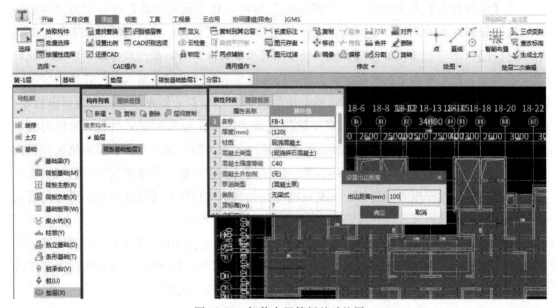

图 12-23　智能布置筏板基础垫层

在弹出的"设置出边距离"对话框中输入垫层相对筏板边的出边距离→确定，提示"智能布置成功"，筏板基础下的垫层已自动生成。

筏板基础垫层下的大开挖土方，【生成土方】的功能按本书第 12.9 节的方法操作。

12.6　绘制筏板基础梁或单独基础梁

筏板、筏板集水坑绘制完毕，绘制筏板基础梁，最后绘制筏板钢筋，参照绘制楼板钢筋的方法即可。

在【图纸管理】界面，找到已经对应到的基础层并双击有基础梁的"基础平面图"的图纸文件名首部，只有这一张电子版图纸显示在主屏幕，还需要检查此图轴网左下角的"×"形定位标志的位置是否正确。主屏幕左上角的楼层数可以自动切换到基础层。

在【常用构件类型】栏下方展开【基础】→【基础梁（F）】，已绘制的筏板图元消失，只有电子版基础平面图→把主屏幕平面图中有关基础梁的内容拖动到易于观察的位置，方便在建立基础梁时对照输入构件的各项属性参数。在【构件列表】界面→【新建▼】→【新建参数化基础梁】（图 12-24）。

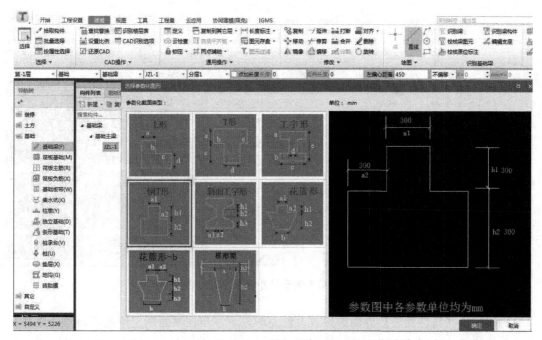

图 12-24　建立各种截面形式的基础梁

在显示的【选择参数化图形】界面→选择基础梁的截面图形，有上翻梁、下翻梁等 8 种截面图形可供选择，可在右边同步显示所选择基础梁的剖面图→凡绿色尺寸数字单击显示在白色对话框内→按照图纸设计输入各自的尺寸数字→确定。

在【选择参数化图形】界面设定的截面宽度、高度尺寸已显示在所建构件的【属性列表】界面，在此不能修改。在【构件列表】界面，另有【新建矩形基础梁】，可以在其【属性列表】界面直接输入截面尺寸数字；还有【新建异形基础梁】，在弹出的【异形截面编辑器】界面单击【设置网格】，描绘基础梁的截面尺寸线，操作方法参照本书第 3.3 节。

按照设计，正常情况截面尺寸大的应是基础主梁，左键单击【属性列表】界面的【类别】行，显示▼→可选择基础主梁、次梁（主梁与次梁相交时，主梁扣减次梁工程量）或承台梁。输入基础梁的名称，按属性界面各行要求输入属性、参数（如果设置的截面尺寸有误→单击【截面形状】行，显示 ⬚ → ⬚ ，可返回【选择参数化图形】界面重新设置）；还需要在属性界面输入跨数，以及【上部通长筋】【下部通长筋】的配筋信息，选择或者输入梁的【起点顶标高】【终点顶标高】等。如果有基础梁额外增加或单独设置的箍筋→展开属性界面下方的【钢筋业务属性】→单击【其它箍筋】行，在此行尾部显示 ⬚ ，并单击 ⬚ →进入【其它箍筋】设置界面（图 12-25）。

在此可以设置需要另外增加的基础梁箍筋→【新建▼】→选择箍筋图号→在【箍筋信息】栏只需要输入钢筋的型号、直径→在图形栏中可输入高度、宽度尺寸（输入的箍筋截面高度、宽度尺寸应扣除两侧保护层尺寸，仅指此处的其它箍筋；柱截面属性编辑的箍筋则不需要扣减保护层尺寸，直接输入柱的外形尺寸即可，程序有扣除保护层功能）→确定。

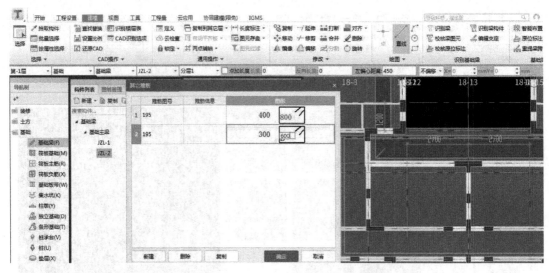

图 12-25 编辑需要另外增加的基础梁箍筋

所建构件【属性列表】界面的参数设置完毕，下一步在平面图上绘制基础梁，在主屏幕上方软件默认为用【直线】功能绘制基础梁，基础梁绘制完毕，梁构件图元为红色，没有提取梁跨。在主屏幕上方单击【重提梁跨▼】→【重提梁跨】（另有【设置支座】【删除支座】功能）→框选平面图上需要重提梁跨的红色梁图元，选上的梁图元变蓝→右键，选上的梁图元全部由红色变为绿色，相当于"批量提取梁跨"。

重提梁跨后，在主屏幕右上角单击【原位标注】尾部的▼→（【原位标注】与【平法表格】可在原位置互换）→【平法表格】，在主屏幕下方显示（空白的）【梁平法表格】界面→光标放到已绘制的绿色梁图元上，光标呈"回"字形可显示此构件名称并单击，此梁的跨数、起点标高、终点标高、各跨长度、截面尺寸及配筋值等信息已显示在梁平法表格内（图 12-26）。

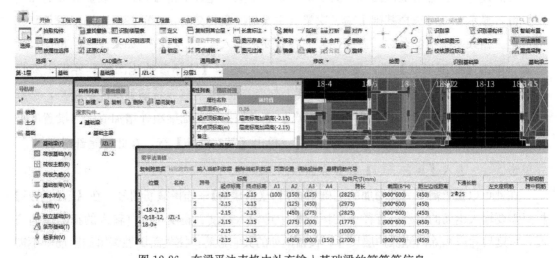

图 12-26 在梁平法表格中补充输入基础梁的箍筋等信息

在此表格中，一行表示梁的一跨→单击表格中一行中的【跨长】，平面图中与之对应的梁跨显示为黄色→拖动表格下方的滚动条，找到需要补充输入的信息，如箍筋→单击【箍筋】栏，显示 ⋯ → ⋯ ，弹出"钢筋输入小助手"对话框，按照提示的格式把箍筋配筋值输入到【钢筋信息】行（图 12-27）。

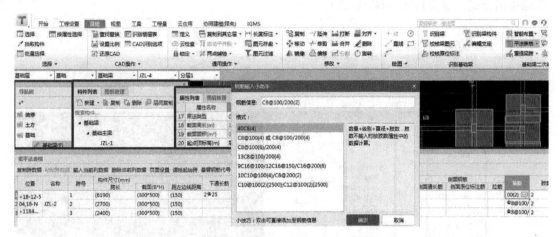

图 12-27　在【钢筋输入小助手】界面设置基础梁增加的箍筋

箍筋信息输入完毕→确定。输入的箍筋信息已显示在梁平法表格对应的【箍筋】栏，软件可以根据梁的截面尺寸、箍筋肢数、标准构造、间距，自动计算出所需要的箍筋数量、每个箍筋长度、总长度、每种规格钢筋的重量和总重量。

在主屏幕上方→【工程量】→【汇总选中图元】→单击平面图上需要计算的构件图元，变蓝→右键确认→确定→【查看钢筋量】，可以查看构件的各种钢筋重量。

梁的各项属性、参数设置完毕→使用【直线】功能绘制并提取梁跨后，使用【应用到同名梁】功能，把梁的截面尺寸、配筋等信息复制到其它梁。【应用到同名梁】→单击平面图上已绘制成功且作为基准（又称原构件）的绿色梁图元→右键确认→左键单击需要复制到的目标梁图元→右键，弹出提示"应用成功"，基准梁的截面尺寸、配筋信息已经复制到目标梁上。

使用主屏幕右上角的【梁跨数据复制】功能，把选中的梁跨数据、原位标注信息，复制到其它（目标）梁图元上，只要梁跨的原位标注相同，不同跨长但原位标注信息相同，均可以使用此功能把梁的相同数据复制到其它梁图元上。此功能适用于基础主、次梁，操作方法：在主屏幕右上角单击【梁跨数据复制】→移动光标放到作为基准梁（又称原构件）图元上，光标变为"五指"形并单击此梁图元，变为红色→右键确认→光标放到其它（又称目标）梁跨，光标变为"五指"形并单击此梁构件图元，梁图元变为黄色→移动光标至任意处右键确认，提示"复制成功"。

使用主屏幕右上角的【生成架立筋】功能设置梁的架立筋：在弹出的【生成架立筋】界面→【按梁截面尺寸】，下方主栏显示【梁宽】【梁高】【架立筋】等信息，可以根据需要修改，如有疑问→单击界面下方的【查看说明】，可以显示说明信息。

返回【常用构件类型】下方→在【筏板基础】主菜单界面，如果平面图中不显示筏板与基础梁组合的画面→在大写状态单击键盘上的【F】（可【显示】【隐藏】基础梁）、【M】（可【显示】【隐藏】筏板基础构件图元）→【动态观察】并转动光标，可以看到筏板基础与基础梁组合的三维立体图（图12-28）。

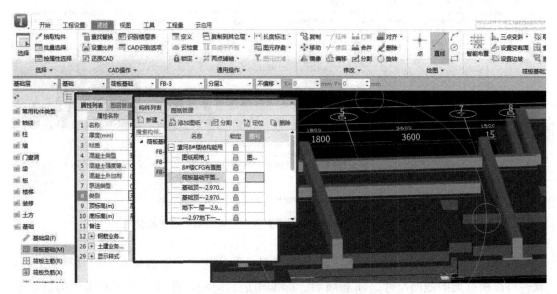

图12-28　筏形基础与基础梁组合的三维立体图

12.7　绘制条形基础、垫层，生成基槽土方

在【图纸管理】界面，找到已对应到基础层、绘有条形基础的图纸文件名，并双击此图纸文件名称首部，只有这一张电子版图纸显示在主屏幕，还要检查此图纸轴网左下角的"×"形定位标志的位置是否正确。主屏幕左上角的楼层数可以自动切换到基础层。

在【常用构件类型】栏下方展开【基础】→【条形基础（T）】→在【构件列表】下方【新建▼】→【新建条形基础】（为新建条形基础的一级也称上级构件）→在右边【属性列表】界面，可把构件名称改为中文条形基础→回车，【构件列表】下的构件名称随之改变为中文名称的条形基础。把【属性列表】界面下的【结构类型】选择为【主条基】或【次条基】，按设计要求输入轴线距左边线距离，设置起点、终点底标高。其有两种工况：条形基础的底标高等于在楼层设置界面的基础层层底标高，无高差，需要把起点、终点底标高均选择为层底标高；当有高差时，正值为向上，负值为向下，只输入高差值。当条形基础的一级构件名称为当前构件，且为蓝色时，在其【属性列表】界面展开【钢筋业务属性】，可以选择【全部扣除】【不扣除】【隔一扣一】筏板基础相同标高处的钢筋→单击【计算设置】行，显示 ⌷⌷⌷ → ⌷⌷⌷ ，弹出【计算参数设置】界面（图12-29）。

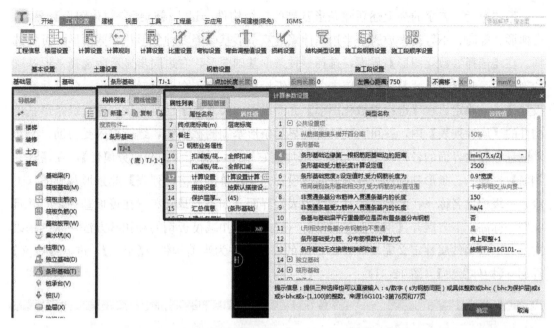

图 12-29　在【计算参数设置】界面设置条形基础的钢筋参数

在【计算参数设置】界面，可按软件推荐的设置值进行选择。

属性界面的宽度、高度在此不需要操作设置，但需要在下面建立二级条形基础构件的【属性列表】界面输入。条形基础的一级构件属性参数设置完毕。

在【构件列表】界面→【新建▼】→【新建参数化条形基础单元】（图 12-30）。

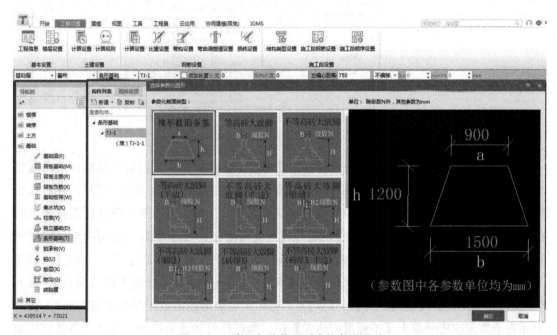

图 12-30　建立各种截面形式的条形基础

带"单元"二字的为上述新建条形基础的二级构件→进入【选择参数化图形】界面，有梯形、等高、不等高大放脚、半边、伸缩缝双条形基础等多种条形基础截面形状可供选择。在【选择参数化图形】界面，选择一种条形基础图形，右边同步显示所选条形基础的剖面图，凡绿色尺寸数字均可单击，按图纸设计要求输入在白色对话框内，各尺寸数字设置完毕→确定。在【选择参数化图形】界面设置的尺寸数字已显示在右边二级条形基础构件的【属性列表】内，并可自动计算并显示条形基础的截面积，继续输入受力筋、分布筋信息等属性界面的各行参数，如需要增加其它钢筋可展开【钢筋业务属性】，在【其它钢筋】栏输入。条形基础的二级构件属性设置完毕。单击【构件列表】此条形基础的（上级）一级构件名称→在此构件的【属性列表】界面（如条形基础布置在筏板基础之间并且在同一标高）下方展开【钢筋业务属性】→选择是否扣减筏板钢筋和扣减方法，条形基础的上、下级构件属性定义完毕。条形基础的二级构件为当前构件→【定义】，进入【定义】界面→【构件做法】（图 12-31）。

图 12-31　条形基础构件选择清单、定额

【添加清单】→【查询清单库】→展开【钢筋混凝土】分部→现浇混凝土基础→双击【带形基础】清单使其显示在上方主栏内，在工程量表达式栏，可自动带有"TJ"，表达式说明栏显示【条基体积】→【添加定额】→【查询定额库】→进入按照分部分项选择定额子目的操作，展开【混凝土及钢筋混凝土】→展开【现浇混凝土】→【基础】，（以河南地区定额为例）双击"5-3：现浇带形混凝土基础"，使其显示在上方主栏内，双击"5-3"的【工程量表达式】栏→单点行尾部显示的▼，选择【条基体积】→在混凝土分部下的【模板】→展开【现浇混凝土模板】→【基础】→找到并双击"5-180：现浇钢筋混凝土带形基础模板"，使其显示在上方主栏内→双击【工程量表达式】栏，单点行尾部显示的▼，选择【条基模板面积】。清单、定额子目、工程量代码选择完毕→关闭【定义】界面。

在【构件列表】界面单击【条形基础】的一级构件名称，变蓝，使其成为当前操作的构件→用主屏幕上方的【直线】功能绘制条形基础。

在平面图上绘制条形基础的构件图元→【工程量】→【汇总选中图元】→单击已绘制或者识别的条形基础构件图元，此构件图元变蓝，可根据需要连续单击或者框选平面图上已产生的全部条形基础构件图元→右键确认，计算完毕，提示"计算成功"→确定→【查看工程量】，在弹出的【查看构件图元工程量】界面→【做法工程量】显示选择的清单、定额子目工程量（图12-32）。

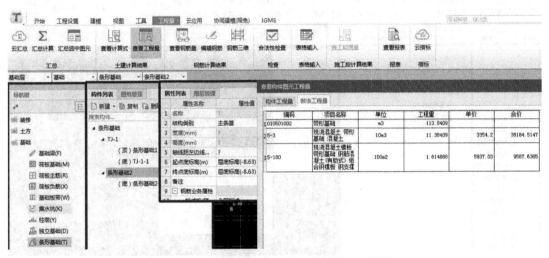

图12-32　条形基础的清单、定额子目工程量

如果在条形基础一级构件属性的起点、终点底标高值选择的是层底标高，动态观察时，三维立体图条形基础底标高与红色轴网在同一平面。

使用同样的方法可以查看条形基础各种钢筋的用量（图12-33）。

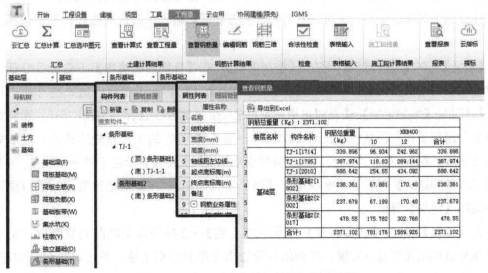

图12-33　条形基础各种钢筋的规格和数量

　　智能布置条形基础垫层：在【常用构件类型】栏下方展开【基础】→【垫层（X）】→在【构件列表】界面→【新建▼】→（新建条形基础垫层应选）【新建线式矩形垫层】，在【构件列表】界面产生一个垫层构件。在主屏幕上方→【智能布置】→【条基中心线】→在主屏幕平面图上框选全部条形基础构件图元，选上的条形基础变为蓝色→右键，在弹出的"设置出边距"对话框中输入出边距（图12-34）→确定，提示"智能布置成功"。

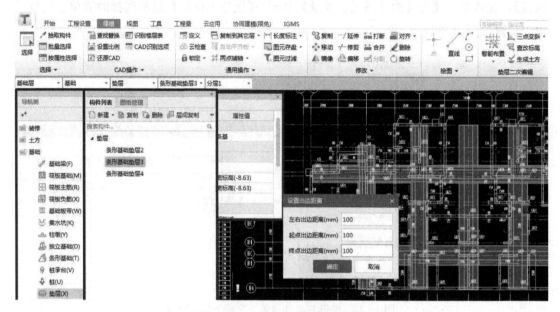

图12-34　智能布置条形基础垫层

　　在【构件列表】下等于复制了一个垫层构件→把左边产生的【属性列表】中把垫层名称改为"条形基础垫层"→回车。【构件列表】下方的垫层构件名称与之同步更正与属性列表构件同名。构件属性厚度默认为100，可修改，宽度在此无须操作，起点、终点顶标高程序默认为基础底标高，也可按条形基础实有底标高输入，属性列表各行参数选择、输入完毕。

　　【定义】→在【构件做法】下方→【添加清单】，在【查询匹配清单】下选择5分部垫层清单号（以河南地区为例），并双击使其显示在上方主栏内，工程量表达式栏自带"TJ"，即垫层体积。【添加定额】→【查询定额库】→进入按分部分项选择并双击"5-1：现浇混凝土垫层"定额子目，使其显示在上方主栏内→双击"5-1"的工程量表达式栏，显示▼→选择【垫层体积】→双击"5-171：现浇混凝土垫层模板"使其显示在主栏内→双击"5-171"的【工程量表达式】栏，显示▼→选择【垫层模板面积】，在此需把所需定额子目全部选齐→关闭【定义】界面。

　　在【建模】界面→【智能布置】→【条基中心线】→选择条形基础图元或者框选全平面图，条形基础图元变蓝→右键，在弹出的设置出边距对话框中输入单边出边距（如起点、终点出边距离为变距离，需要输入起点、终点出边距)→确定，条形基础的垫层已绘制成功。【工程量】→【汇总选中图元】→在主屏幕电子版图纸上单击已布置上的条形基础垫层构件图元，计算运行，查看垫层构件图元的工程量（图 12-35）。

图 12-35　条形基础垫层构件的工程量

在此界面上方单击【做法工程量】，可以看到垫层已经添加的清单、定额子目的工程量。

下一步生成垫层基槽土方：条形基础垫层图元绘制完毕，在主屏幕右上角单击【生成土方】（图 12-36）。

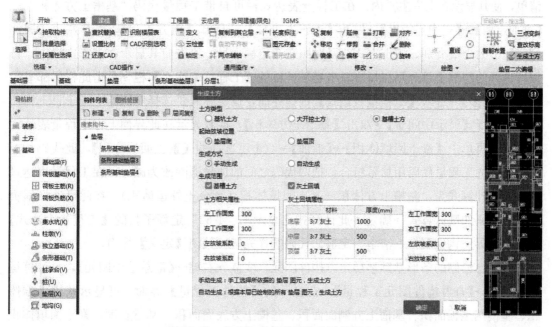

图 12-36　自动生成条形基础垫层基槽土方

在弹出的【生成土方】界面，如果选择【手动生成】，需要选择平面图上的垫层构件图元（可多次单击选择）才能生成土方；如果选择【自动生成】，则可根据本层已有的全部垫层图元自动生成土方。

展开【常用构件类型】栏下方的【土方】→【基槽土方】→【定义】，进入【定义】界面，在【构件列表】下方已产生基槽土方构件，在左边基槽土方的【属性列表】界面可以修改构件名称为"条形基础垫层土方"→回车，【构件列表】下对应的构件名称随之更正。在条形基础垫层土方的属性界面，选择土壤类别，可自动显示沟槽扣除室内外高差的实际深度，但是在【生成土方】界面已设置的工作面宽度，放坡系数不能同步显示在属性界面，需要重复操作按原数字输入，并且选择挖土方式，同时还需要展开【土建业务属性】界面把各行参数定义完毕（图12-37）。

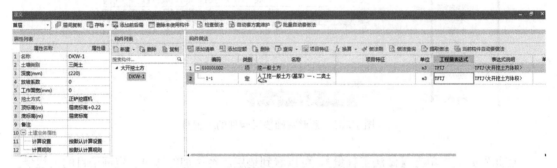

图 12-37　设置条形基础的土建业务属性

在右边【构件做法】下方→【添加清单】→在【查询匹配清单】下找到并双击挖沟槽土方清单，使其显示在上方主栏内，在工程量表达式栏可自带工程量代码"基槽土方体积"→【添加定额】→【查询定额库】→展开【土石方工程】→展开【土方工程】，可与左边【属性列表】下的土壤类别、挖土方式相互对照选择定额子目，双击使其显示在上方主栏内，再按所选择的定额子目分别在每行双击定额子目的【工程量表达式】栏→单击此栏尾部显示的▼→【更多】→进入【工程量表达式】选择界面，按实际需要选择对应的定额子目工程量代码→选择【显示中间量】→双击【基槽土方体积】，使其显示在此界面上方工程量表达式的下方，再单击【素土回填体积】→【追加】→双击已选择的【素土回填体积】，此代码与上次已选择的工程量代码用加号组合，把两代码之间的加号删除改为减号，在工程量表达式下方组成计算式为：基槽土方体积－素土回填体积（＝余土外运体积）。在此可选择编辑工程量代码四则计算式→确定，此计算式已显示在"1-62"定额子目的【工程量表达式】栏。定义界面构件属性、清单、定额、代码选择完毕，关闭【定义】界面。

单击已绘制的条形基础垫层土方构件图元，变蓝→右键→【汇总选中图元】，→计算运行→右键→【查看构件图元工程量】，在显示的【构件工程量】界面，可显示基槽土方体积、基槽挡土板面积、基槽土方侧面面积、基槽土方底面面积、基槽长度、素土回填体积共6种数据（图12-38）。

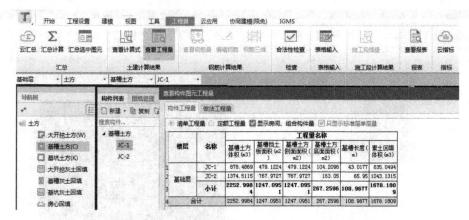

图 12-38　条形基础垫层基槽土方的【构件工程量】界面

同样方法可以查看条形基础垫层基槽土方的清单、定额工程量。

地沟或者基槽土方量的手动计算方法，一般采用截面法，即：地沟或者基槽的截面积×长度＝地沟或者基槽的土方量。对于各段不同截面积，只有某一种或两种构造尺寸不同的基槽，可先计算出地沟基槽的加权平均综合深度值，再计算出地沟基槽的土方量：

$$加权平均值综合深度 = (h_1L_1 + h_2L_2 + h_3L_3 + \cdots + h_nL_n)/L$$

式中：h_1、h_2、h_3、$\cdots$、h_n——按照不同深度分段的地沟基槽深度（单位：m）；

$\quad\quad L_1$、L_2、L_3、$\cdots$、L_n——对应于h_1、h_2、h_3、$\cdots$、h_n各段的分段长度（单位：m）；

$\quad\quad\quad\quad L$——地沟基槽总长度（单位：m）。

地沟基槽的宽度×加权平均综合深度×总长度＝地沟基槽的土方量（单位：m^3）。

12.8　地沟、创新方法生成地沟基槽土方

在【图纸管理】界面，找到已对应到基础层、绘制有地沟的图纸文件名并双击此文件名称首部，只有这一张电子版图纸显示在主屏幕，还需要检查图纸轴网左下角的"×"形定位标志的位置是否正确。主屏幕左上角的楼层数可以自动切换到基础层。

在【常用构件类型】栏下方展开【基础】→【地沟（G）】→在【构件列表】界面→【新建▼】→【新建参数化地沟】→弹出【选择参数化图形】界面（图 12-39）。

在此只有一种形式的地沟图形可供选择，在矩形地沟截面大样图中，凡绿色尺寸数字单击，可在显示的白色对话框内按设计要求，修改、输入尺寸数字。上、下、左、右可根据需要输入不同的尺寸数字，也可设置对称、不对称，也可设置为矩形、梯形、偏心等各种截面形状的地沟。

在【构件列表】界面，总地沟名称下产生 4 个分构件，从上向下依次为首部有"顶"字标志的地沟盖板、中部的 2 个侧壁、下边首部有"底"字标志的地沟底板。在【构件列表】界面→单击上方的总构件名称，变为蓝色的成为当前操作的构件→在【属性列表】界

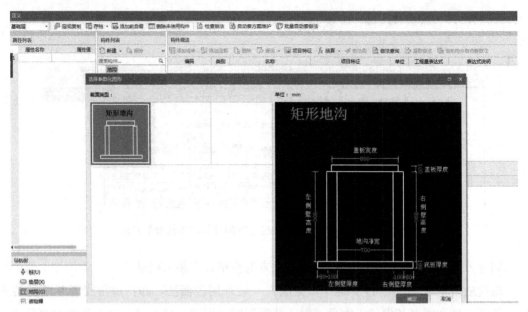

图 12-39 　【选择参数化图形】界面

面，同步显示此总构件的名称、属性参数，在此显示的【宽度】【高度】尺寸数字是在参数图中设定的，不能修改，只能修改轴线偏移尺寸、底标高。

在【构件列表】界面，分别单击总构件名称下的分构件→在【属性列表】界面同步显示分构件的名称、属性、参数，例如第一层地沟构件名称的代号 DG，在【类别】行显示为地沟盖板，材质按照设计可选择为现浇或预制混凝土，选择混凝土强度等级，地沟盖板的宽度、高（厚）度、截面面积数字是在参数图中设定且是软件自动计算出的，在此不可修改，盖板相对地沟中心线的偏心距离、相对底标高可以按照设计要求修改。单击盖板下方的【其它钢筋】行，显示 ⋯⋯→⋯⋯ ，进入【编辑其它钢筋】界面，按照本书第 9.11 节中钢筋编辑的方法操作。

在【构件列表】界面，单击第二层地沟构件名称 DG，在【属性列表】界面同步显示地沟的名称代号，在【类别】行显示的是左侧单边地沟侧壁，材质可选择现浇或预制混凝土，选择混凝土强度等级（如材质选择为砖，软件可自动显示与选择砂浆有关的信息）。截面高度、宽（厚）度、截面面积是在参数图中设定且是软件自动计算出的，在此不可修改。单击【其它钢筋】，再单击其行尾部 ⋯⋯→⋯⋯ ，进入【其它钢筋编辑】界面→进入编辑地沟侧壁钢筋的操作，同上述。

在【构件列表】界面单击第三层地沟构件名称 DG，在【属性列表】界面，同步显示的是右边地沟侧壁，按上述二层地沟侧壁的方法操作。

在【构件列表】界面单击首部有（底）字标志的第四层地沟构件名称 DG，在【属性列表】界面，同步显示地沟底板的构件名称、属性、参数，在【类别】行显示为地沟底板，可选择材质、混凝土强度等级，截面尺寸、截面面积是在参数图中设定的，在此不可修改，如果设计有钢筋，可以在【其它钢筋】界面操作，方法同上。

【属性列表】与参数图结合可根据设计需要，设置为多种矩形、偏心矩形、梯形截面和不同材质、配筋的地沟。在此不能设置的截面形式可在【新建异形地沟】界面下操作。地沟盖板、侧壁、底板各级构件属性、配筋信息，设置完毕。

【定义】→在【构件列表】界面→单击上方地沟的总构件名称，变为蓝色的成为当前操作的构件→【构件做法】→【添加清单】→【查询清单库】，如果找不到地沟的清单，可在【查询匹配清单】的下邻行输入"地沟"二字→回车，右边主栏显示的全部是与地沟有关的清单（有砖、石明地沟、电缆沟）→双击电缆沟清单，使其显示在上方主栏内，在【工程量表达式】栏可以选择【地沟长度】。在【构件列表】界面→选择首部有（顶）字标志的地沟盖板【添加清单】→双击电缆沟清单，使其显示在上方主栏内，双击此清单的【工程量表达式】栏→【更多】→【显示中间量】，找到【原始长度】并双击→确定，此工程量代码已显示在应有位置且有代码的文字说明。【添加定额】→【查询定额库】→在【专业】栏选择【建筑工程】→进入按分部分项选择定额子目的操作（以河南地区定额为例）。展开【混凝土及钢筋混凝土工程】分部→展开【预制混凝土】，地沟盖板选择预制混凝土板→选择并双击"5-61：预制混凝土沟盖板"，使此定额子目显示在上方主栏内，因在【工程量表达式】选择界面没有需要的工程量代码，双击【工程量表达式】栏，在此可直接输入计算地沟沟盖板的计算式→再返回到【定义】界面，在"5-61"定额子目的【工程量表达式】栏输入地沟盖板的计算式→回车，在表达式说明栏显示计算结果。（如果忘记盖板尺寸，可使用【参数图】功能查看已经设定的地沟大样图；还可以在后续绘制地沟构件图元后点击【汇总选中图元】，在【查看构件图元工程量】的【构件工程量】界面可查到地沟的长度数值）

在【构件列表】界面分别选择两个地沟侧壁→【构件做法】，也要选择清单，如双击清单编号"504001：直形墙"，使其显示在主栏上方→【添加定额】，再选择并双击"5-24：现浇混凝土直形墙"，使其显示在上方主栏内→双击【工程量表达式】栏，因没有对应的工程量代码选择，操作方法同上，可直接输入地沟侧壁体积的计算式，在表达式说明栏显示计算结果。地沟各构件属性、参数，清单、定额、工程量代码选择完毕。

关闭【定义】界面，使用【直线】功能绘制地沟→【动态观察】，可以看到已绘制地沟的三维立体图形（图12-40）。

单击主屏幕上方的【工程量】→【计算选中图元】→单击已绘制的地沟图元，变蓝→计算运行→【查看构件图元工程量】，在此可以看到所选择的清单、定额子目的工程量。

创新方法：用虚设地沟垫层，实现自动生成地沟基槽土方。

地沟图元绘制成功后，在【常用构件类型】栏下方→【垫层】，此时平面图中已绘制的地沟构件图元消失→单击键盘上的【G】，可隐藏、显示地沟构件图元。在【构件列表】界面→【新建▼】→【新建线式矩形垫层】，在【构件列表】下方产生一个不带中文地沟字样的垫层构件→在【属性列表】界面修改构件名称为用中文表示的"地沟垫层"→回车，连

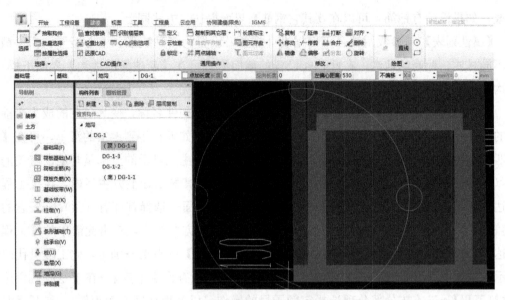

图 12-40　已绘制地沟的三维立体图形

同【构件列表】下新建的构件名称随之更正为中文"地沟垫层"。把【属性列表】界面的
"厚度"修改为最小厚度（20mm），以减少对后续土方计量的影响，并记住此值，在后续
计算地沟土方量时扣减相同的深度数值，其余操作方法同一般垫层。因为此垫层是虚设
的，实际上没有，不需要【添加清单】【添加定额】，关闭【定义】界面。在主屏幕右上角→
【智能布置】→【地沟中心线】（平面图上可恢复显示已经消失的地沟构件图元）→左键选择
地沟图元，变蓝→右键，在弹出的"设置出边距离"对话框输入出边距离，应是地沟底板
相比地沟侧壁的出边距离→确定，弹出提示"智能布置成功"，提示可自动消失，虚设的
地沟垫层图元已布置成功（图 12-41）。

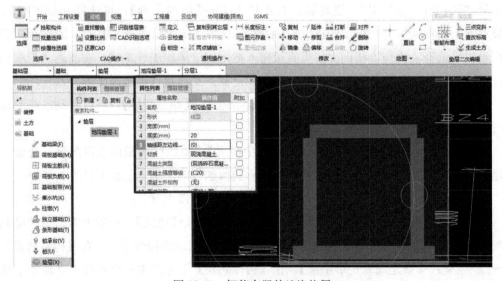

图 12-41　智能布置的地沟垫层

在主屏幕右上角→【生成土方】，弹出【生成土方】界面，后续操作方法同条形基础垫层基槽土方，需要记住扣除因虚设地沟垫层增加的沟槽深度和土方量。

12.9 大开挖土方设置不同工作面、放坡系数

需要在把±0.00以下的全部构件、筏板基础、垫层等各种构件图元全部绘制完毕后进行，软件才能计算"挖土方体积－埋入各种构件体积＝素土回填体积"。

建立大开挖土方：在【常用构件类型】栏下方展开【土方】→【大开挖土方（W）】→【定义】→在【构件列表】界面→【新建▼】→【新建大开挖土方】，在【构件列表】下产生一个"大开挖"土方构件（DKW）→在"大开挖土方"构件的【属性列表】界面，修改构件名称为中文构件名→回车，【构件列表】下的构件名称随之改变为中文"大开挖土方"（图12-42）。

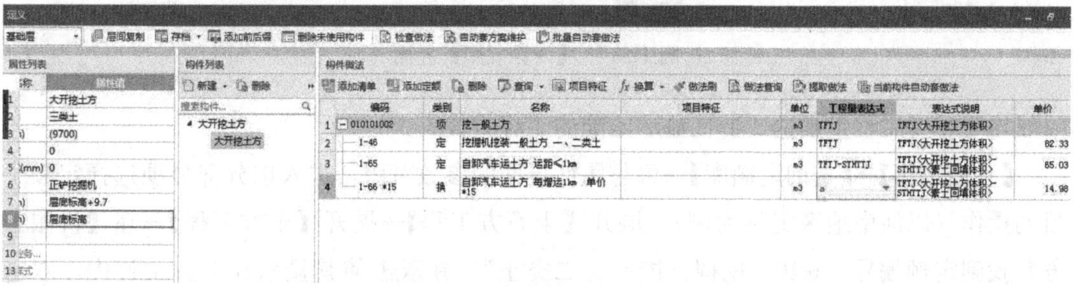

图12-42 建立大开挖土方

在【属性列表】界面选择土壤类别，并且可以在【深度】行自动显示软件计算出的土方深度（＝基础层底标高－室内外高差）。选择或输入放坡系数、工作面宽度，选择挖土方式（人工、正铲、反铲挖掘机），输入土方顶标高（一般是层底标高＋默认显示的土方深度），选择底标高（层底标高、层顶标高、基础底标高、垫层底标高）。如图纸设计有特殊要求→展开【土建业务属性】→单击【计算设置】行，显示 ⋯⋯ → ⋯⋯ ，在弹出的"计算设置"界面单击【清单】，在【大开挖土方工作面计算方法】行，可选择【不考虑工作面】或者【加工作面】。

在【大开挖土方放坡计算方法】行单击→可以选择【不考虑放坡】或者选择【计算放坡系数】→确定。

在【土建业务属性】下方单击【计算规则】行，显示 ⋯⋯ → ⋯⋯ ，弹出【计算规则设置】界面（图12-43）。

在这里有许多选项，对于计算结果有较大影响，需要与图纸设计对照并认真核对，如果不做选择、设置，软件会按照行业常规做法计算。

在【属性列表】界面，各行属性、参数设置完毕→在【构件做法】下方→【添加清单】→在【查询匹配清单】找到对应的清单，双击所选择清单，使其显示在上方主栏内，凡清单

图 12-43　【计算规则】界面

一般均可在【工程量表达式】栏显示匹配的工程量代码。

　　【添加定额】→【查询定额库】→可与属性界面的参数对照,进入按分部分项选择定额子目的操作(以河南地区定额为例)。展开【土石方工程】→展开【土方工程】→在【机械土方】找到定额编号"1-46:挖掘机挖一、二类土",并双击使其显示在上方主栏内,双击"1-46"的【工程量表达式】栏,单击栏尾部的▼→选择"大开挖土方体积"(TFTJ),找到"1-61:装载机装土",并双击使其显示在上方主栏内,在其【工程量表达式】栏,单击显示▼→【更多】,进入【工程量表达式】选择界面,在【工程量名称】下方找到【大开挖土方体积】并双击使其显示在此界面上方→【显示中间量】→单击【素土回填体积】→【追加】→双击已选择的【素土回填体积】,使其与已显示在上方的大开挖土方体积(TFTJ)用加号码连在一起,并把它们之间的加号修改为减号(图 12-44)。

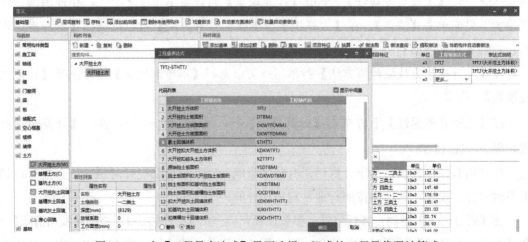

图 12-44　在【工程量表达式】界面选择、组成的工程量代码计算式

按图 12-44 中的示意选择完工程量代码计算式后→单击确定，组成的工程量代码计算式已经显示在上述定额的工程量表达式栏。

找到"1-65：自卸汽车运土运距≤1km"，并双击使其显示在上方主栏内，方法同定额编号"1-61"；找到"1-66：自卸汽车运土运距每加 1km"并双击，使其显示在上方主栏内→双击"1-66"的【工程量表达式】栏，单击栏尾部的▼→更多→进入【工程量表达式】界面，勾选【显示中间量】显示更多工程量代码→双击"大开挖土方体积"（TFTJ），使其显示在此界面上方→单击"素土回填体积"（STHTTJ）→【追加】双击已选择的素土回填体积，使其与前面已经显示在【工程量表达式】下方的工程量代码用加号连接在一起→删除加号改为减号，组成计算式→确定，此计算式已显示在"1-66"的【工程量表达式】栏内。

如需计算护坡面积：展开【地基处理及边坡支护】，找到并双击"2-94：喷射混凝土护坡、初喷混凝土厚度 50mm"，使其显示在上方主栏内，双击"2-94"的【工程量表达式】栏，单击栏尾部的▼→选择【大开挖土方侧面积】；找到"2-96：喷射混凝土护坡每增减 10mm"，选择工程量代码方法与"2-94"相同，不同之处在于需要单点"2-96"，并在其尾部输入"＊2"（说明增加厚度 10mm＊2）→左键，在此定额子目名称栏尾部显示"单价＊2"。定额子目、工程量代码、换算操作设置完毕，关闭【定义】界面。

在主屏幕上方→【智能布置▼】→【面式垫层】（图 12-45）。

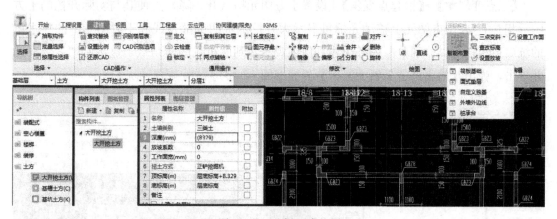

图 12-45　选择面式垫层

方法 1：【外墙外边线】→选择【直线】布置，沿主屏幕电子版图纸，大开挖土方底边线绘制多线段形成封闭，大开挖土方图元绘制成功，下一步可按照下述的方法增加工作面、设置放坡系数。

方法 2：【智能布置】→【面式垫层】→单击筏板基础垫层图元→右键，提示"智能布置成功"，大开挖土方已绘制成功。

大开挖土方图元绘制完毕，还可以根据现场地形，进一步修改、调整基坑土方图元尺寸。主要功能有：在主屏幕右上角【三点变斜▼】（改变基坑顶标高）→【三点变斜】，按照下方提示区的提示，光标左键单击大开挖土方图元，不要选择土方图元中其它构件的图层，土方图元各角点显示当前基坑底标高且为负值→依次单击需要修改的角点标高值使其显示在白色对话框内→按现场实测值输入。实际开挖深度＝当前显示的基坑底标高－基坑顶实测的高差值。输入目标值→回车，达到修改、调整土方图元各角点深度与实际深度一致的目的。缩小大开挖土方图元，可看到图元全部角点→按逆时针方向逐个单击角点→右键确认，土方图元中显示的白色线条变为示坡箭头指向基坑深处。

大开挖土方图元绘制完毕，在主屏幕右上角→【查改标高】，根据软件的不同版本，有以下两种操作方法。

方法1：在绘制的大开挖土方图元中快速调整底标高→单击大开挖土方图元，显示土方图元内各角点当前底标高，光标放到图中原有标高值上并呈"五指"形，分别单击需要修改底标高的数值，显示在白色对话框内→输入目标值→回车。检查无误后，右键确认。单击大开挖土方图元→选择基准边与升、降抬起点→在弹出的对话框中输入基准边底标高目标值，正值向上，负值向下→确定，显示坡向箭头。

方法2：在主屏幕右上角→【查改标高】，此时平面图上的土方构件图元变为红色（在绘制的大开挖土方图元中快速调整底标高）→移动光标放到土方图元中显示的基坑底标高蓝色数字上，光标变为"五指"形并单击→在显示的对话框内输入需要修改的目标数值→回车，此处的基坑底标高数值已改变。

【三点变斜▼】→【抬起点变斜】〔设置土方图元抬（升、降）点使其与实际开挖的土方图形相符〕，在土方图元上移动光标可显示大开挖基坑的底部边线和土方图元中的集水坑的坑底边线；可以分别单击一条边线，仔细观察找到此边线的转角点，显示有"×"标志并单击，弹出【抬起点定义斜大开挖】界面（图12-46）。

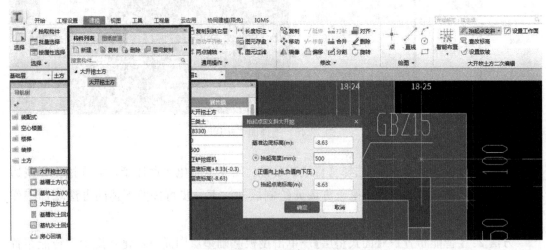

图12-46 【抬起点定义斜大开挖】界面

在【抬起点定义斜大开挖】界面中的【基准边底标高】行，自动显示基坑的原有标高值，可以在下方【抬起高度】行输入相关数值（正值向上、负值向下）→确定，原有基坑构件图元已按照输入的数值改变。

【指定图元】，可一次性修改或设置土方图元全部各边相同宽度的工作面；【指定边】，可在同一土方图元各边设置不同宽度的工作面，可用于大开挖土方、大开挖灰土回填。操作方法：【设置工作面】→选择【指定图元】→左键单击大开挖土方图元→右键，在弹出的【设置工作面】界面输入需要设置的工作面宽度→确定，大开挖土方图元全部各边已经设置了相同宽度的工作面。或者选择【指定边】（图 12-47）单击需要修改或设置工作面土方图元的一条底边线→右键，在弹出的【设置工作面】界面中输入工作面宽度→确定，工作面宽度已按输入数值改变→单击下一个需要设置不同工作面宽度的指定边→右键，在弹出的【设置工作面】界面中输入工作面宽度。

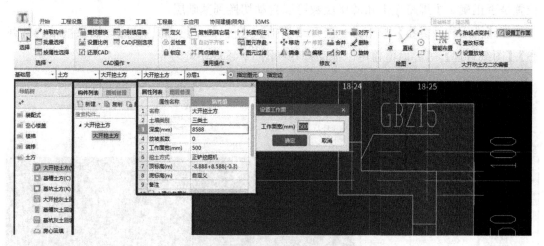

图 12-47　大开挖土方设置不同的工作面宽度

在主屏幕下邻行单击【指定图元】→光标左键单击需要设置或修改放坡系数的土方图元，变蓝→右键，在弹出的【设置放坡系数】界面输入需要的放坡系数→确定，已设置所有各边相同的放坡系数。[放坡系数＝放坡宽度（坡底至坡顶的水平投影宽度）/基坑深度]

设置各边不同的放坡系数：

【设置放坡】→选择【指定边】→光标左键选择土方图元基坑底边线→右键，在弹出的"设置放坡系数"对话框输入放坡系数→确定，只有选择的一条边设置了放坡系数。选择基坑底的另一条边，重复上述操作即可。

如果各层的土质不同，需要根据不同的厚度设置不同的放坡系数，可以输入放坡系数的加权平均值，其计算公式如下：

$$放坡系数的加权平均值＝(h_1 K_1＋h_2 K_2＋h_3 K_3＋\cdots＋h_n K_n)/H$$

式中：h_1、h_2、h_3、$\cdots$、h_n——从上向下各层不同土质的厚度（单位：m）；

K_1、K_2、K_3、$\cdots$、K_n——相对应土层的放坡系数，均小于 1；放坡系数＝坡顶放坡宽度/基坑深度；

H——基坑的总深度（单位：m）。

如果筏板基础垫层下的基坑有不同深度，还可以使用"设置施工段"的方法划分为数个不同深度的基坑，操作方法可参照本书第18章。

12.10 识别桩、绘制桩承台、自动生成基坑土方

1. 识别桩

在【图纸管理】界面找到已对应到的基础层并双击"桩基础平面图"的图纸文件名称首部，只有这一张电子版图纸显示在主屏幕，还需要检查轴网左下角"×"形定位标志的位置是否正确。主屏幕左上角的楼层数可以自动切换到基础层。

在【常用构件类型】栏下方→展开【基础】→【桩（U）】→【识别桩】，如果被【构件列表】【图纸管理】等界面覆盖可以拖动移开（图12-48）。

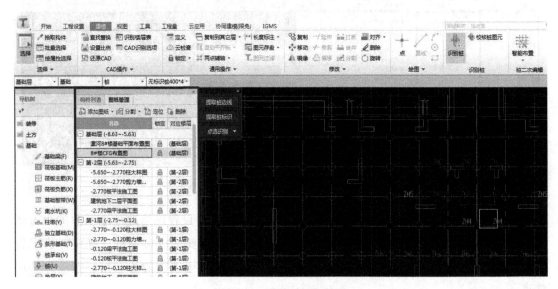

图12-48 【识别桩】界面

【提取桩边线】→左键单击平面图中某一根桩的圆圈线，圆圈线图层全部变蓝（有没变蓝的可再次选择并单击，使此图层全部变蓝）→右键，变蓝的图层消失。

【提取桩标识】→任意选择并单击平面图中桩的名称，作为桩标识→全部桩名称为桩标识且变为蓝色→右键，变为蓝色的图层全部消失，识别有效，如果桩圆圈线内绘制有填充图案，还可以单击桩图形圆圈线中的填充图案，全部变为蓝色→右键，变为蓝色的图层消失。

单击【点选识别】尾部的▼→【自动识别】，弹出【校核桩图元】界面，此时平面图上消失的桩名称、桩圆圈线已恢复显示，并且在桩的圆圈线中已经产生填充图案。可以先关闭【校核桩图元】界面→【动态观察】→转动鼠标，可以看到平面图上识别产生的桩构件的三维立体图（图12-49）。

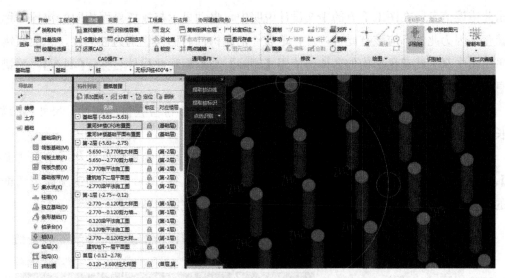

图 12-49 平面图上识别产生的桩构件三维立体图

检查识别效果，在【构件列表】界面可以看到识别产生的各种桩构件名称→单击主屏幕上方的【校核桩图元】，如有错误图元信息，在弹出的【校核桩图元】界面分别勾选【尺寸不匹配】【未使用的边线】【未使用的标识】【无名称标识】，其下方主栏可以分别显示各自的错误信息。

当勾选【无名称标识】时，在校核界面主栏内显示错误信息，如"无标识桩"→双击此错误信息，平面图中此错误构件图元自动放大呈蓝色显示在主屏幕，同时在【构件列表】界面，此错误构件名称变蓝，成为当前纠错的构件→光标放到平面图中蓝色构件图元上，光标由"十"字形变为"回"字形，并可显示与【校核桩图元】【构件列表】和平面图中错误构件图元上相同的错误构件名称。如果与平面图中原有的构件名称不同：方法一，单击此构件图元，变为蓝色，右键→【修改图元名称】，在弹出的【修改图元名称】界面选择平面图中应有且正确的构件名称并单击→确定→单击【刷新】，错误信息消失，纠错成功；方法二，可以把【构件列表】界面识别产生的构件名称与平面图上"桩统计表"中的构件名称进行对比检查（如果图中的"桩统计表"消失，在【图层管理】界面勾选【CAD原始图层】，"桩统计表"等消失的图层信息可恢复显示），【构件列表】界面的错误构件名称应该是比"桩统计表"中缺少的桩名称，在其【属性列表】界面将错误的名称修改为缺少的、正确的构件名称→回车，【构件列表】界面中的此错误构件同步更正为同名→【刷新】，全部错误信息消失，纠错成功。

还有一种情况，在【校核桩图元】界面，若出现错误提示"未使用的桩边线"→双击此错误提示信息，平面图中此错误桩构件图元的圆圈内显示为空白，无实体填充图案→在【构件列表】界面找到正确的构件名称并单击→使用【点】功能原位置绘制，如果位置不对可使用【移动】功能纠正→【刷新】，错误信息消失，纠错成功。

勾选【校核桩图元】界面上方的【未使用的标识】，显示错误信息"未使用的桩标识"→

双击此错误信息→在图纸下方的中文设计说明中，自动显示与校核界面相同的构件名称且为蓝色，因为此处不应该有此桩构件，是软件把此构件名称误识别为桩构件，无须纠错→在平面图中双击此蓝色的构件名称→使用【删除】功能删除此构件名称→【刷新】，此错误信息消失，纠错成功。

还需要在识别产生各种桩构件的【属性列表】界面逐行检查桩的属性、尺寸、参数，桩长度一般不会出错，如有错误可按照下述方法修改：

方法 1：在【定义】界面→单击【构件列表】中需要修改的桩构件名称→单击【参数图】，识别产生桩的图形、尺寸数字已经显示在此界面（图 12-50）。个别情况如与图纸设计的桩直径、深度尺寸不同→单击→修改为正确数字→左键确认。

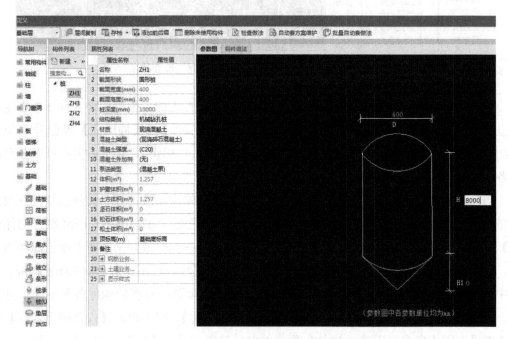

图 12-50　【参数图】界面

方法 2：不要进入【定义】界面，直接单击此构件【属性列表】界面左下角的【参数图】窗口进行修改。

修改后的尺寸数字已经显示在此构件的【属性列表】界面，在此显示的属性参数多是蓝色字体（共有属性），只要修改了属性界面蓝色字体的参数信息，平面图中此类构件的属性、参数会同步改变。

下一步在【构件列表】中选择一个构件→【构件做法】→【添加清单】【添加定额】，可参照前文讲解的方法操作。

下一步【做法刷】，前文已经有详细讲解。

在主屏幕上方→【工程量】→【汇总计算】→【查看工程量】→框选全部桩平面图，在弹出的【查看构件图元工程量】界面中的【构件工程量】下方的合计栏，显示的总桩数量与平面图上"桩统计表"中的桩数相同→【做法工程量】（图 12-51），在此可以看到已添加桩构件图元的清单和定额子目工程量。

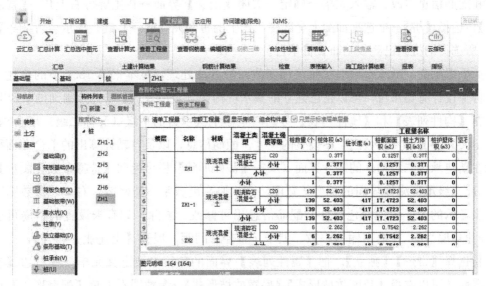

图 12-51　识别产生桩构件的工程量

2. 绘制桩承台

在【常用构件类型】栏下方展开【基础】→【桩承台（V）】→进入【定义】界面，在【构件列表】界面→【新建桩承台▼】，在【构件列表】界面产生一个桩承台→【新建桩承台单元】，弹出【选择参数化图形】界面（图 12-52）。

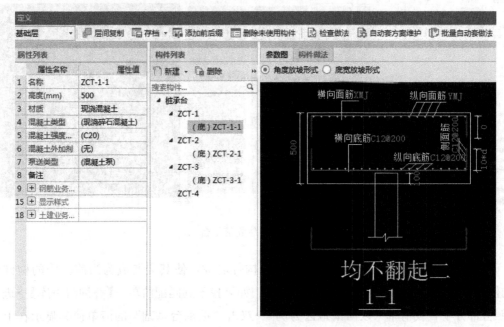

图 12-52　绘制桩承台

显示有 17 个桩承台图形，可根据实际工况选择一个承台图形，右边同步显示所选择承台的平面、剖面大样图，凡绿色尺寸、配筋信息单击可按设计要求的数值进行设置，各尺寸和配筋信息修改、输入完毕→确定→关闭【定义】界面→在主屏幕右上角→【智能布置▼】，选择【桩】→框选平面图上全部桩，选上的桩图元变蓝→右键，提示"智能布置成功"，所选择的桩顶已经成功布置桩承台。

如果遇到高、低承台可以按照筏板变截面的方法处理，见本书第 12.5 节的描述。如果承台上设计有集水坑，可以把已建立的集水坑构件直接用【点】功能绘制到桩承台上。

在【构件列表】和【属性列表】分别产生一个桩承台的下级（又称二级）承台构件，在【定义】界面的"参数图"中设置的尺寸、配筋信息，以及自动计算出的承台截面积已显示在新建承台二级构件的属性界面（双击【截面形状】栏可返回【选择参数化图形】界面），此二级承台属性界面的长度、宽度、高（厚）度数字不能修改，右边"参数图"中进一步显示的大样图中绿色尺寸、配筋信息仍可修改、删除。如有未设置的钢筋可展开【钢筋业务属性】，按要求输入根数、型号、直径、间距。展开【土建业务属性】，在【类型】栏选择【带形】【独立】。把【属性列表】界面的各行参数定义完毕→在右边【参数图】界面还可以选择【角度放坡形式】【底宽放坡形式】→参数图右上角【配筋形式】可显示承台的侧面、剖面图，参数图定义完毕（图 12-53）。

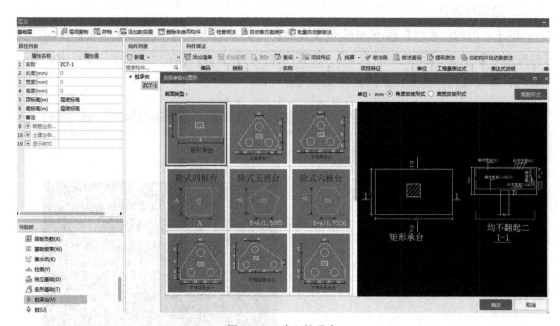

图 12-53　建立桩承台

在【构件列表】下→单击桩承台的二级构件名称，使其变蓝成为当前操作的构件→【构件做法】→【添加清单】→【查询匹配清单】。如果找不到匹配清单→【查询清单库】→进入按照分部分项查找清单（以河南地区为例）→双击"桩承台基础"的清单使其显示在上方主栏内，在【工程量表达式】栏自带桩承台体积。双击已选择清单的"项目特征"，输入区分标志，可让此清单和下属定额子目汇总后，与其它相同清单及定额的工程量不合并，用以单独查阅此清单、定额子目的工程量。【添加定额】→【查询定额库】（也可直接输入定额子目编号）→进入按分部分项选择定额子目的操作（以河南地区定额为例→展开【混凝土及钢筋混凝土工程】→【现浇混凝土】→【基础】→双击"5-5：现浇混凝土独立基础"，使其显示在上方主栏内（桩承台可选择独立基础子目），双击【工程量表达式】栏→单击行尾部的▼→选择【承台体积】→展开五分部的【模板】→现浇混凝土模板→【基础】，双击"5-189：现浇混凝土独立基础复合模板"，使其显示在上方主栏内→双击【工程量表达式】栏，显示▼→单击▼，选择【承台模板面积】→选择承台防水定额子目→选择承台防水工程量代码。定额子目、工程量代码选择完毕。关闭【定义】界面。在主屏幕上方使用【点】功能绘制桩承台构件图元。

还可以在主屏幕上方单击【智能布置】→可选择"桩、柱、基坑"（只能选择一种）→【桩】→框选全平面图，所选择的桩构件图元变为蓝色→右键，平面图上的桩已布置上桩承台。汇总计算后→【工程量】→【查看工程量】，可以看到所选择的清单、定额子目工程量（图 12-54）。

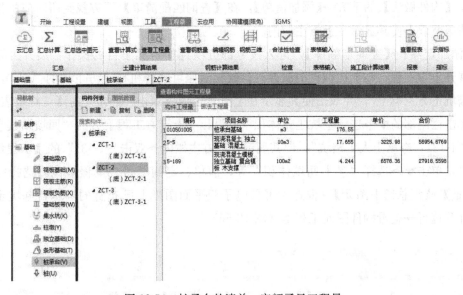

图 12-54　桩承台的清单、定额子目工程量

3. 自动生成基坑土方

桩承台图元绘制完毕，在主屏幕右上角→【生成土方】，弹出【生成土方】界面（图 12-55）。

展开上方【土方】→【基坑土方（K）】→【定义】，在显示的【定义】界面下方的【构件列表】界面，已有生成的基坑土方构件→在其【属性列表】界面产生的基坑土方构件下方已显示基坑底长、基坑底宽、基坑深度，还需要选择土壤类别，输入工作面宽度、放坡系数，在【属性列表】界面把各行参数定义、设置完毕。

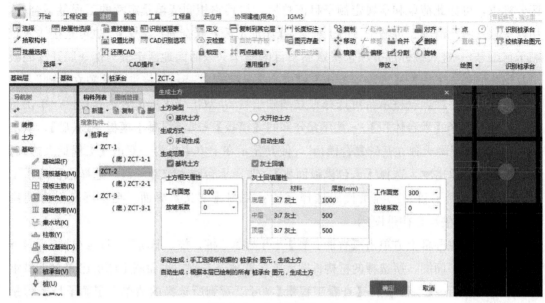

图 12-55　生成桩承台土方

在【构件做法】的下方→【添加清单】，在【查询匹配清单】下方找到所对应的挖基坑土方清单并双击使其显示在上方主栏内。

【添加定额】→【查询定额库】，进入按分部分项选择定额子目的操作：展开土石方工程→展开土方工程，与下边构件的属性、参数相对照可选择机械土方下属的"1-50：挖掘机挖槽坑土方三类土"，并双击使其显示在上方主栏内→双击"1-50"的【工程量表达式】栏，单击栏尾部的▼→选择基坑土方体积（TFTJ）→土石方工程下方的"回填及其它"→双击"1-131：夯填土人工槽坑"，使其显示在上方主栏内→双击"1-131"的【工程量表达式】栏，单击▼→选择"素土回填体积"等，清单、定额子目、工程量代码选择完毕→【工程量】→【汇总选中图元】→框选主屏幕电子版平面图纸上已布置的桩承台基坑土方图元，计算运行→查看构件图元工程量（图 12-56）。

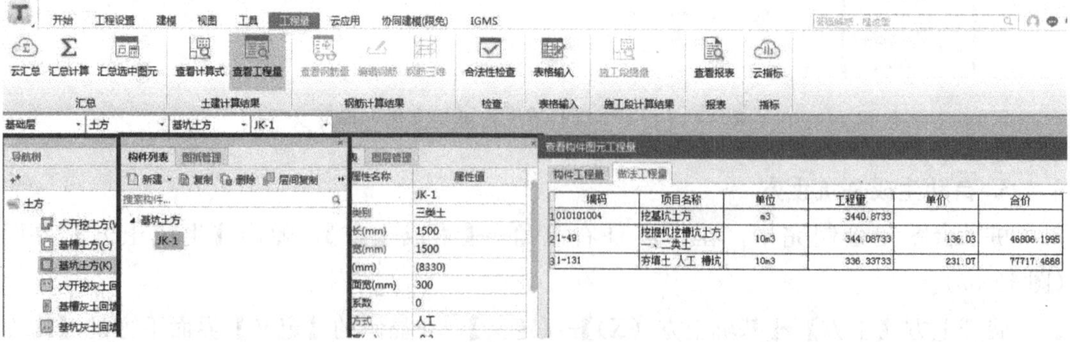

图 12-56　桩承台基坑土方的清单、定额工程量

【做法刷】（可按照【做法刷】章节描述的方法操作，把全部桩承台构件的清单、定额都添加上）→关闭【定义】界面。汇总选中图元，计算后，查看构件图元工程量，已显示

所选择的清单、定额、工程量（图 12-56）。

12.11 【表格输入】计算桩钢筋

在主屏幕左上角把楼层数选择为【基础层】→【工程量】→【表格输入】，在弹出的【表格输入】界面：

在【常用构件类型】栏，展开【基础】→【桩（U）】，在【表格输入】界面左上角→【钢筋】→【构件】，其下方增加了一个构件（可修改为后续选择的构件名称）→【参数输入】→在【图集列表】下方→选择需要单构件输入的构件名称→展开【现浇桩】，有【灌注桩】【桩（处理加密与非加密）】【人工挖孔灌注桩-1 型】【人工挖孔灌注桩-2 型】，在此选择【桩（处理加密与非加密）】，在右边【图形显示】栏同时显示所选择桩型的平面、剖面图→可放大此界面，凡绿色属性、参数单击可在显示的白色对话框内按照设计需要输入、修改，各属性、参数设置完毕→【计算保存】。在主栏下方显示桩的各种钢筋【筋号】【直径】【级别】【图号】【图形】【长度】【根数】，以及下料大样图、单根重量等。

如果在前边已经建立了【桩承台】构件，在【常用构件类型】栏下方展开【基础】→双击【桩承台（V）】，可以进入【定义】界面→在【构件列表】界面，单击桩承台的下级构件，变蓝，成为当前操作的构件→在【参数图】下方，有双层钢筋指定格式：横向底筋信息/横向面筋信息；X 表示横向钢筋/Y 表示竖向钢筋，可以设置上翻长度，无上翻时可以把翻起长度修改为零。

在【常用构件类型】栏下方展开【基础】→【桩承台（V）】→在【构件列表】下新建桩承台（一级构件）→（在原位置）新建桩承台单元（二级构件）→弹出【选择参数化图形】界面（图 12-57）。

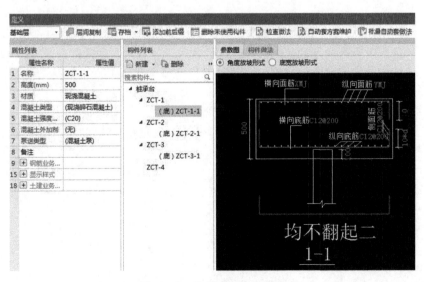

图 12-57　绘制参数化桩承台

可以选择【角度放坡形式】或者【底宽放坡形式】，有多种形式的桩承台可供选择，在此选择一种形式的桩承台即可，右边同步显示此承台的平面、剖面图，单击图中绿色属性、参数，可以在显示的白色对话框中输入目标值→确定。

需要把桩承台定义为上级、下级两个构件，两个构件单元高度相加等于承台总高度。

13 表 格 输 入

13.1 表格输入的范围

在左上角把楼层数选择到需要的楼层。

在主屏幕上方的【工程量】界面→【表格输入】，在弹出的【表格输入】界面→【钢筋】→【构件】，其下方增加了一个构件→【参数输入】，在【图集列表】下方，可选择的构件类型有：各种楼梯、集水坑、阳台→展开【零星构件】，有各种飘窗、挑檐、雨棚→展开【基础】，有独立基础、梁式条形基础、无梁式条形基础、杯形基础、各种桩、各种桩承台、墙柱或砌体加筋、各形构造柱、单牛腿、双牛腿等。

【单构件输入】→【参数输入】→【选择图集】→在【选择标准图集】界面，有各种类型的楼梯、集水坑、阳台、雨棚，基础形式、梁形式，承台，墙柱，构造柱等可供选择。在此选择一种图形即可，右边同步显示此构件的平面、剖面图→单击绿色属性、参数，可在显示的白色对话框内输入目标值→【计算保存】。在下方主栏内可显示此构件的各种钢筋直径、型号、图号、图形、单根长度、根数、单根重量等信息。

13.2 表格输入计算楼梯钢筋量

楼梯钢筋还可以在【工程量】界面的【表格输入】中设置。

在弹出的【表格输入】界面→【钢筋】→【构件】，可以把产生的构件名称修改为楼梯→【参数输入】→在【图集列表】下，展开所需要的【楼梯型号】→选择一个楼梯型号，右侧显示所选楼梯的平面、剖面大样详图（图 13-1）。

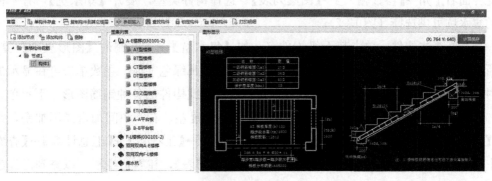

图 13-1　表格输入计算楼梯钢筋工程量

在主屏幕上方的【表格输入】→添加【构件】→【参数输入】→【选择图集】→在显示的【选择标准图集】界面，展开拟选择的楼梯型号→左键单击需选择的楼梯→此楼梯的平面、剖面图已显示在主屏幕，可放大观察→进入楼梯各种参数输入、修改的操作，凡绿色字体、配筋信息、尺寸数字，左键单击此数值显示在白色对话框内，可根据需要修改→修改完成后→【计算保存】。

计算出的楼梯各种钢筋和下料大样图已显示在钢筋下料单中，其中各尺寸数字、计算公式还可以根据需要修改，光标左键单击某行的序号，全行变灰成为当前可操作行→右键，有【插入】【删除】【复制】等多种功能。【复制构件到其它层】，在弹出的【复制构件到其它层】界面，左边的【钢筋表格构件】下方→选择在【表格输入】中设置的构件名称（【Ctrl】＋左键可以多次选择)→在右侧【目标楼层列表】下方选择需要复制的楼层→确定。

【参数输入】→可返回楼梯尺寸和配筋信息的输入、修改界面。可以向下拖动【表格输入】界面，在主屏幕上方→【汇总计算】，在弹出的【汇总计算】界面选择楼层→选择构件→确定（计算运行)→【查看报表】→【钢筋报表量】→【设置报表范围】→【表格输入】→可以从报表里某层的（表格输入）部分找到名称为楼梯的构件，查看到楼梯钢筋的数量。

不需要的配筋当不能改为零或删除时→【计算退出】→在显示的钢筋尺寸、图形下料单界面→单击行首的序号→此行成为当前行→右键→删除或把其计算长度改为零，只要此行不显示总重量，即可不汇总计入此数据。

13.3 【表格输入】计算多种构件的钢筋量

在主屏幕上方→【工程量】→【表格输入】，在显示的【表格输入】界面选择楼层，有【钢筋】【土建】两个界面→可以选择添加【节点】或添加【构件】，如果选择添加【构件】，则将在其下方增加一个新的构件。在左下角其【属性名称】界面的【构件名称】栏，为了与已有同类构件相区分，可以对构件名称进行修改（如"集水坑")→回车，上方【钢筋表格构件】界面产生的构件名称同时显示为同名称构件→在【属性名称】界面的【构件类型】栏，可单击选择为"集水坑"，其下方的【汇总信息】栏可同时显示为"集水坑"。在此界面右上角→【参数输入】→【图集列表】→选择构件类型，展开【集水坑】，有 4 种型号的集水坑可供选择（图 13-2）。

展开某个主构件→单击其下级构件名，如【集水坑】→在右侧的【图形显示】界面，有所选择【集水坑】构件的平面、剖面图，可放大，凡绿色字体、参数单击可在显示的白色对话框内修改→【计算保存】→在此界面下方已显示此构件的各种钢筋图形、下料单、重量，双击【根数】，弹出【计算参数表】界面，可设置左、右、中间加密或不加密，并且有【增加】【删除】等功能。关闭【表格输入】界面→【工程量】→【汇总计算】→【查看报表】→【钢筋报表量】→【明细表】→【构件汇总信息明细表】，在右边主栏可以查到已经建立的集水坑，有构件数量、钢筋总重量等信息。

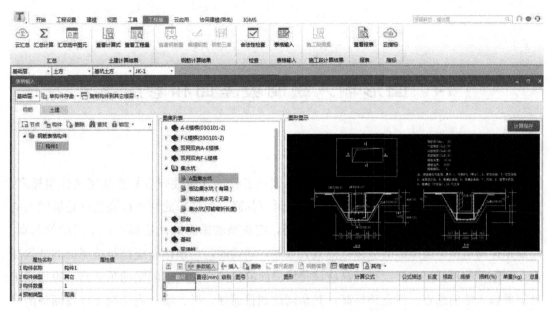

图 13-2　在【表格输入】界面建立集水坑

14 图形输入绘制坡屋面和老虎窗

主要操作过程如下：

（1）建立支承坡屋面的柱、墙、梁，需要在各自的【属性列表】界面定义柱顶标高。边柱：此柱顶标高应该是坡屋面的起点、最低点标高；中柱：此柱顶标高应该是坡屋面的最高值减去板厚。边梁的起点、终点顶标高，应该是坡屋面的低端标高；中间梁的起点、终点顶标高应该是坡屋面的坡顶标高减去板厚；斜梁的起点顶标高应该是坡屋面的低端标高，同边梁的顶标高，终点顶标高应该是坡屋面的顶标高，同中间梁的顶标高。根据要求计算并输入墙的起点、终点顶标高。其余同绘制普通柱、梁、墙；先绘制支撑屋面板的竖向构件。

（2）画斜梁。

（3）绘制现浇板，在【构件列表】界面→【新建▼】→【新建现浇板】→在其【属性列表】界面，默认为层顶标高，需要把板顶标高修改为坡屋面的顶标高，使板与中间梁结合为一个（有梁板）整体构件。其余同平板操作。

绘制坡屋面板的方法如下：

使用【直线】功能，在平面图上按板的平面形状，沿板边画封闭折线，先绘制成半个坡屋面的梯形平板构件图元。

图 14-1　坡度系数定义斜板

在主屏幕右上角单击【三点变斜▼】，另有【抬起点变斜】【坡度变斜】功能→选择【坡度变斜】→在平面图上单击需要改变为坡屋面的板图元→左键选择可作为基准边板图元高端的一条边，选上光标由"口"字形变"回"字形为有效并单击，在弹出的"坡度系数定义斜板"对话框中，可显示板图元当前的顶标高，需要手动计算并输入坡度系数（图 14-1）。

重要提示：坡度系数＝坡度高差/坡屋面的水平投影宽度（轴线进深尺寸）。

在此输入的坡度系数正值向上抬起、倾斜，负值向下倾斜，如图 14-2 所示。箭头指向坡屋面的低处。

还可以在主屏幕右上角单击【三点变斜▼】→【抬起点变斜】→单击已经绘制的梯形平板图元，变蓝→单击板图元较低一端的板边，在板图元高端的两个角点位置均有蓝色"×"形标志，单击其中一个"×"形标志，在弹出的"抬起点定义斜板"对话框中的

【基准边顶标高】栏，显示的是当前板图元的高端顶标高值，在此需要手动修改为坡屋面低端的标高值；在【抬起高度】栏，把默认值修改为坡屋面的高差值，正值向上抬起、负值向下降低；在【抬起点顶标高】栏，显示的是当前板图元高端的板顶标高，无须修改（图 14-3）。

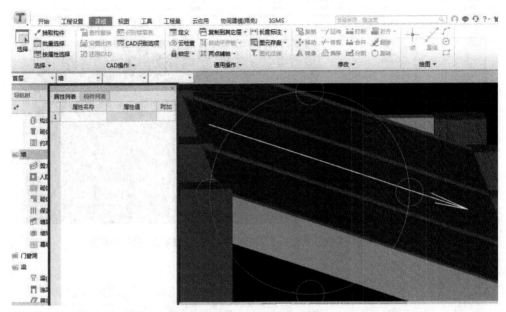

图 14-2　使用【坡度变斜】功能绘制的坡屋面三维立体图

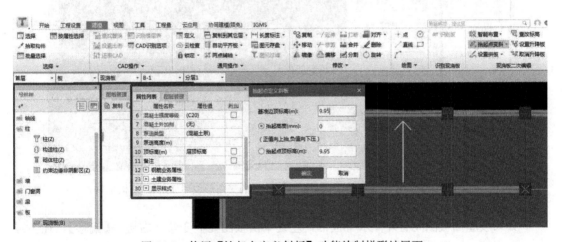

图 14-3　使用【抬起点定义斜板】功能绘制梯形坡屋面

上述各行参数设置完毕→确定，梯形坡屋面已绘制成功（图 14-4）。

需要根据坡屋面板图元的形状以及实际情况使用【三点变斜▼】功能→光标放到已绘制的三角形板图元上，可以显示等腰三角形的两条对称斜边，单击其中一条边，在三角形的三个角点，显示的是当前板图元最高点的标高值→依次单击需要修改的标高值，此标高值已显示在白色对话框内→输入该点的标高数值→回车,软件可以自动显示下一个需要修改的三角形坡屋面的角点,在此点输入多数为相同的标高值,不需要修改→回车。三角形坡屋面已经绘制完成。坡向箭头指向低处(图 14-5)。

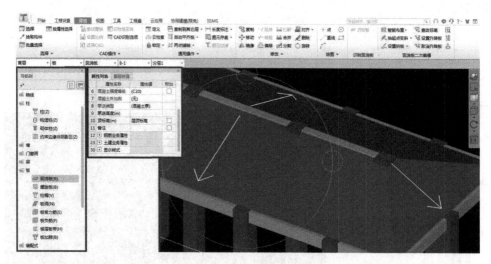

图 14-4 使用【抬起点变斜】功能绘制的四坡坡屋面三维立体图

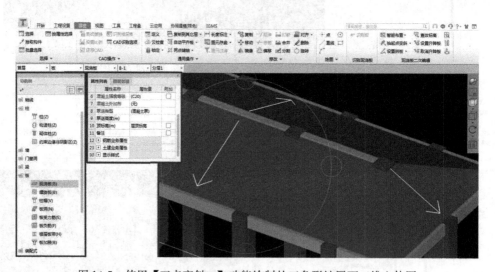

图 14-5 使用【三点变斜▼】功能绘制的三角形坡屋面三维立体图

如果坡屋面板图元有外伸水平板带,左键单击板图元,变蓝→右键→【偏移】,在主屏幕上邻行有【整体偏移】【多边偏移】功能,如果选择【整体偏移】→光标放在板图元边,光标由箭头变为"外扩"形并且外伸宽度相同→输入偏移值→回车,板图元已经整体向外扩大。如只有某边外伸或各边外伸宽度不同,需要选择【多边偏移】→光标左键单击需偏移的板边→右键→向外移动光标有虚线(外移为扩大,内移为缩小)→同时输入偏移值→回车,板图元已外伸(扩大),再按此方法处理另一个需外扩的板边。

在主屏幕平面图上坡屋面图元绘制完成才能绘制老虎窗,操作方法如下:

在【常用构件类型】栏下方展开【门窗洞】→【老虎窗】→【定义】→【构件列表】→【新建】→【新建参数化老虎窗】（图 14-6）。

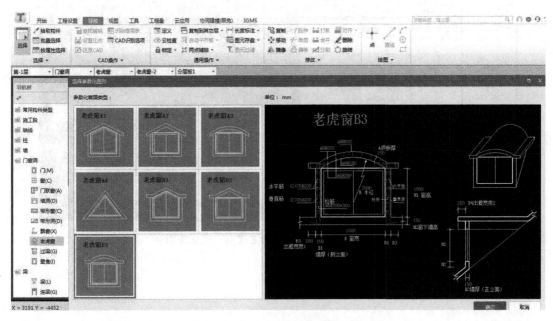

图 14-6　新建参数化坡屋面老虎窗

进入【选择参数化图形】界面，有 7 种老虎窗图形供选择，在此选择一种老虎窗图形即可，右边同步显示所选择老虎窗的正面、剖面图形，图中凡绿色尺寸数字，单击可在显示的白色对话框内修改，光标放到绿色字体上可显示输入格式，各参数修改、设置完毕→确定→在【属性列表】界面，可把用拼音首字母表示的构件名称修改为用中文表示的"老虎窗"构件名称→回车→【构件列表】界面下的老虎窗构件名随之改变为同名→单击属性界面的【截面形状】栏→再单击行尾可返回【选择参数化图形】界面，重新选择老虎窗的图形，修改尺寸。

在【属性列表】界面的板长跨、板短跨加筋栏，按"根数＋型号＋直径"的格式进行输入；在斜加筋行，按"根数＋型号＋直径"的格式进行输入。混凝土强度等级可按要求进行选择。某些参数在初始建立工程时已经设定，在此无须重复设置。展开【钢筋业务属性】，在平面、侧面大样图中无法设置的钢筋，可在【其它钢筋】行的【编辑其它钢筋】界面进行设置。

在【属性列表】界面，各参数输入完成。【参数图】→【构件做法】→【添加清单】【添加定额】，选择工程量代码，可以参照本书有关章节把老虎窗的全部清单、定额子目选齐（钢筋不需要选择定额子目，软件可自动套取定额子目）。清单、定额，以及工程量代码选择完成，关闭【定义】界面，必须在坡屋面斜板上绘制老虎窗。已绘制的坡屋面老虎窗三维立体图如图 14-7 所示。

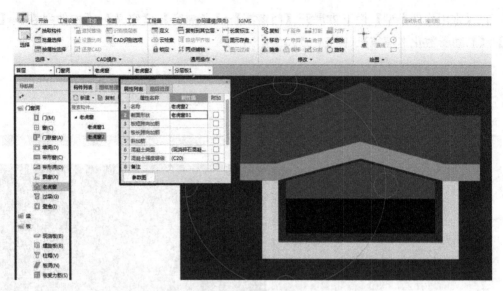

图 14-7　已绘制的坡屋面老虎窗三维立体图

15 绘制车辆坡道、转弯螺旋板

应先有车辆坡道轴网或补充建立车辆坡道的轴网。

（1）在【常用构件类型】栏→【梁】→在【构件列表】界面→【新建▼】→【新建矩形梁】→在【属性列表】界面，按各栏含义确定名称，输入截面宽度、高度、配筋信息等，操作方法同普通梁，不同的是需要按照图纸设计输入各梁的起点、终点顶标高；当为有高差的斜梁时，应按剖面图的标高输入应有标高值。当梁与坡道方向垂直布置，同一根梁的起点、终点顶标高相同，只是每道梁的标高不同，可按坡度、水平投影间距计算：图示坡度百分比×梁的水平投影距离＝梁顶高差；坡度系数＝两道梁之间的梁顶高差/水平投影距离。定义各道梁构件名称，【属性列表】界面的各行参数输入完毕→使用【直线】功能→绘制各道梁图元并重取梁跨，使梁图元变为蓝色→【动态观察】→检查梁标高的三维立体图是否正确。

（2）在【常用构件类型】栏展开【板】→【现浇板（B）】→在【构件列表】界面→【新建▼】→【新建现浇板】→在【属性列表】界面，输入名称、板的厚度；在【类别】栏应选择为【有梁板】，并设置板的标高，应该按最高端的梁顶标高值输入→板构件各行的属性、参数定义完毕→使用【直线】或【矩形】功能绘制板平面图形。此时绘制的板为一端悬空，与坡道坡度不符，没有依附在低端梁上。

（3）调整平板图元的坡度：在主屏幕右上角→【三点变斜▼】→【坡度变斜】→单击平面图上需要变为坡度的板图元→单击高端的梁板连接处为基准边，在弹出的"坡度系数定义斜板"对话框的【基准边顶标高】行，显示的是所单击梁板当前的顶标高（图15-1）。

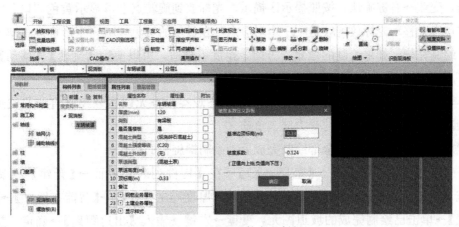

图 15-1　坡度系数定义斜板

在此需要手动计算输入坡度系数（车辆坡道的坡度高差/坡道的水平投影长度），坡度系数的正值向上抬起（从上述基准边），负值向下降低→确定，车辆坡道已经绘制成功（图 15-2）。

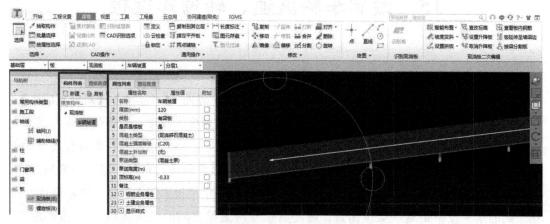

图 15-2　使用【坡度变斜】功能绘制的车辆坡道三维立体图

在绘制的车辆坡道上显示坡向箭头且指向坡道低处，板图元已经依附在各道梁上。

绘制（车辆坡道转弯处）弧形螺旋板：

直线段车辆坡道绘制完毕后，在【常用构件类型】栏下方→【旋螺板（B）】→在【构件列表】界面→新建【螺旋板】→在螺旋板构件的【属性列表】界面，按照图纸设计输入坡道的宽度、厚度，以及内半径、旋转方向、旋转角度，在【横向放射筋】栏单击，可以按照设计要求选择【螺旋板中线】；单击【横向放射底筋】栏，在弹出的【钢筋输入小助手】界面可以输入放射底筋的钢筋型号、直径、间距→确定，放射底筋可以布置在已经绘制的螺旋板上。在此应选择螺旋板的标高为"层底标高"，属性界面的各行参数定义完毕。

使用主屏幕上方的【点】功能→单击已绘制上的坡道底端内侧的一个角点，先绘制上螺旋板，再使用【旋转】功能，选择已绘制上的螺旋板，需要选择坡道以外的螺旋板图元并单击，变蓝→右键确认，按照提示区提示，光标放到旋转点上可显示黄色"口"字形标志，并单击→移动光标放到坡道下一个对应点，在显示的黄色"口"字形标志上单击，螺旋板已绘制完毕，如果绘制的位置、方向、角度不合适，可以使用【旋转】【移动】功能纠正（图 15-3）。

车辆坡道转弯处弧形螺旋板绘制完毕→动态观察检查无误后→绘制直线段坡道板钢筋，绘制方法同普通现浇板的受力筋、负筋。

螺旋板的坡道构件图元全部绘制完成后，绘制螺旋板的垫层：

在【常用构件类型】栏→【垫层（X）】→在【构件列表】界面→【新建】→【新建线式】或【矩形垫层】→在【属性列表】界面输入厚度等主要参数→【智能布置▼】→【条基中心线】→单击已绘制完成的坡道图元，变蓝→左键→输入【出边距离】→确定，垫层已绘制完成。

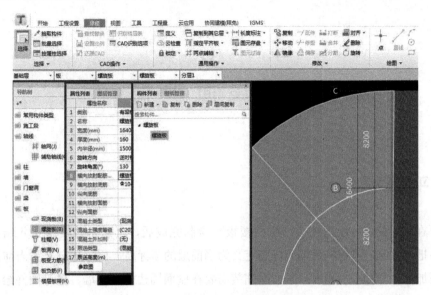

图 15-3　已绘制车辆坡道转弯处的螺旋板

16 屋 面 工 程

16.1 平屋面铺装

需要在顶层的下一层把楼板（屋面楼板）绘制完成后，再建立并绘制女儿墙、柱等构件；需要把女儿墙、柱等构件的底标高定义为当前层的顶标高，顶标高定义为当前层屋面板的顶标高加女儿墙和柱的高度；平屋面铺装需要在屋面周边的女儿墙、柱等构件绘制完成后进行。在【常用构件类型】栏下方，展开【其它】→【屋面】（如果已绘制的板图元隐藏、不显示，单击键盘上的【B】可恢复显示）→在【构件列表】界面→【新建▼】→【新建屋面】，产生一个屋面构件。在此构件的【属性列表】界面，为了方便区分，可以把字母构件名称修改为中文"屋面"构件名称→回车，【构件列表】界面的字母构件名可随之改变为中文构件名。在【属性列表】界面选择屋面的标高，可选择【层顶标高】，如屋面有配筋保护层→展开属性界面下的【钢筋业务属性】→双击【其它钢筋】，可进入【编辑其它钢筋】界面（图 16-1）。

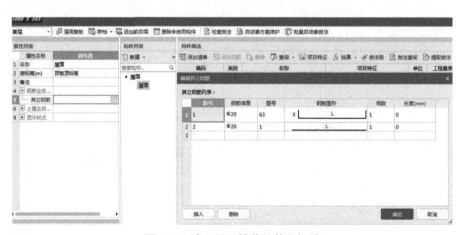

图 16-1　建立屋面铺装的其它钢筋

在【编辑其它钢筋】界面可设置屋面的钢筋。属性界面的各行参数设置完毕。

进入【定义】界面，在【构件做法】下方→【添加清单】→【查询匹配清单】，如果没有显示匹配清单→【查询清单库】，进入【查询清单库】界面，如果不知道屋面的清单在什么位置，可以在【查询匹配清单】的下邻行输入"屋面"→回车，在右边主栏全部显示的是与"屋面"有关的清单→找到需要的清单，双击使其显示在上方主栏内，所选择的清单多数可在其【工程量表达式】栏自动显示工程量代码，屋面计量单位多按面积计算。

【添加定额】→【查询定额库】，进入按照分部分项选择定额子目的操作（以河南地区定额为例）。平屋面为排除雨水多数设计有找坡层，保温层可兼作找坡层，保温层或找坡层的工程量多按图示尺寸面积乘以平均厚度计算（单位：m^3），平均厚度是计算找坡层或保温层工程量的重点，其计算有以下几种方法：

（1）各处厚度相同时，平均厚度等于设计厚度。

（2）当最薄处为零时，两边找坡屋面的平均厚度＝屋面坡度×$(L/2)/2$。（L 表示双坡屋面水平投影总宽度或者单坡屋面的水平投影宽度）

（3）最薄处为零时，单坡屋面的平均厚度＝屋面坡度×$L/2$。

（4）单坡屋面最薄处为 h 时，平均厚度＝屋面坡度×$L/2+h$。

（5）双坡屋面最薄处为 h 时，平均厚度＝屋面坡度×$(L/2)/2+h$。

展开保温隔热、防腐工程→保温隔热→屋面按设计要求找到定额子目"10-3：屋面加气混凝土砌块浆砌厚度 180mm"，并双击使其显示在上方主栏内→双击"10-3"的【工程量表达式】栏，单击栏尾部的▼→【更多】，进入【工程量表达式】界面，选择工程量代码→双击屋面面积，使其显示在此界面的【工程量表达式】栏下方，手动输入"＊平均厚度"，在此可配合选择工程量代码、编辑工程量代码计算式→确定，此计算式已显示在"10-3"的【工程量表达式】栏内。在下方【专业】栏，把【建筑工程】切换为【装饰工程】→展开【楼地面】→【找平层及整体面层】，双击"11-2：平面砂浆找平层在填充材料上"，使其显示在上方主栏内→双击"11-2"的【工程量表达式】栏，单击栏尾部的▼，选择【屋面面积】→在最底行【专业】尾部选择【建筑工程】→展开"屋面及防水工程"→展开【防水及其它】→展开【卷材防水】→【改性沥青卷材】，找到"9-34：改性沥青卷材，热熔法一层平面"并双击使其显示在上方主栏内，并保持"9-34"为当前定额子目→【换算】→【标准换算】，在主栏下方显示的换算信息栏，可以按照需要修改实际层数→【执行选项】，在主栏中"9-34"定额子目编码栏程序自动显示"9-34＋9-36"，子目名称栏主要工作内容尾部显示实际层数。双击此子目的【工程量表达式】栏，单击栏尾部的▼→【更多】，进入【工程量表达式】界面，双击【代码列表】下的【屋面卷材面积】，使其显示在此界面的【工程量表达式】栏内，单击【屋面周长】→【追加】→双击已选择的"屋面周长"，使其与前边已选择的"屋面卷材面积"用加号连接在一起，手动输入"＊0.3"（卷材上翻高度 0.3m），组成计算式→确定，组成的计算式已经显示在上述定额子目的"工程量表达式"栏。还需要返回【查询定额库】界面，在【专业】栏把【建筑工程】切换为【装饰工程】→展开【楼地面装饰工程】→【找平层及整体面层】→找到并双击"11-5：细石混凝土找平层"，在工程量表达式栏用同样方法选择"屋面面积"……所需要的全部定额子目、工程量代码选择完毕→关闭【定义】界面。

主屏幕上方→【智能布置】，有外墙内边线、栏板内边线、现浇板、外墙轴线等 5 种布置方法（图 16-2）。

关于【智能布置】，有以下两种操作方法：

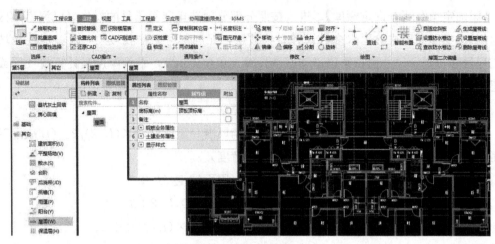

图 16-2 【智能布置】窗口

（1）【智能布置】→【外墙内边线、栏板内边线】→框选全部平面图上已有的墙、梁构件图元，变为蓝色→右键，提示"智能布置成功"。屋面铺装已布置成功的为粉红色，洞口除外。左键单击屋面图元，变蓝→右键→【汇总选中图元】→计算完毕→右键→【查看工程量】，在弹出的【查看构件图元工程量】界面→【做法工程量】，有选择的清单、定额子目的工程量，在这里如有相同定额子目，软件可以进行自动合并。

（2）【智能布置】→【现浇板】，平面图中显示已经绘制的屋面楼板构件图元→框选图上的全部板构件图元，变蓝→光标放到已变蓝的板图元上→右键确认，弹出提示"智能布置成功"。已经布置上的屋面工程显示为红色。在主屏幕上方→【工程量】→【汇总选中图元】→单击已经变为红色的屋面构件图元，变为蓝色→右键→确定→【查看工程量】，在弹出的【查看构件图元工程量】界面，可以显示【屋面周长】【屋面面积】【屋面防水面积】【投影面积】等 7 种工程量数据。在此界面上方→【做法工程量】，可以显示此屋面已添加的清单、定额的工程量（图 16-3）。

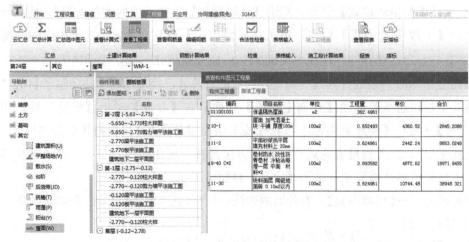

图 16-3 已添加平屋面铺装的清单、定额子目工程量

16.2 用自定义线绘制挑檐、天沟

绘制挑檐、天沟前的准备工作：如果挑檐、天沟等节点详图的比例尺寸与其所在屋面或楼板平面图的制图比例尺寸不一致，需要把节点详图用【手动分割】的方法分割为单独一张图，再用【设置比例】的功能，把节点详图的制图比例修改为与图中制图比例一致的数值。之后再绘制挑檐、天沟节点详图。

在【常用构件类型】栏下方展开【自定义】→【自定义线】→在【构件列表】界面→【新建▼】→【新建异形自定义线】→在显示的【异形截面编辑器】界面的左上角→【设置网格】，在【定义网格】界面按挑檐或天沟节点详图的截面尺寸定义水平、垂直网格，再用【多线段】功能绘制详图的截面外轮廓线形成封闭→右键确定。定义的网格尺寸之间用逗号隔开，尾数忽略，可以在后续操作过程中修改，详图的外轮廓线绘制后可修改。

另外，也可按详图的外轮廓水平、竖向尺寸定义水平、垂直网格。还可以直接在【异形截面编辑器】界面上方→【在 CAD 中绘制截面图▼】（适用于截面边框线没有形成封闭的大样详图）→按提示进入有挑檐或天沟的节点详图的楼板平面图中，找到该详图→用多线段画法绘制节点详图的外轮廓线形成封闭→右键，已把挑檐或天沟节点详图导入【异形截面编辑器】，核对修改尺寸。其操作方法为：光标移动到需修改尺寸的角点或节点，光标由"十"字形变为"回"字形→双击左键→移动光标显示虚线，移动光标拉虚线至应有网格尺寸位置→回车→双击尺寸数字，修改为应有尺寸数字→确定。

进入【属性列表】界面，确定名称→【配筋】→【纵筋】，并输入纵筋配筋值→勾选【含起点】（不勾选则为不含起点）→左键光标单击起点、终点，生成点状布置的纵筋，按此方法分别布置截面大样图中水平方向、竖向方向分布的点状纵筋（图 16-4）。

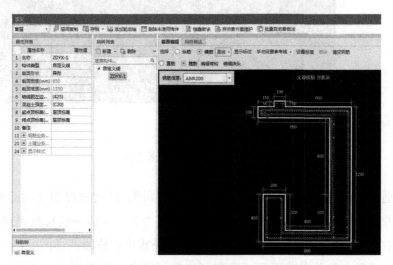

图 16-4　使用【自定义线】功能绘制挑檐天沟

【横筋】(有时也称箍筋)→在配筋信息栏输入配筋信息值→左键确认→按提示将光标移动到截面图上需绘制横筋的起点,单击左键→移动光标绘制横筋,绘制出的横筋为黄色线条,可按截面图示绘制转折钢筋线→右键结束,黄色线条变为红色钢筋线→(纵向、横向钢筋绘制完毕)【设置标高】→按提示左键单击需修改或设置标高的截面外边线→在显示的白色对话框内输入标高值,此值为剖面图中竖向总标高值→回车,输入的标高数字消失但有效→确认(截面详图绘制完毕)→【恢复】→返回【属性列表】界面,属性界面各行参数输入完毕→【属性】→【绘图】→按此详图在已有楼板或屋面平面图的所在位置画上挑檐或天沟→【动态观察】,用以检查方向是否绘制相反,若绘制有误可删除调整;方法:选中已绘制构件→右键→【调整方向】。如果位置不正→光标左键单点已绘制的详图,变蓝→右键→【偏移】,可调整位置。使用键盘的【F4】,可改变绘图插入点。使用【局部三维】可以查看已绘制构件的三维立体图→【计算】,可查看其钢筋量。

重要提示:所绘制的钢筋如无法删除可在计算构件图元或汇总计算后单击【编辑钢筋】→单击此详图→在屏幕下方显示的钢筋图形下料单中单击行首,全行变色→右键→【删除】,在此双击【根数】栏可以查看计算式。

还有一种操作方法:在【异形截面编辑器】界面→【从CAD选择截面图▼】(图16-5)。

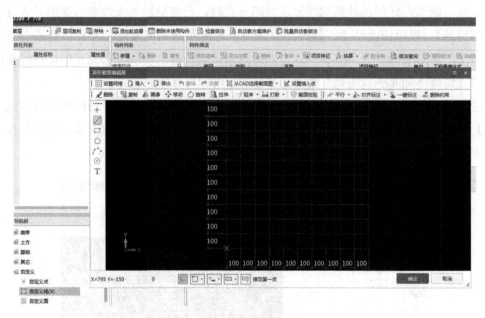

图16-5 【异形截面编辑器】窗口

该方法适用于截面边框线能够形成封闭的大样详图,通过选择封闭的CAD线条建立截面。进入并找到有挑檐、天沟的平面图,光标呈"十"字形→框选挑檐或天沟节点详图,变蓝→右键→此节点详图已进入多边形编辑器→校核并修改此详图的截面尺寸。其操作方法有以下两种:①单击截面尺寸数字可修改。②光标捕捉到不规则、挑出部位的角点,由箭头变为"回"字形→双击左键,移动光标显示虚线移动至应有位置→回车,修改尺寸完毕→确定→返回【属性列表】界面，按此界面栏目输入各行参数，单击截面形状栏空白处显示■→单击■可返回多边形编辑器界面，对此详图截面尺寸校核、修改完毕→确定。

　　进入【属性列表】界面→【弹出】→【配筋】→【纵筋】→在配筋信息栏输入纵筋配筋值，其余操作方法同前文所述。绘制成功的挑檐天沟三维立体图如图16-6所示。

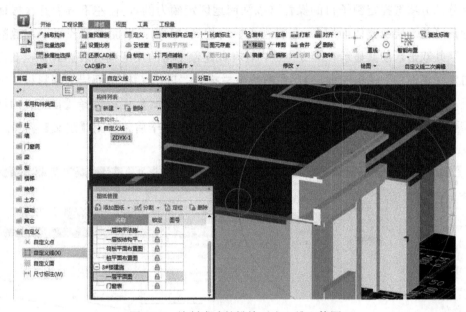

图16-6　绘制成功的挑檐天沟三维立体图

　　在【自定义线】下方有【自定义面】【自定义贴面】功能，可用于计算装修工程量。

16.3　计算【自定义面】的工程量

　　在【常用构件类型】栏展开【自定义】→【自定义面】，在主屏幕上方→【定义】，进入定义界面→在【构件列表】界面→【新建▼】→【新建自定义面】→在此构件的【属性列表】界面，为便于区分，可把构件名称修改为用中文表示的构件名称，如：电器控制室地面或顶面→回车，【构件列表】界面的构件名称同时改变为用中文表示的构件名称。

　　在此构件的【属性列表】界面，可把【构件类型】修改为装修面→修改【厚度】→【混凝土强度等级】→【标高】，有层顶标高、层底标高；如果配置有钢筋→展开【钢筋业务属性】→单击【其它钢筋】栏，显示□□□→□□□，在弹出的【编辑其它钢筋】界面下方→【插入】，在增加的行输入【筋号】，在【钢筋信息】栏输入钢筋的型号、直径→双击此行的【图号】栏，可进入【选择钢筋图形】界面（图16-7）。在此有众多钢筋图形可供选择，选择完成后输入钢筋尺寸，需要手动计算并输入钢筋根数→确定。软件可以自动计算出各种规格钢筋的总重量，无须添加钢筋的定额子目即可自动计算出所属钢筋定额子目的工程

量。【自定义面】构件的各行属性、参数定义完毕。在【构件做法】下方→【添加清单】→
【查询清单库】，如果找不到匹配清单，在左上角【搜索关键字】栏输入关键字"面"→回
车，在右边主栏已经显示全部带"面"字编号的清单→找到所需清单编号并双击，使所选
择的清单显示在上方主栏→在此清单的【工程量表达式】栏→双击→选择【自定义面积】→
【添加定额】→【查询定额库】，把最下方的【专业】栏的定额专业切换为"装饰工程"。进
入按照分部分项选择定额子目的操作（以河南地区定额为例），在左下方展开【楼地面装
饰工程】→【找平层及整体面层】，在右边主栏内找到"11-1：平面砂浆找平层在混凝土硬
基层上"并双击，使其显示在上方主栏内，在此定额子目的【工程量表达式】栏双击→选
择【自定义面面积】→【橡胶面层】，在右边主栏找到"11-47：橡塑面层、塑料板"并双击
使其显示在上方主栏内→双击此定额子目的【工程量表达式】栏→选择【自定义面面积】，
在此需要把所需清单、定额子目、工程量代码全部选择完毕后，关闭【定义】界面。

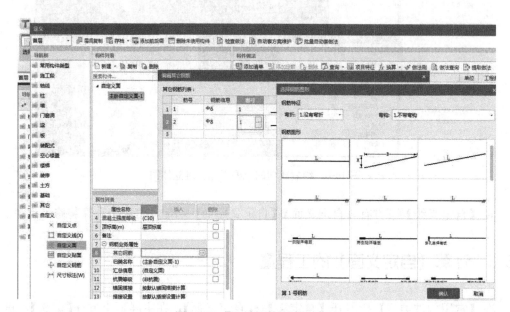

图 16-7 【选择钢筋图形】界面

　　在主屏幕上方→【智能布置▼】→【墙梁轴线】→选择【外墙梁外边线、内墙梁轴线】，
平面图上的墙、梁构件图元恢复显示为蓝色，可以根据需要框选全部或者局部平面图，选
上的墙、梁构件图元变为蓝色→右键确认，提示"智能布置成功"，提示可自动消失。还
可以使用主屏幕上方的【直线】【矩形】【三点弧】功能，在平面图中按照房间形状绘制自
定义面。

　　【自定义面】的构件图元绘制完毕，在主屏幕上方单击【工程量】→【汇总选中图元】→
单击已经绘制的构件图元，变为蓝色→右键，计算运行→【查看工程量】（图 16-8）。

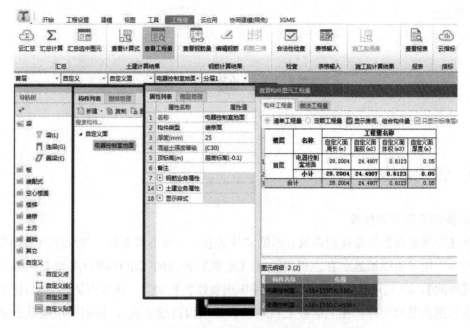

图 16-8 使用【自定义面】功能绘制构件的工程量

17 装修工程

17.1 识别装修表

1. 按构件识别装修表

在【图纸管理】界面找到建筑总图纸文件名称，并双击其首部，使此建筑总图纸文件名下的多个电子版图纸显示在主屏幕。在【建模】界面的【常用构件类型】栏展开【装修】→【房间】，在主屏幕右上角有【按构件识别装修表】功能，其作用是把 CAD 图纸中的装修表识别为装修构件。在主屏幕上找到装修表（构造做法表），识别前应确认此装修表是按构件还是按房间排列绘制的→单击主屏幕右上角的【按构件识别装修表】（如果设计者设置了多个装修表，一次只能框选一个装修表）→光标放在"装修表"左上角，光标呈"十"字形→框选装修表，变为蓝色→左键，装修表被黄色粗线条框住→右键，弹出【按构件识别装修表】界面（图 17-1）。

图 17-1　【按构件识别装修表】界面

单击表头左上角的▼→选择【名称】，删除表头下邻行重复的表头和空白行，如果首列是多余的，可以使用【删除列】功能删除。另外，每一列的列宽也可按照需要进行调整。如果某个装修部位有多层做法，双击此部位，变为蓝色，按住键盘右下角的向左或向右方向键，可以观察此部位的多层做法文字内容。在表头尾部【类型】栏下方，逐行依次双击，显示▼→▼，选择与每行首列名称相同的【楼地面】【踢脚】【内墙裙】【内墙面】

224

【天棚】等，需要按照横向每行一个装修构件，竖向每列一层装修做法的格式排列；也可以在表头下方从【名称】栏开始，使用【复制】【粘贴】功能把【类型】栏各行的【楼地面】【踢脚】【内墙裙】【内墙面】【天棚】等复制到与其水平对应的首列各行。

装修构件各部位、各层做法设置完毕，在最后【所属楼层】栏下方分别双击各行，然后把装修构件选择到应有的各个楼层。

在表头上方空行从左向右依次单击空格，全列变为黑色，并对应竖列关系。单击【识别】，提示"识别完成"→确定（如果是第二次框选识别装修表，但提示有同名称构件，需要选【追加】，而不是选择【跳过】，如果选择【跳过】，本次识别则无效）。

检查识别效果，在【常用构件类型】栏→【房间】，在【构件列表】界面可以显示识别产生的各个房间构件→分别选择【楼地面】【踢脚】【墙裙】【墙面】【天棚】等各自界面，可显示已识别成功的所属多个装修构件名称、属性，还可以在【常用构件类型】栏展开【其它】→【屋面（W）】→查看已识别成功的【屋面】构件名称、属性。下一步可以按照本书第17.2节的讲解进行操作。

2. 按房间识别装修表

该功能的作用是把CAD图纸中的装修表识别为包含装修构件的房间，适用于装修表中的构造做法按照房间排列组合的情况，可修改调整。

单击主屏幕右上角的【按房间识别装修表】→框选平面图上的装修表，变蓝（不要框选不应该识别的内容）→右键，在弹出的【按房间识别装修表】界面→单击表头左上角的▼，选择【房间】→单击表头第二列的▼，选择【楼地面】→单击表头第三列的▼，选择【踢脚】……（其余各项按此方法类推）→在下方表内根据设计需要把各行的首列向下依次选择或输入房间名称，如：主卧、次卧、客厅、厨房、卫生间、楼梯间、地下室等。格式：横向一行为一个房间排列，竖向一列为每个房间的一个构件（图17-2）。

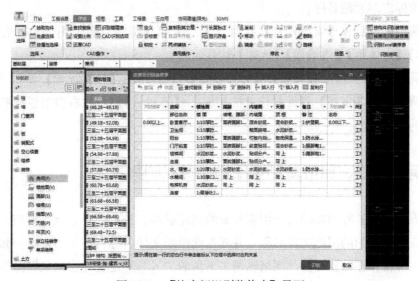

图17-2　【按房间识别装修表】界面

可以根据实际需要增加、删除列和行。各房间如果某个部位做法不符合要求，可以使用【删除】【复制】【剪切】【粘贴】等功能进行调整。

各行的房间做法设置完成后，单击装修表上方首行的空格，从左向右逐个单击空格，全竖列变为黑色，并对应竖列关系→【识别】，弹出【按房间识别装修表】界面→确定。

检查识别效果→单击【常用构件类型】栏下方的【房间】，在【构件列表】界面，可以显示已经识别产生的房间名称→单击【楼地面】，在【构件列表】界面可以显示已经识别产生的许多楼地面构件→【踢脚】，在【构件列表】界面可以显示识别产生的墙裙、踢脚构件。【墙面】【天棚】同上述。在不同的操作界面均可以对相关参数信息进行调整。

下一步在【常用构件类型】栏下方选择【房间】，在【构件列表】中选择一个房间作为当前操作的房间→单击【构件类型】栏中的【楼地面】→【构件做法】→【添加清单】，后续操作参考本书第17.2节。

以下是手工定义、建立房间各级构件的操作方法：

【定义】→弹出【定义】界面，在【常用构件类型】栏下方展开【装修】，在【房间】的下方单击【楼地面】（按照装修表提供的构造做法）→在【构件列表】界面→【新建楼地面】→输入有房间或使用部位标志的楼地面名称，作用是在后续操作过程中以示区分。

在【房间】下方单击【踢脚】→在【构件列表】界面选择【新建踢脚】→输入有房间或使用部位标志的踢脚名称。

在【房间】下方单击【墙裙】→在【构件列表】界面选择【新建内墙裙】→输入有房间或使用部位标志的内墙裙名称。

在【房间】下方单击【墙面】→在【构件列表】界面选择【新建内墙面】→输入有房间或者使用部位标志的内墙面名称。

在【房间】下方单击【天棚】→在【构件列表】界面选择【新建天棚】→输入有房间或者使用部位标志的天棚名称。

在【构件列表】和【属性列表】界面分别产生带有房间或者使用部位标志的【楼地面】【踢脚】【内墙裙】【内墙面】【天棚】构件。

在主屏幕左上角→【工程设置】→【计算设置】，在弹出的【计算设置】界面（此处操作方法与【清单】或【定额】界面操作方法相同）→【墙裙装修】，在右边主栏按照实际要求选择合适的计算方法。

17.2 房间装修、原位复制全部构件图元到其它层

在【图纸管理】界面找到已经识别或者绘制完成墙、柱、门窗、梁、楼板并形成房间的建筑专业墙平面图的图纸文件名称，并双击此图纸文件名称行首部，使这一张电子版图纸显示在主屏幕，还需要检查此图纸轴网左下角的"×"形定位标志的位置是否正确。左上角的楼层数可自动切换到主屏幕上图纸应对应的楼层数。

在【定义】界面的【常用构件类型】栏下方展开【装修】→【房间】→在【构件列表】界面→【新建▼】→【新建房间】，在【构件列表】下产生一个房间构件→在【属性列表】界面，同时产生一个房间构件的属性、参数，在【属性列表】界面输入房间名称，如：卫生间→回车，【构件列表】界面的房间名称可与【属性列表】界面的房间名称同步改变。

在【构件列表】右边的【构件类型】栏下方→【楼地面】→在最右边的【依附构件类型】栏下单击【新建】，在构件名称下自动产生一个【楼地面】→在此【楼地面】构件的【属性列表】界面，可以把构件名称修改为带有房间名称后缀的"楼地面"构件，用于在以后操作过程中与其它房间楼地面相区分→回车，最右边依附构件下方的楼地面构件名称也随之改变→单击其下邻行的【地面】→【依附构件类型】→【构件做法】→【添加清单】→【查询匹配清单】→找到并双击所选择的清单，此清单已显示在上方主栏内，并且可以自动显示工程量代码，如果没有显示工程量代码可以单击此清单的【工程量表达式】栏，然后根据实际工况进行选择。

【添加定额】→【查询定额库】→在最下行【专业】栏选择【装饰工程】→进入按分部分项选择定额子目的操作（以河南地区定额为例）→双击应选择的定额子目，如"11-30：块料面层，陶瓷地面砖"，使其显示在上方主栏内，在此楼地面如有几层做法，需要把楼地面所需全部定额子目选齐全→在各定额子目行的【工程量代码】栏分别选择工程量代码，无工程量代码所选择的清单、定额子目无效（图 17-3）。

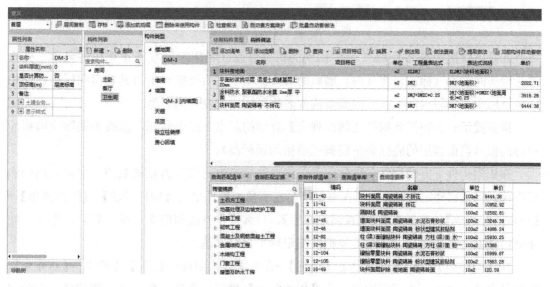

图 17-3　房间装修

在【构件类型】下方→【踢脚】或【墙裙】→最右边【依附构件】下方【新建】→在构件名称栏下自动产生一个踢脚或墙裙构件→在自动产生的此构件【属性列表】界面修改构件名称→回车，依附构件下方产生的踢脚或墙裙名称随之改变→【构件做法】→【添加清单】→【查询匹配清单】→双击所选择的清单，此清单已显示在上方主栏内，并且可自动带有工程量代码→【添加定额】→进入按分部分项选择定额子目的操作，方法同前文所述。

重要提示：如果记不清当前楼层的层底标高，关闭【定义】界面，在主屏幕左下角可以查到当前楼层的层高，以及扣减建筑面层厚度的层底、层顶标高值。

在【构件类型】下方→【墙面】→在【依附构件类型】栏下方→【新建】→在【构件名称】下方自动产生一个内墙面构件→在最左边【属性列表】界面同步产生一个内墙面构件（图17-4）。

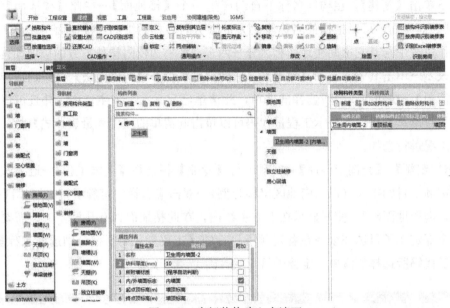

图 17-4　房间装修建立内墙面

此处可以把在本书第17.1节中识别的构件修改或者删除后重新建立构件名称，并修改为带房间名称（标志）和（内）墙面的形式，用于在后续操作中与其它房间同类构件相区分→回车，依附构件下方的内墙面构件名称可同步改变为同名称。

重要提示：必须把此构件【属性列表】界面的起点、终点底标高修改为踢脚或墙裙的顶标高值（当前楼层的底标高＋踢脚或墙裙的顶标高）。

在依附构件下方的构件名称的起点、终点底标高也要修改为相同数值。当前楼层的底标高值，向上移动定义界面，可在电脑屏幕左下角查到。单击【构件做法】→【添加清单】→【查询匹配清单】→选择清单→【查询定额库】，后续操作方法与前文介绍一致，可参考。如果此内墙面有多层做法，在此需要把所需定额子目全部选上。

在【构件类型】栏下方→单击【天棚】→在右侧【依附构件类型】界面下→【新建▼】，在构件名称下产生一个天棚构件→在【属性列表】界面也自动产生一个天棚构件，在此宜把构件名称修改为带房间名称和天棚的形式，用于在后续操作中与其它房间构件相区分→回车，与依附构件下的构件名称可同步改变。【构件做法】→【添加清单】→【查询匹配清单】→找到并双击匹配清单→【查询定额库】，在【装饰工程】专业的定额子目内，天棚分部下找到匹配定额子目，双击使所选择的定额子目显示在主栏内，天棚如有多层做法，在此需要把所需定额子目全部选择上→分别在已经选择定额子目的【工程量代码】栏，双击进入选择工程量代码操作。

房间装修选择清单、套用定额子目操作的复核：在【定义】界面单击【房间】→【构件列表】→单击已定义的房间，变蓝，使其成为当前操作的构件→向右边【构件类型】栏下方，依次逐个单击【楼地面】，在最右边把【依附构件类型】切换到【构件做法】界面，已同步显示【楼地面】所选择、套用的清单和定额子目，可复核。在【构件类型】栏下方选择踢脚或者墙裙，在右边【构件做法】下方已同步显示踢脚或墙裙的清单、定额子目。在【构件类型】栏下单击【墙面】，在右边【构件做法】下方同步显示墙面的清单、定额子目→相关信息核对无误后关闭【定义】界面。

在【常用构件类型】栏下方→【房间】，显示已定义的房间名称，用主屏幕上方的【点】功能在平面图上绘制房间，如所绘制的房间不封闭，需在【常用构件类型】栏下方展开【墙】→【砌体墙】，在【构成列表】界面→【新建虚墙】→用主屏幕上方的【直线】功能绘制虚墙（虚墙无工程量），使房间封闭后再绘制房间。房间绘制成功为粉红色。

在主屏幕上方→【工程量】→单击已绘制的房间构件图元，变蓝→右键→【汇总选中图元】→【查看工程量】→在弹出的【查看构件图元工程量】界面→【做法工程量】，可显示此房间地面、墙面、天棚已选择的清单、全部定额的工程量（图 17-5）。

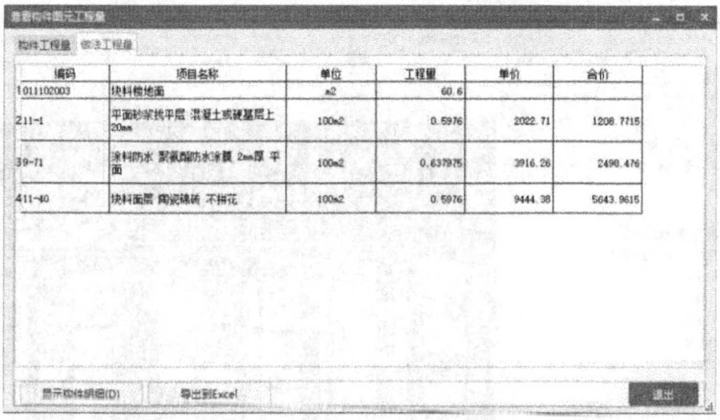

编码	项目名称	单位	工程量	单价	合价
1011102003	块料楼地面	m2	60.6		
211-1	平面砂浆找平层 混凝土或硬基层上 20mm	100m2	0.5976	2022.71	1208.7715
39-71	涂料防水 聚氨酯防水涂膜 2mm厚 平面	100m2	0.637975	3916.26	2498.476
411-40	块料面层 陶瓷锦砖 不拼花	100m2	0.5976	9444.38	5643.9615

图 17-5　计算出房间的清单、定额子目工程量

在【定义】界面的主屏幕上方→【复制到其它层▼】→【复制到其它层】→框选平面图上已有全部构件图元，已经绘制的全部房间构件图元变为蓝色→右键确认，在弹出的【复制图元到其它层】界面，选择需要复制的构件，以及需要复制到的目标楼层（图 17-6）。

在此可以选择多个楼层→确定，在弹出的【复制图元冲突处理方式】界面，可以根据实际工况进行选择，但只能选择一种。在此界面下方的【同位置图元选择】栏下方，根据实际工况可以选择【覆盖目标层同位置同类型图元】或者选择【保留目标层同位置同类型图元】→确定。复制成功后，可在【动态观察】功能窗口竖列单击最下方的▣功能，在弹出的【显示设置】界面单击【楼层显示】，可以选择需要显示的【相邻楼层】或者【全部楼层】→关闭此界面→【动态观察】→转动光标，可以看到已经复制成功的所有楼层构件的三维立体图形（图 17-7）。

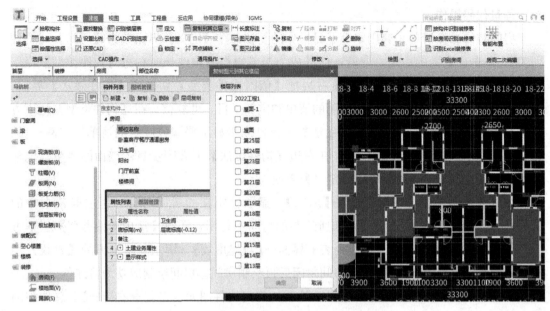

图 17-6 原位复制全部构件图元到其它楼层

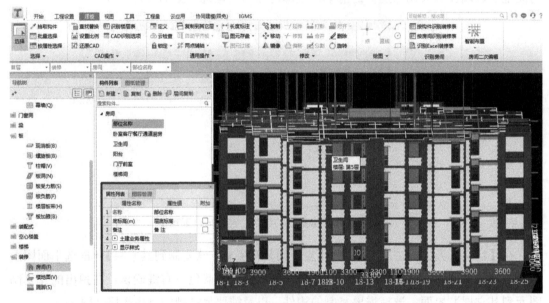

图 17-7 复制成功的多个楼层全部装修房间三维立体图形

上述操作只能把房间构件图元按照在平面图中的原有位置进行复制，不能改变位置，并且无须修改踢脚或者墙裙的起、终点顶标高，以及墙面的起、终点底标高。

17.3 计算外墙面装修、外墙面保温的工程量

在【常用构件类型】栏展开【装修】→【墙面（W）】→【定义】，在弹出的【定义】界面

有【属性列表】【构件列表】【构件做法】三个分界面。

在【构件列表】界面→【新建▼】（有新建内墙面、新建外墙面）→【新建外墙面】，在【构件列表】界面产生一个"某房间墙面（外墙面）"构件→在【属性列表】界面可修改构件名称为"外墙面"→回车，【构件列表】界面的构件名称可随之更正为用中文表示的"外墙面"。在【属性列表】界面可按照图纸设计要求选择或输入起点、终点顶标高，以及起点、终点底标高，如果本次只绘制当前楼层的外墙面→关闭【定义】界面。在主屏幕左下角有当前楼层的层高、层顶标高、扣减建筑面层厚度的层底标高。也可以直接输入剖面图上的标高值，在属性界面的各行属性、参数，选择或输入完毕后单击【添加清单】，在【查询匹配清单】下方双击所选择的清单，使其显示在上方主栏内，已自带工程量代码，可修改。如果【工程量表达式】栏内没有自带工程量代码，双击此栏显示▼→可以按照图纸设计的实际需要选择【墙面抹灰面积】或【墙面块料面积】等。

【添加定额】→【查询定额库】，在底部最下一行【专业】栏选择【装饰工程】→按照装修专业的分部分项选择并双击所选择的定额子目，使其显示在上方主栏内，在此外墙面如有几层做法，需要把所需定额子目全部选齐，再在各行定额子目的【工程量表达式】行双击选择工程量代码。如外墙面不同区块有不同做法，可分别建立 N 个外墙面构件。在【构件列表】【属性列表】【构件做法】各行把所需要的参数选择、输入、操作完毕，关闭【定义】界面。

操作经验：如果设计有局部不同的外墙面，宜优先建立局部不同的外墙面构件，添加清单、定额，使用主屏幕上方的【直线】功能，在平面图中单击需要绘制外墙面的首点→移动光标拉出白色线条→单击绘制的终点，结束绘制→【动态观察】，已经绘制的局部外墙面构件图元为深红色→【Esc】，结束直线绘制，光标放到已经绘制的局部外墙面图元上，呈"回"字形，可以显示此外墙面的构件名称。

绘制局部不同、较小的外墙面装修构件图元，再建立并绘制整个、全部大外墙面。在绘制大外墙面时选择【不覆盖】，不会覆盖局部已布置的小墙面装修构件图元。

在主屏幕上方→【智能布置】→【外墙外边线】，在弹出的【按外墙外边线布置墙面】界面选择需要布置外墙面装修的楼层（图 17-8）。在弹出的【按外墙外边线布置墙面】界面选择楼层后点击确定，弹出"同位置图元处理方式"对话框，如已经布置有外墙装修面，应该选择【保留目标层同位置同类型图元】，否则需要选择【覆盖目标层同位置同类型图元】→确定，弹出提示"智能布置成功"。装修面已经布置在外墙上→【动态观察】，转动光标，布置的外墙装修面为黄色→右键，动态观察圆圈标志线消失，光标放到黄色外墙面上，呈"回"字形，可以显示布置的外墙面构件名称，不显示装修构件名称的是没有布置上的。如果弹出"没有找到封闭区域"提示，是由于内、外墙画混或者外墙构件图元不封闭造成的，可以按照本书第 5.1 节讲解的方法修改、调整。还可以使用主屏幕上方的【直线】功能，沿外墙面绘制封闭折线，布置装修面。

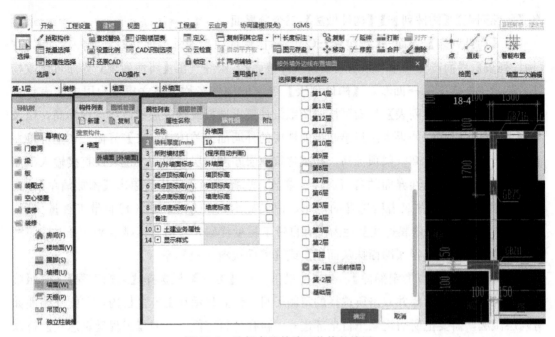

图 17-8　选择布置外墙面装修的楼层

键盘上的【Z】是隐藏、显示柱构件图元的快捷键，可以用来检查、识别绘制的外墙构件图元有无缺口、是否封闭。

在主屏幕上方→【工程量】→【汇总计算】→【查看工程量】，在弹出的【查看构件图元工程量】界面可以显示所选择的清单、定额子目的工程量（图 17-9）。在此界面上方→【做法工程量】，可以看到已经添加清单、定额子目的工程量。

图 17-9　智能布置成功的外墙面装修构件工程量

布置外墙面保温：在【常用构件类型】栏下方展开【其它】→双击【保温层（H）】，进入【定义】界面，有【属性列表】【构件列表】【构件做法】三个分界面。

在【构件列表】界面→【新建▼】→【新建保温层】，在【构件列表】界面产生一个保温层构件→在此构件的【属性列表】界面可修改构件的字母名称为中文"保温层"构件名称→回车，【构件列表】界面的构件名称可同步改变。在【属性列表】界面的材质行选择材质，有加气块、珍珠岩，可按照图纸设计选择聚苯板，输入厚度、起点、终点底标高，以及起点、终点顶标高，软件默认为当前层的层底、层顶标高，也可按设计要求输入剖面图中跨层顶、层底部的标高值，正常情况起点与终点的顶、底标高数值相同。展开【土建业务属性】，分别双击【计算设置】或【计算规则】，有选择起点标高、扣减关系等更多功能，如不选择，软件将按行业通用条件默认的规则计算。在【属性列表】界面有蓝色字体（公有属性）、黑色字体（私有属性）之分，属性界面各行参数定义完毕。

在右边【构件做法】下方→【添加清单】（以河南地区定额为例）→在【查询匹配清单】下方，如果查不到匹配清单→【查询清单库】→展开【保温、隔热、防腐工程】→【保温、隔热】，按分部分项选择清单，找到"保温隔热墙面"的清单，并双击使其显示在上方主栏内→双击此清单的【工程量表达式】栏，单击此栏尾部的▼→【更多】进入【工程量表达式】界面，选择【显示中间量】，在代码列表下方有更多工程量代码供选择，双击"保温层面积"，使其显示在此界面的【工程量表达式】栏下→【追加】，双击"门窗洞口侧壁保温层面积"，使其与上方已显示的代码用加号连接在一起，组成工程量代码计算式→确定，此计算式已显示在所选择清单的【工程量表达式】栏。

【添加定额】→【查询定额库】→展开【保温隔热、防腐工程】→展开【保温隔热】→【墙、柱面】，可以按照施工图纸设计的需要找到"10-79：单面钢丝网聚苯板厚度50mm"，并双击使其显示在上方主栏内→双击"10-79"的【工程量表达式】栏，单击此栏尾部的▼→【更多】，后续操作方法同前。在最下方底行，把【专业】栏的【建筑工程】定额选择为【装饰工程】→展开【墙柱面装修与隔断】→【面砖】，找到定额子目"12-53：墙面块料"（图17-10），后续操作方法同上述。

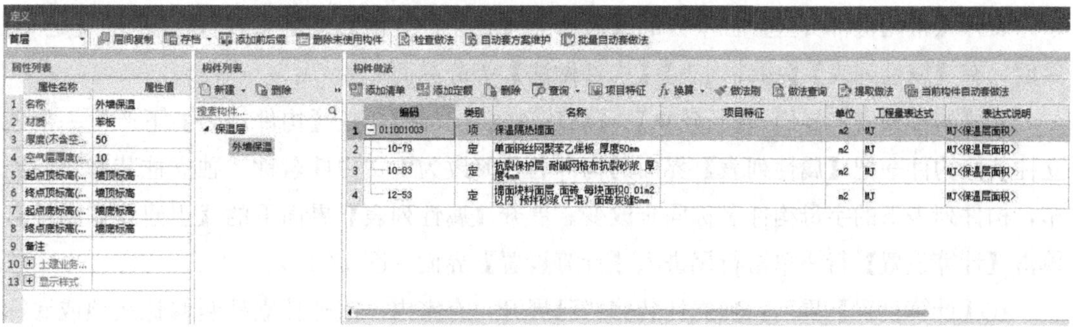

图17-10 添加外墙面保温的清单、定额子目

在主屏幕右上角→【智能布置▼】→【外墙外边线】→在弹出的【按外墙外边线智能布置保温层】界面勾选楼层→确定，弹出"智能布置成功"，可自动消失。如果弹出提示信息"没有找到封闭区域"，关闭此提示，这是由于外墙不封闭或者内、外墙画混所致，需要按照本书第5.1节讲解的方法进行纠正。之后单击【动态观察】，已布置保温层的外墙面为深红色→右键，【动态观察】的圆圈标志线消失→光标放到外墙面上，光标由箭头变为"回"字形，可显示布置成功的外墙保温层之构件名称。

在主屏幕上方→【工程量】→汇总计算→【查看工程量】，在弹出的【查看构件图元工程量】界面的【构件做法】界面可显示已选择的清单、定额子目、工程量（图17-11）。

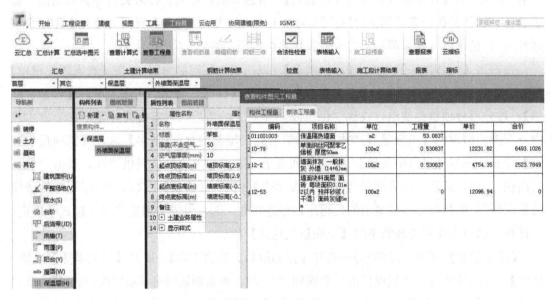

图17-11 智能布置外墙面保温的清单、定额子目、工程量

17.4 独立柱装修

展开【常用构件类型】栏下方的【装修】→【独立柱装修】→【定义】，在显示的【定义】界面，有【属性列表】【构件列表】【构件做法】等分界面。

在【构件列表】界面→【新建▼】→【新建独立柱装修】，在【构件列表】下产生一个独立柱装修构件→把【属性列表】界面的构件名称修改为中文构件名称"独立柱装修"→回车，构件列表下的字母构件名称同步改变。展开【属性列表】界面下的【土建业务属性】，单击【计算设置】行→单击行尾进入【计算设置】界面（图17-12）。

在【计算设置】界面：独立柱装修栏已展开，有室内、室外独立柱装修抹灰顶或底标高的计算方法，还有在【计算规则】行也是按照上述方法操作，在此把属性、参数定义完毕。

图 17-12 选择独立柱装修的计算参数

在最右边的【构件做法】下方→【添加清单】→在【查询匹配清单】栏下找到并双击选择的清单，可在上方主栏内自动显示工程量代码→【添加定额】→【查询定额库】→在最下方的【专业】行尾部选择【装饰工程】→按分部分项选择并双击需要选择的定额子目，在此需把此独立柱装修所需定额子目全部选择完毕，使其显示在上方主栏内，在已选择定额子目各行的【工程量表达式】栏选择工程量代码（以河南地区定额为例），如"12-24：柱梁面一般抹灰"，双击其【工程量表达式】栏，单击栏尾部的▼→选择独立柱抹灰面积→展开"墙、柱面装饰与隔断、幕墙工程"→"柱、（梁）饰面龙骨基层及饰面"→找到"12-178"定额子目并双击使其显示在上方主栏内→在此定额子目的【工程量表达式】栏双击显示▼，单击▼→更多→进入【工程量表达式】选择界面，勾选【显示中间量】→在"代码列表"下有柱墩、柱帽等更多工程量代码，双击【柱截面周长】，使此工程量代码显示在上方的【工程量表达式】栏中→确定，此工程量代码计算式已显示在"12-178"定额子目的【工程量表达式】栏，并且其尾部有工程量代码的文字说明→展开【油漆、涂料、裱糊工程】→展开【抹灰面油漆】→【乳胶漆】→找到"14-198：乳胶漆"→双击【工程量表达式】栏，单击栏尾部显示的▼→更多→进入【工程量表达式】选择界面，在【代码列表】栏双击选择"柱截面周长"使其显示在此界面上方，输入"*"→输入手动计算的柱裙以上柱净高度→【追加】→清单、定额、代码选择完毕→关闭【定义】界面。

绘制独立柱装饰构件图元：

在主屏幕上方→【点】→单击已有独立柱图元，柱图元变蓝，可连续单击选择→右键确认，独立柱装修图元已绘制到已有柱上→【工程量】→【汇总选中图元】→单击已布置装修的柱构件图元，变蓝→右键确认，计算运行，提示"计算成功"→确定→【查看工程量】→单击已布置装修的柱构件图元，可连续单击选择或者框选全部柱构件图元，弹出【查看构件图元工程量】界面→【做法工程量】(图 17-13)。

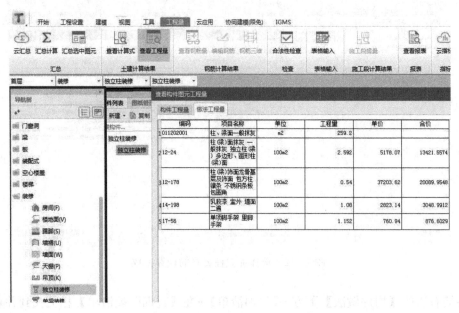

图 17-13　独立柱装修的清单、定额工程量

18 设置施工段

某层或数层的柱、墙、二次结构、梁、板，包括楼板钢筋等全部构件图元绘制完成并汇总计算后，如果需要划分施工段，则【工程设置】→【结构类型设置】，弹出【结构类型设置】界面（图 18-1）。

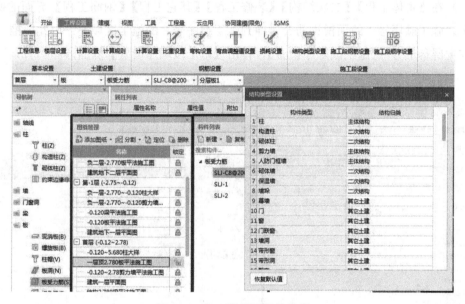

图 18-1 施工段设置结构归类

可以根据实际工况逐行单击每个构件的【结构归类】栏，显示▼→选择此构件的应有归类，如果选择错误，此行显示为黄色，可以重新选择，构件有自动归类功能。汇总计算后只对有对应关系的有效，并不会打断梁、墙等线性构件的整体性；如果操作错误，界面下方有【恢复默认值】功能。在后续查看表格时，软件会按照在此选择的归类情况，将计算出的数据显示在对应的表格中。

结构类型归类完毕，需要按照经批准的施工组织设计、施工方案划分施工段，可以在主屏幕上方直接单击【施工段钢筋设置】，在弹出的【施工段钢筋甩筋设置】界面左侧展开【剪力墙】→【水平筋】，在右边主栏软件提供有【不设置甩筋】，按【≤25%】【50%】【100%】设置，如果选择按【50%】甩筋，可以在下方按照图纸需要选择或者输入第一批甩筋长度→回车，选择或者输入第二批甩筋长度→回车。剪力墙上方压顶钢筋的设置方法同上。各种类型构件的预留钢筋设置完毕→确定。

建立施工段：在【常用构件类型】栏展开【施工段】，根据在【结构类型设置】界面已经设置的【结构归类】情况，需要分别：

（1）在【土方工程】界面的【构件列表】界面→【新建▼】→新建土方工程1，为便于区分，可以把用拼音首字母表示的构件名称修改为用中文表示的构件名称→回车→在【施工顺序号】自动显示1……后续操作方法可类推。

（2）在【基础工程】界面的【构件列表】界面→【新建▼】→新建基础工程1→在此构件的【属性列表】界面，可以把用拼音首字母表示的构件名称修改为用中文表示的构件名称→回车→在【施工顺序号】自动显示1……后续操作方法可类推。因为在建立构件、绘制构件图元时，已经添加过清单、定额，在此不需要添加清单、定额。

（3）在【主体工程】【二次结构】【装修工程】【其它工程】【钢筋工程】界面的操作方法同上。施工顺序号1的预留钢筋会延伸到施工顺序号2的施工区域……以此类推。

在主屏幕上方→【施工段顺序设置】，弹出【施工段顺序设置】界面（图18-2）。

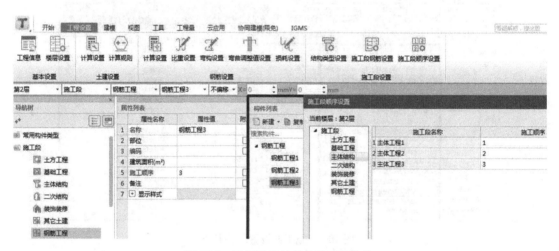

图18-2　已经设置的各个施工段构件

在【常用构件类型】栏的【施工段】下方，分别单击【土方工程】【基础工程】【主体工程】【二次结构】【装修工程】【其它工程】【钢筋工程】，可以看到各自已经建立的施工段构件。

绘制施工段：在【建模】界面的主屏幕上方有【智能布置】【按后浇带分割】【指定施工段】三种功能。

（1）【智能布置】→【按外轮廓】→框选全部平面图或者单击某个施工段区域，选上的构件图元变为蓝色→右键，提示"智能布置成功"。

（2）【按后浇带分割】，需要先绘制后浇带才能够使用此功能。

（3）【指定施工段】，根据实际工况程序支持使用主屏幕上方的【直线】【矩形】【画圆】【三点弧】多种功能在平面图上分割、划分施工段区域。本工程使用主屏幕上方的

【直线】功能，在平面图上用绘制多线段形成封闭的方法划分施工段区域，方法如下：

在【常用构件类型】栏展开【施工段】→【主体结构】，在【构件列表】界面→【主体结构1】，在主屏幕上方→【指定施工段】→【直线】，用绘制多线段的方法，按照经批准的施工方案，在平面图上绘制多线段，遇转折点左键，继续绘制多线段→回到起始原点形成封闭→右键结束。如果某个施工段区域绘制错误，可以使用【删除】功能，删除已经绘制的施工段。在与【主体结构1】相邻位置用绘制多线段的方法绘制下一个施工段的区域，即【主体结构2】，后面以此类推。

在【常用构件类型】栏的施工段下方→【钢筋工程】→【指定施工段】，可根据实际工程情况，使用主屏幕上方的【直线】功能，按照经批准的施工组织设计、施工方案，在平面图上绘制多线段。汇总计算后，在主屏幕上方→【工程量】→【施工段提量】→【钢筋计算结果】→在平面图上单击已经划分过施工段的区域，弹出"查看施工段工程量"界面（图18-3）。

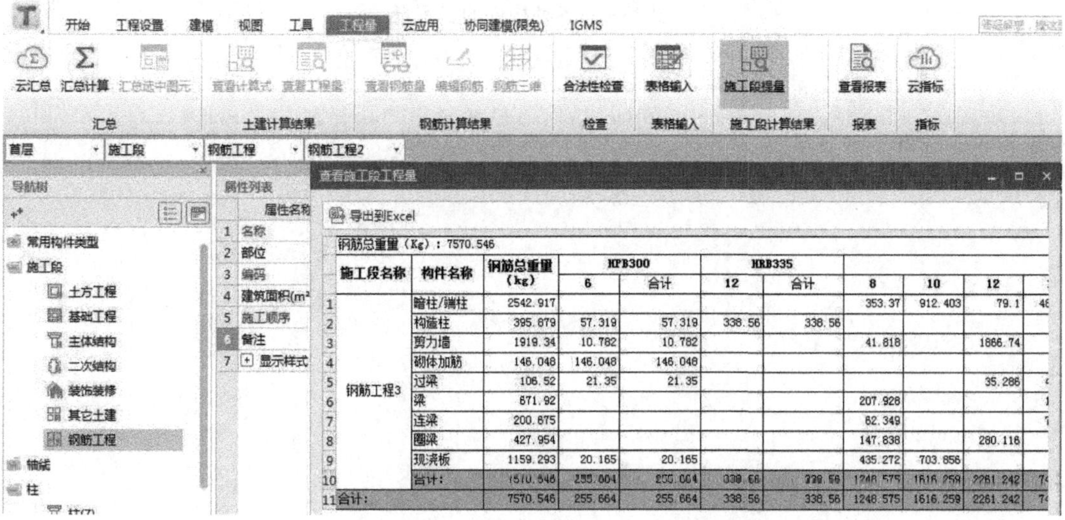

图18-3　钢筋工程施工段各种构件、各种规格的钢筋用量

单击主屏幕上方的【工程量】→【汇总计算】，在弹出的【汇总计算】界面，可以选择需要计算的楼层、构件，此界面下方还有【土建计算】【钢筋计算】【表格输入】等功能可供使用。

在主屏幕上方单击【施工段提量】→单击已经绘制的施工段区域，变蓝，在弹出的【查看施工段工程量】界面，可显示已经设置的【主体结构1】区域内各种构件的工程量（图18-4）。

如果继续单击施工段2区域，相同类型的构件工程量可以自动相加合并，软件是按照混凝土的强度等级显示各种构件的混凝土体积和模板面积的。

图 18-4　各种构件的工程量

19 设计变更及现场签证

1. 工程设计变更

设计变更应该有必要的操作程序和正式批准手续。一般来说，需要由设计变更要求方提出，应该是参与建设工程的五大责任主体单位（规划、勘察、设计、施工、监理）提出书面设计变更申请，内容包括变更的工程名称、节点、部位，变更理由，以及变更实施后对于工程的影响（包括性价比问题）。

设计变更书面申请应该经建设投资方的技术主管部门负责人同意并签字认可，送交施工图设计单位，由设计单位技术负责人同意并提出正式设计变更书面文件且签字确认，才能作为正式设计变更文件由施工单位实施。

2. 关于施工过程中的现场签证

现场签证是指在施工过程中经授权，有资格的发包、承包方现场代表或者受托人，要求承包人完成施工合同外或者额外增加工作及产生的费用，做出书面签字确认的证据，具有以下属性：

（1）现场签证是施工过程中的例行工作，可以作为证据使用。

（2）是发包方与承包方的补充协议，对于双方均有约束力。

（3）现场签证所涉及的双方利益已经确定，应该作为工程结算的依据。

（4）特点是临时发生、内容零碎、没有规律性，但是是施工阶段对于工程成本控制的重点，是影响工程成本、造价的重要因素。

现场签证存在的问题及处理方法：

（1）存在问题：应该签证的没有办理签证手续，由于有些发包方在施工过程中随意、经常改动一些节点或部位，既没有设计变更，也没有办理现场签证，还有个别承包方不清楚什么费用需要办理现场签证，在结算时补办困难，引起经济纠纷。

（2）处理办法：①熟悉合同，应做好合同签订前的"合同评审"和合同执行前的"合同交底"，特别应该关注影响施工费用、工程造价的合同条款。②解决签证手续不规范的问题，现场签证应该要求经过授权的发包方、监理方、承包方三方工程师在现场共同签字确认。③防止采取不正当手段、违反规定获得的签证，这些签证不应认可。④各方签证代表应经授权、具有资格，且具有必要的专业知识，熟悉施工承包合同、各种规范规定和有关政策法规。⑤对于签证事项应该及时处理，很多工况需要签证的事项会被下道工序覆盖或者某方人员变动后难以取证，应实事求是、客观公正、一事一签证，及时处理不拖延。

现场签证工作应注意事项：

（1）签证事项要齐全，必须注明工程名称、节点或者部位、工作内容、工程量、单价及计价依据。

（2）签证时应该查看预算定额注明的工作内容，防止承包方使用较高单价的相近定额子目去做低单价定额子目的工作，获取较高的利润。

（3）现场签证项目内容要齐全，注明工程名称、时间、地址、节点、部位、事由，附上计算简图，注明尺寸，标上原始数据、工程量、单价、结算方式及关联内容。

（4）注意签证的时效性，按照承包合同规定的时限，承包方一定要在规定的时间内，把书面签证手续提供给发包方，避免超时被拒签。

（5）与预算定额中的主要工作内容重复的不应再要求签证。

（6）签证手续要齐全，按照事先约定的流程办理。

（7）签证单据应该专用、有编号，避免重复签发，必须有存根，避免改动。

（8）应该明确须采用的材料规格、品牌、质量标准、价格的确认权限。

（9）临时用工应该注明用工的专业、技术等级，约定工日单价。

（10）现场签证办事工作流程示例，各专项工程应由各专业的承包方或者指令发包方技术负责人提出书面（变更）签证申请单→业主单位主管技术负责人按照审批权限签认→由施工单位实施→现场业主工程师、监理工程师、施工方工程师现场验收与签字→承包方由资料员把签证单编号登记、建立台账、造价工程师编制预算报表→业主造价工程师审核→业主主管领导审批后生效→竣工结算并入对应的工程款支付。

20 综合操作方法

20.1 绘制台阶、散水、场地平整、计算建筑面积

1. 绘制台阶

结构、建筑专业各种构件图元绘制完成后，在【图纸管理】界面找到首层的建筑图纸文件名，并双击其行首，使这一张电子版图纸显示在主屏幕。

在【常用构件类型】栏下方展开【其它】→【台阶】→【构件列表】→【新建】→【新建台阶】，在【构件列表】下方产生一个用拼音首字母表示的台阶构件（TJ）→在此构件的【属性列表】界面可修改为用中文表示的"台阶"→回车，此台阶名称随之改变为中文名称。

在【属性列表】界面，构件名称的下邻行输入台阶总高度，如果记不清楚"室内外高差"的数值，在左上角单击【工程设置】→可在【工程信息】中进行查看。还需要选择材质、混凝土强度等级，顶标高应该选择为【层底标高】，如有需要计入的钢筋时，展开【钢筋业务属性】，并单击【其它钢筋】栏，可进入【编辑其它钢筋】界面进行设置（图20-1）。

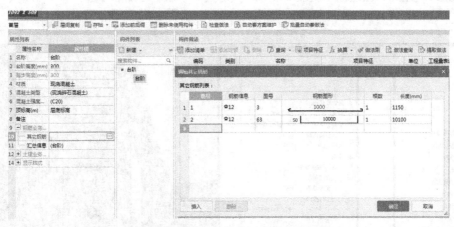

图 20-1　建立台阶构件、编辑台阶钢筋

各行属性、参数输入完毕后→【定义】，进入【定义】界面，在最右边【构件做法】下方→【添加清单】→【查询清单库】→展开【混凝土及钢筋混凝土工程】→【现浇混凝土构件】→在右边主栏下拉滚动条找到台阶的清单编号，并双击使其显示在上方主栏内，双击此清单的【工程量表达式】栏，显示▼→选择【台阶水平投影面积】→【添加定额】→展开【混凝土及

钢筋混凝土工程】→展开【现浇混凝土】→【其它】，在右边主栏有台阶的定额子目（操作方法可参考本书其它章节），在此把所需要的定额、工程量代码选择完毕→关闭定义界面，在平面图中应有位置绘制台阶。

绘制台阶需要先有布置台阶的平面投影尺寸、范围边线作定位台阶。如果没有，返回【常用构件类型】栏下方，展开【轴网】→【辅助轴网】→在主屏幕左上方→【两点辅轴▼】→选择【平行辅轴】→光标呈"口"字形，放到外墙门口原有红色轴线上，光标由箭头变为"回"字形→单击此轴线，在弹出的"输入轴线距离"对话框输入轴线距离（正值为向上偏移轴线，负值为向下偏移轴线），在此输入的距离＝轴线间距＝台阶踏步个数×踏步宽度＋台阶顶面水平宽度＋1/2外墙厚度。另外，此处还需要绘制水平轴线间距（台阶总宽度），应该大于或等于门口宽度。操作方法：在主屏幕上方把【平行辅轴】切换为【两点辅轴】，然后单击外墙门口一侧，将其作为基准轴线的首点→Y向移动光标，单击已经绘制的平行轴线，在弹出的"请输入"对话框中输入轴线号→确定。台阶水平投影四边范围的定位轴线已经绘制完毕，返回【常用构件类型】栏下的【台阶】界面绘制台阶。

使用主屏幕上方的【矩形】功能，从定位轴线方格的左上角向右下角绘制矩形台阶图元，绘制的图元为粉红色。

在主屏幕上方→【设置踏步边】→单击选择台阶起步的外侧踏步边（如选择到外墙上的轴线会有错误提示）→右键，弹出"设置踏步边"对话框，输入踏步个数→确定→台阶踏步已绘制成功→【动态观察】，可查看台阶的三维立体图（图 20-2）。

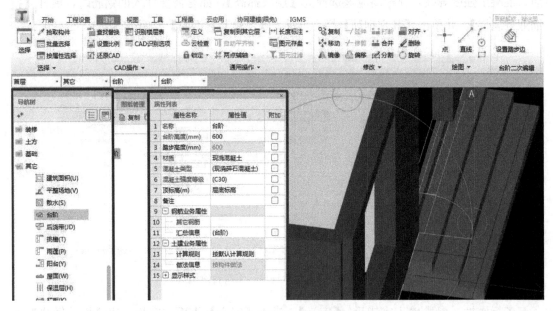

图 20-2　台阶的三维立体图

2. 绘制散水

前提条件：①必须在第一层。②外墙必须封闭，并且外墙不能与内墙画混。如果外墙与内墙画混，可以参照本书第5.1节描述的方法纠正。在此只介绍绘制散水的操作方法。

在【常用构件类型】栏下方展开【其它】→【散水】→【定义】→【构件列表】→【新建散水】，产生一个用拼音首字母表示的散水构件→在【属性列表】界面修改为用中文表示的散水构件→回车，在【构件列表】界面，此散水构件名称可随之改变。在【属性列表】界面的构件名称下方输入散水厚度，选择材质、混凝土强度等级、底标高，如果记不清应该设置的散水底标高，关闭定义界面，在左下角可以查到当前层的底标高。在此把各行属性、参数输入完毕→在最右边【构件做法】下方→【添加清单】找到匹配的清单编号并双击，使其显示在上方主栏内，还需要选择清单的工程量代码→【添加定额】→【查询定额库】（以河南地区定额为例），如图20-3所示。

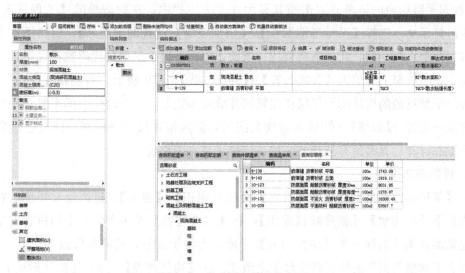

图20-3 【查询定额库】界面

在此界面下方展开【混凝土及钢筋混凝土工程】→【现浇混凝土】→【其它】，在右边主栏有散水、台阶等定额子目，找到并双击定额编号"5-49：现浇混凝土散水"，使其显示在上方主栏内→双击此定额子目的【工程量表达式】栏→【更多】，进入【工程量表达式】选择界面→双击【散水面积】，在此还有散水与外墙相邻需要选择的沉降缝的定额编号，工程量代码可选择【散水贴墙长度】；还需要选择散水模板的定额子目，在此定额的【工程量表达式】栏双击【更多】可选择"散水外围长度"，可以手动输入"＊0.4"（散水模板深度）。在此把清单、定额、工程量代码选择完毕→关闭定义界面。

在主屏幕上方→【智能布置】→【外墙外边线】→框选全部平面图，变为蓝色→右键→在弹出的"设置散水宽度"对话框中输入散水宽度→确定，提示"智能布置成功"→【动态观察】，检查已绘制台阶、散水的三维立体图形，检查散水与台阶的匹配情况。如散水的底标高定得低，三维立体图看到外墙与散水之间不连接、有明显间隙，说明散水的底标高与台阶的顶标高设置错误，应该按设计值输入；如果散水覆盖台阶、看到的台阶不完整，是散水在其【属性列表】界面的底标高定得过高了。需要先选择并单击已经绘制的散水构件图元，变为蓝色，再修改【属性列表】界面的标高数值。

3. 平整场地

在【常用构件类型】栏展开【其它】→【平整场地】→【定义】→在【构件列表】界面→【新建▼】→【新建平整场地】，在【构件列表】界面产生一个用拼音首字母表示的场地平整构件→在【属性列表】界面将其改为汉字→回车，【构件列表】界面，用拼音首字母表示的构件名称随之改变。在【属性列表】界面的构件名称下选择人工或者机械，展开【土建业务属性】，在【计算规则】行有按默认的计算规则，单击此行，再单击行尾进入【清单规则】【定额规则】选择界面，进入此界面后，应按照实际批准的施工组织设计、施工方案选择→确定。在【构件做法】界面→【添加清单】→展开【土石方工程】→【平整场地及其它】→找到平整场地的清单并双击使其显示在上方主栏内，在此清单的【工程量表达式】栏，双击显示▼→选择【平整场地面积】→【添加定额】→【查询定额库】，后续操作方法在本书其它章节已有介绍，此处不再赘述。至此，定额子目、工程量代码选择完毕，关闭定义界面。在主屏幕上方单击【智能布置】→【外墙轴线】，弹出提示"智能布置成功"，可自动消失。平整场地的构件图元仅仅在建筑的外墙内布置上→单击已绘制的平整场地构件图元，变蓝→右键→【偏移】→外移光标放大图元，输入偏移尺寸→回车，图元已经向外偏移。经汇总计算后查看所有选择的清单、定额子目、工程量。

4. 计算建筑面积

在【常用构件类型】栏展开【其它】→【建筑面积】→【定义】，进入定义界面，在【构件列表】下【新建▼】→【新建建筑面积】，在【构件列表】界面产生一个用拼音首字母表示的建筑面积构件名称→在【属性列表】界面，为便于区分，可将其修改为汉字→回车，构件列表下此建筑面积的拼音首字母随之改变。在【构件列表】右侧→【构件做法】→选择清单、定额。在此计算出的建筑面积可用于计算以建筑面积为基数的综合脚手架的工程量等（图 20-4）。

图 20-4　以建筑面积为基数计算综合脚手架面积

在此把清单、定额、工程量代码选择完毕，关闭定义界面。

在主屏幕上方→使用【点】功能布置建筑面积→光标选择并单击任意一个房间→平面图上全部建筑外墙内已经绘制上【建筑面积】构件图元。如果个别房间没有布置上，是此房间外墙不封闭所致，还可以使用主屏幕上方的【矩形】功能进行调整。再分别单击已绘制的各个建筑面积构件图元，变为蓝色→右键→【合并】。

如果需要局部绘制，可用【直线】功能在建筑平面图上绘制任意形状的封闭折线，或者用【矩形】功能绘制后再合并。汇总计算后，【查看工程量】。

20.2 整体删除识别不成功、有错误的构件图元并重新识别

在【常用构件类型】栏需要删除的某个主要构件界面：框选平面图上的此类全部构件图元，变为蓝色→使用主屏幕上方的【删除】功能→删除所选择的全部构件图元，删除后在【构件列表】界面，此类构件名称称为"未使用的构件"。

下一步还需要在【构件列表】界面右上角→【▶▶】，有【存档】【提取】【添加前后缀】数个功能→选择【删除未使用构件】，弹出【删除未使用构件】界面，可在此对不需要的构件、楼层进行删除（图 20-5）。

图 20-5 批量删除未使用构件

在主屏幕上方→【还原 CAD】→框选已经删除过构件图元的全部电子版图纸→右键，平面图上只剩红色轴网。在【图纸管理】界面找到当前的图纸文件名并双击其首部，在此界面上方→【删除】→此电子版图纸已经删除。

在【图纸管理】界面下方的【未对应图纸】栏→双击总图纸文件名，使其全部图纸显示在主屏幕→找到需要重新识别的图纸→【手动分割】并对应到属于的楼层后，使此图纸

显示在主屏幕→按照本书其它章节讲解的方法可以重新识别。

20.3 设置报表预览、导出

在主屏幕上方→【工程量】→【汇总计算】，如果提示有错误信息→双击此错误提示信息，平面图中的错误构件图元自动放大显示为蓝色，删除后再在原位置绘制即可，可以重新汇总计算。在主屏幕上方→【查看报表】，在弹出的【报表】界面上方，可以使用搜索功能，输入中文"建筑面积每平方米工程量"→单击【搜索】→在左下方主栏→【图形输入工程量汇总表】，可以显示各种以每平方米建筑面积为单位的工程量（单方工程量）（图 20-6）。

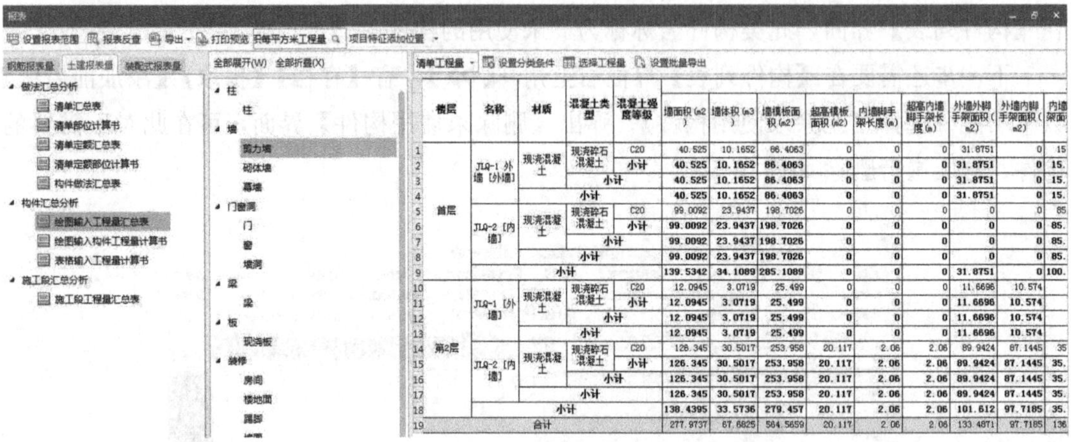

图 20-6 查看各层每平方米建筑面积的工程量

点击【全部展开（W）】，可以分别查看各层柱、剪力墙、砌体墙等构件的单方工程量。

在弹出的【报表】界面上方，有【打印预览】【搜索报表】【导出】等功能。在其下邻行还有【钢筋报表量】【土建报表量】【装配式报表量】三个界面，每个界面都有众多报表可以查阅，并有批量导出功能。如果选择【设置报表范围】，在弹出的【设置报表范围】界面，有【绘图（含识别）输入】【表格输入】两项功能→【绘图输入】，展开需要显示的楼层→选择构件，在此界面下方的钢筋类型有【直筋】【箍筋】【措施筋】功能（图 20-7）。

结果查量：【工程量】→【查看报表】，分别选【钢筋报表量】【土建报表量】【装配式报表量】，通过设置报表范围，选择需要输出的工程量。过程查量：钢筋有【钢筋三维】和【编辑钢筋】功能；土建有【查看工程量计算式】和【查看三维扣减图】功能，可以直观地查看工程量计算式、计算过程。

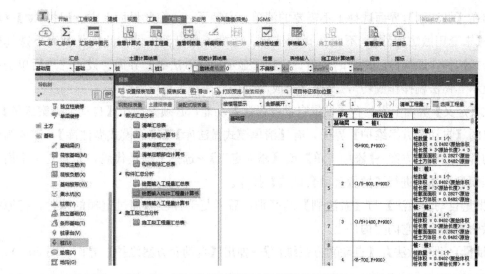

图 20-7　在报表预览界面查看各种报表的工程量

20.4　【做法刷】与【批量自动套做法】

在【定义】中的【构件列表】界面，需要先选择一个具有代表性的构件，把此构件的清单、所需定额子目及其工程量代码全部添加上。在进入【做法刷】前，需要单击已经选择清单、定额子目左上角的空格，所选择的清单、定额全部变为黑色为有效（可多次选择）。如果选择的是清单，因清单与其下方所选的多个定额子目是组合绑定的，单击清单左上角的空格，使清单及下方所属各个定额子目全部变为黑色为有效。【做法刷】的作用是把当前构件已选择的清单、定额做法复制、追加到工程所有相同类型的构件上。

根据需要可以选择→【覆盖】或【追加】（图 20-8）。

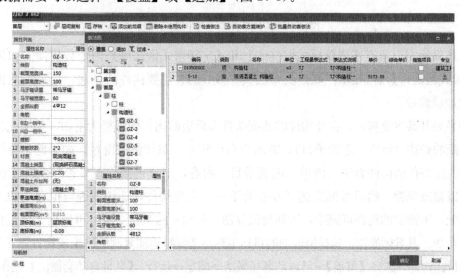

图 20-8　【做法刷】界面

如在【做法刷】界面选择了不需要的清单、定额子目，在此界面上方→【过滤▼】→单击▼→【未套用做法构件】，不应选择的清单、定额子目已消失。在此构件列表下选择楼层→选择构件，原构件已选择的清单、定额已显示在【做法刷】界面。设置完成后单击确定，提示"做法刷操作成功"，操作已完成。

在【定义】界面上方，有【批量自动套做法】功能，必须先操作【自动套方案维护】→在弹出的【自动套方案维护】界面，有【清单模式做法库】【定额模式做法库】，需要为各主要构件建立做法方案→【添加清单】或【添加定额】→选择工程量代码，先建立一个简易的工程模型，才能进行【批量自动套做法】操作。

【批量自动套做法】与【做法刷】的区别：后者是选择已添加过定额的构件，把原构件的做法复制到其它同类构件上。

【批量自动套做法】：【自动套方案维护】→弹出【自动套方案维护】界面（图20-9）。

图20-9 【自动套方案维护】界面

上述界面左上角有【清单模式做法库】和【定额模式做法库】两个分界面。如果选择【清单模式做法库】，可显示广联达公司已预先做好的各主要构件的做法，用户在此也可新建、添加或修改。

如果展开某主要构件，在此构件的匹配条件和后边的构件做法栏为空白，说明此构件无与之匹配的做法（清单、定额子目），需用户自己建立，添加做法模板。如果此主要构件右侧有相匹配条件的构件做法（清单、定额子目）内容，用户也需检查是否与实际工况相匹配，可以修改完善，然后可继续选择并查看下一个主要构件，确认是否与拟套用的工况一致、匹配，不需要的构件可删除，达到与拟复制（追加）的工程一致时再使用【批量自动套做法】功能。其具体操作：选择拟追加的目标工程→选择拟追加复制的已生成构件图元的楼层→选择目标构件→选择【覆盖】→已自动套用做法→确定→运行，【批量自动套做法】操作成功。

21　手 算 技 巧

现在有许多青年人预算软件使用得很熟练，但对于一些传统的手算方法使用得不多，发包方、承包方在工程造价结算，以及相互核对工程量的过程中，发现某个构件存在量差，或者需要把某个构件的软件计算工程量与传统手算工程量进行核对检查时，往往需要进行手算。本节将为读者介绍部分传统的、常用的手算方法，以便在需要时可以使用。

1. 土方工程

（1）四边放坡工程的土方量计算（图 21-1）。

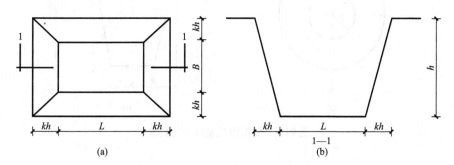

图 21-1　四边放坡工程的土方量计算

四边放坡土方体积 $= (L + kh) \cdot (B + kh)h + \dfrac{1}{3}k^2 h^3$

式中：L、B——包括两边工作面宽度在内的基坑底两个方向的长度、宽度（单位：m）；

$\qquad$ h——基坑深度（单位：m）；

$\qquad$ k——放坡系数；$k = h/$放坡宽度，当开挖深度存在不同土质的数个土层，各层土的放坡系数不同时，可取土的加权平均综合放坡系数，可参考本书第 12.9 节的公式。

地沟或者基槽土方量的手算方法，一般采用截面法，即：地沟或者基槽的截面面积×长度＝地沟或者基槽的土方量。对于各段不同截面积，只有某一种或两种构造尺寸不同的基槽，可采用加权平均值，先计算出加权平均综合深度值，再计算出地沟基槽的土方量，相关公式可参考本书第 12.7 节。

（2）长方形两对边放坡的土方体积（图 21-2）。

长方形两对边放坡的土方体积 $= L \times (B + kh) \times h$

（3）圆形放坡基坑土方体积（图 21-3）。

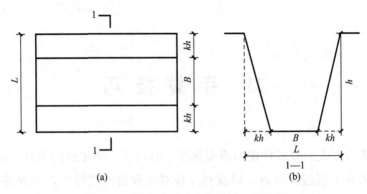

图 21-2　长方形两对边放坡的土方体积

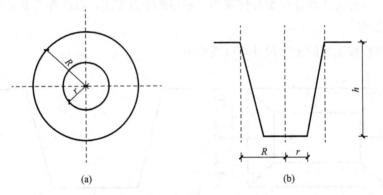

图 21-3　圆形放坡基坑土方体积

$$圆形放坡基坑土方体积 = \frac{1}{3}\pi h(r^2 + R^2 + rR)$$

2. 桩基工程

在圆柱形钢筋混凝土灌注桩、圆形柱、螺旋楼梯中经常有螺旋箍筋长度的计算：

螺旋箍筋长度 = 螺旋箍筋圈数 $\times \sqrt{螺距^2 + (\pi \times 螺旋筋外径)^2}$ + 构件上下 2 个环筋长度 + 2 个弯钩长度

其中：螺旋箍筋圈数（道数）= 同一箍筋间距的箍筋设计长度/螺距（保留 2 位小数，尾数只入不舍）；螺旋筋外径 = 圆形构件直径 - 2 个保护层厚度；螺距为螺旋筋间距。

3. 变长度钢筋总长度的计算

（1）三角形面积上分布钢筋总长度的计算（图 21-4）。

$$L_1 = L_2 + L_5 = L_3 + L_4 = L_0$$

三角形面积上钢筋总长度 = （钢筋总根数 + 1）$\times L_0$

（2）梯形面积上等间距布置钢筋总长度的计算（图 21-5）。

$$L_1 + L_6 = L_2 + L_5 = L_3 + L_4 = 2L_0$$

梯形面积中变长度钢筋总长度 = $L_0 \times n$（n 为钢筋总根数）

以上需考虑保护层的扣除和弯钩长度，如有搭接应计入搭接长度。

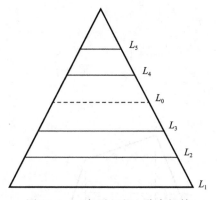

图 21-4 三角形面积上分布钢筋
总长度的计算

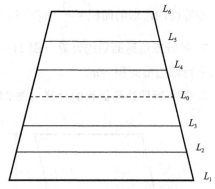

图 21-5 梯形面积上等间距布置
钢筋总长度的计算

4. 椭圆形面积的计算（图 21-6）

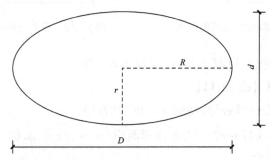

图 21-6 椭圆形面积的计算

D—椭圆的长轴线长度；d—椭圆的短轴线长度；R—长轴线长度的一半；r—短轴线长度的一半

椭圆形面积 $=\pi Rr=(\pi/4)Dd$

5. 正多边形面积的计算（图 21-7）

正多边形面积 $=(n/2)ar$（公式中 n 为正多边形的边数）

6. 不等边四边形面积的计算（图 21-8）

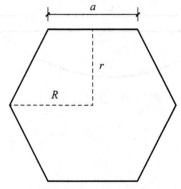

图 21-7 正多边形面积的计算

a—边长；r—边心距；R—外接圆半径

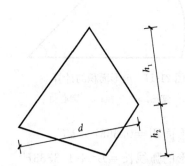

图 21-8 不等边四边形面积的计算

d—对角线长度；h_1、h_2—图示中不等边四边形的高度

不等面四边形的面积 $=\dfrac{1}{2}(h_1+h_2)d$

7. 平行四边形面积的计算（图 21-9）

平行四边形面积 $=ah$

8. 不平行四边形面积的计算（图 21-10）

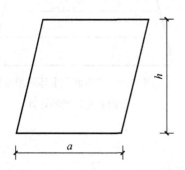
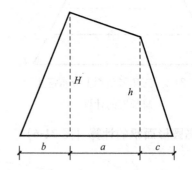

图 21-9　平行四边形面积的计算　　　　图 21-10　不平行四边形面积的计算

不平行四边形的面积 $=[(H+h)a+bH+ch]/2$

9. 扇形面积的计算（图 21-11）

扇形面积 $=(1/2)Lr=(\pi r^2\theta)/360=0.008727r^2\theta$

$L=r\theta(\pi/180)=0.01744r\theta=(2\times 扇形面积)/r=(2\pi r)/3.64$

注：3.64 为常用系数。

10. 有关弓形（弧形）的计算

弓形（弧形）的设计有两种，一种是按抛物线设计，另一种是按圆弧设计。

（1）按抛物线设计（图 21-12）。

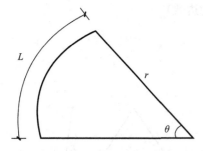
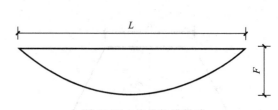

图 21-11　扇形面积的计算　　　　　　　图 21-12　按抛物线设计

L—弧长；r—半径；θ—圆心角

弓形面积 $=0.6667\times LF$

弓形的弧线长 $=L^2+1.3333F^2$

（2）按圆弧设计。

弧形面积 $=KLF$

$K=$ 弧形面积 $\div L \div F$（K 为弧形面积系数）

$F=$ 弧形面积 $\div L \div K$

弧线长 $=\sqrt{L^2+\dfrac{16}{3}F^2}$

弧线的半径：$R=\dfrac{L^2+4F^2}{8F}$

弧线的圆心角：$\Phi=$ 弧长 $\times F \div (L^2+4F^2) \div 0.0021816 =$ 弧长 $\div (L^2+4\,F^2) \times F \div 0.0021816$

11. 圈梁钢筋长度的计算

（1）外墙圈梁纵筋长度 $=\Sigma$ 外墙中心线长度 $\times$ 纵筋根数 $+l_d$（锚固长度）$\times$ 外墙圈梁内侧钢筋根数 $\times$ 转角数。

（2）内墙圈梁纵筋长度 $=[\Sigma$ 内墙圈梁净长度 $+l_d$（规范规定的锚固长度）$\times 2 \times$ 内墙圈梁钢筋根数$] \times$ 内墙圈梁钢筋根数。

12. 平屋面保温层工程量的计算

保温层工程量 $=$ 图示面积 $\times$ 平均厚度（关键是平均厚度的计算）

（1）设计保温层（也称找坡层）最薄处为 0 时（图 21-13、图 21-14）：

双找坡屋面保温层平均厚度 $=$ 屋面坡度 $\times (L/2) \div 2$

单找坡屋面保温层平均厚度 $=$ 屋面坡度 $\times L \div 2$

找坡的坡度 $=$ 保温层最厚的厚度 $\div L$

（2）保温层最薄处为 h 时（图 21-15、图 21-16）：

双找坡屋面保温层平均厚度 $=$ 找坡坡度 $\times (L/2)/2+h$

单找坡屋面保温层平均厚度 $=$ 找坡坡度 $\times L/2+h$

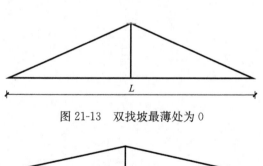

图 21-13 双找坡最薄处为 0

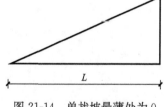

图 21-14 单找坡最薄处为 0

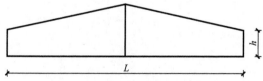

图 21-15 双找坡屋面保温层最薄处为 h

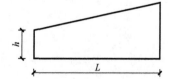

图 21-16 单找坡屋面保温层最薄处为 h

13. 坡屋面每 100m² 用瓦块数的计算

（1）瓦的规格和搭接长度（表 21-1）。

255

瓦的规格和搭接长度   表 21-1

瓦名称	规格（mm）		搭接长度		单块瓦利用率
	长	宽	长向	宽向	
水泥瓦	385	235	85	33	66.98
黏土瓦	380	240	80	33	68.09
水泥、黏土脊瓦	455	195	55	—	87.91

每 100m^2 瓦用量（块）$=\dfrac{100}{(\text{瓦长度}-\text{搭接长})\times(\text{瓦宽度}-\text{搭接宽})\times(1+\text{损耗率})}\times$ $(1+\text{损耗率})$（损耗率按各地定额规定,河南地区为 2.5%）

（2）脊瓦用量：每 100m^2 屋面摊入脊长度 11m 水泥脊瓦、黏土脊瓦长 455mm，宽 195mm，长度方向搭接长度均为 55mm。

每 100m^2 屋面摊入脊瓦用量 $=\dfrac{1}{0.455-0.055}\times11\times(1+2.5\%\text{损耗率})$

22 建筑业发展动态与经济技术指标对比

　　装配式建筑与传统（现浇）建筑经济对比：包括混凝土结构、钢结构、木结构，在规模比较小的情况下，装配式建筑比传统常规建造方式单方造价略高；按现有的某些示范工程统计，当达到一定规模时，相同工程单方造价持平，但工期可大幅度缩短，经济上是可行的；随着有关行业技术的不断成熟，以及标准化设计、工业化生产、装配化施工、一体化装修、信息化管理的产业化形成，其单方造价将比现在传统的建造方式要低得多。国外装配式建筑住宅的成本已远远低于传统建造方式的成本。

　　传统建造方式与装配式建造方式各阶段实施情况对比如表 22-1 所示。

传统建造方式与装配式建造方式各阶段实施情况对比　　　　　　　　　表 22-1

内容	传统建造方式	装配式建造方式
设计阶段	设计与生产施工脱节	一体化、信息化协同设计
施工阶段	现场湿作业手工粗放操作	装配化、专业化、精细化
装修阶段	毛坯房需二次装修	装修与主体结构同时进行
验收阶段	分部、分项抽验	全过程质量控制
管理阶段	以进城务工人员劳务分包为主，追求各自利益	工程总承包，全过程管理，追求整体效益最大化

　　根据《装配式建筑评价标准》GB/T 51129—2017 中对装配率的评价，以及对有关统计资料的分析，对于装配式建筑与传统建筑各项经济技术指标的对比如表 22-2 所示。

对于装配式建筑与传统建筑各项经济技术指标的对比（测算对象为±0.00 以上部分）　表 22-2

测算内容	造价上涨百分比（%）	人工用量下降百分比（%）	工期提前百分比（%）	建筑垃圾减少百分比（%）	建筑污水减少百分比（%）	能耗降低百分比（%）
装配率 20%	5～9	9～11	4～6	8～12	8～12	7～10
装配率 30%	8～14	12～16	8～12	20～30	20～30	16～20
装配率 40%	12～18	18～22	13～18	30～40	30～40	20～30
装配率 50%	15～25	22～28	15～25	40～50	40～50	25～35
装配式钢结构与传统建筑对比	25～40	25～35	25～35	40～50	40～50	25～35
单元式幕墙与普通幕墙对比	25～35	15～25	45～55	25～35	25～35	12～18

　　从施工进度、效率来讲，一座 30 层的建筑，装配式建筑 15 个技术工人半年就可以完工，比传统施工方法可缩短工期 40% 左右。并且在水、能源、时间、材料消耗方面，与传

统施工方式相比可分别降低成本 70％、60％、50％、10％，并且精细化施工可大幅度降低人工成本。

采用装配式混凝土结构时，一个钢筋混凝土框架结构，据统计分析，预制构件装配施工每 100m² 可减少大约 5t 建筑垃圾。从施工进度来讲，传统的现浇钢筋混凝土结构，最快一周一层；而采用装配式施工，三天一层完全可以做到，还可减少大量用工数量，有很好的经济效益。

据有关统计资料，我国 2016 年装配式建筑市场规模已达到 2500 多亿元人民币，比 2015 年增长将近 4 倍。国务院在已发布的《国务院办公厅关于大力发展装配式建筑的指导意见》（国办发〔2016〕71 号）中指出，到 2020 年全国装配式建筑占新建建筑工程总量的 15％以上。各地相继出台具体政策扶持、支持装配式建筑的发展。